住房城乡建设部土建类学科专业“十三五”规划教材

全国住房和城乡建设职业教育教学指导委员会规划推荐教材

# 建筑电气技术

（供热通风与空调工程技术专业适用）


本教材编审委员会　组织编写

赵瑞军　主　编

苏　楠　肖　菊　副主编

喻建华　主　审





中国建筑工业出版社

**图书在版编目（CIP）数据**

建筑电气技术/赵瑞军主编．—北京：中国建筑工业出版社，2018.8（2024.2重印）

住房城乡建设部土建类学科专业“十三五”规划教材．全国住房和城乡建设职业教育教学指导委员会规划推荐教材（供热通风与空调工程技术专业适用）

ISBN 978-7-112-22277-3

Ⅰ.①建… Ⅱ.①赵… Ⅲ.①建筑工程-电气设备-高等职业教育-教材 Ⅳ.①TU85

中国版本图书馆CIP数据核字(2018)第112006号

本书主要内容包括：电工基础知识、建筑供配电基本知识、电气照明技术、防雷接地基本知识、建筑弱电系统基本知识、电工技能实训等。

本书以建筑电气为主线，理论与工程实践紧密结合，同时引用新规范与新技术，附有翔实的工程实际案例、习题等。书中加入了建筑供配电、电气照明等实例，在每个教学单元中均有实训项目或工程案例项目。

本书可作为高职高专建筑设备类专业、建筑智能化工程技术、消防工程技术等专业的教材，也可作为工程设计、建设、施工、咨询等单位有关技术人员的参考书。

为了更好地支持相应课程的教学，我们向采用本书作为教材的教师提供课件，有需要者可与出版社联系。建工书院：http：//edu.cabplink.com，邮箱：jckj@cabp.com.cn，2917266507@qq.com，电话：(010) 58337285。

责任编辑：聂　伟　张　健　朱首明

责任校对：姜小莲

住房城乡建设部土建类学科专业“十三五”规划教材

全国住房和城乡建设职业教育教学指导委员会规划推荐教材

**建筑电气技术**

（供热通风与空调工程技术专业适用）

本教材编审委员会　组织编写

赵瑞军　主　编

苏　楠　肖　菊　副主编

喻建华　主　审

*

中国建筑工业出版社出版、发行（北京海淀三里河路9号）

各地新华书店、建筑书店经销

北京红光制版公司制版

建工社（河北）印刷有限公司印刷

*

开本：787×1092毫米　1/16　印张：14½　字数：350千字

2018年8月第一版　2024年2月第四次印刷

定价：**31.00**元（赠教师课件）

ISBN 978-7-112-22277-3

（32170）

# 供热通风与空调工程技术专业教材编审委员会名单

# 序　言

近年来，建筑设备类专业分委员会在住房和城乡建设部人事司和全国住房和城乡建设职业教育教学指导委员会的正确领导下，编制完成了高职高专教育建筑设备类专业目录、专业简介。制定了“建筑设备工程技术”“供热通风与空调工程技术”“建筑电气工程技术”“楼宇智能化工程技术”“工业设备安装工程技术”“消防工程技术”等专业的教学基本要求和校内实训及校内实训基地建设导则，构建了新的课程体系。2012年启动了第二轮“楼宇智能化工程技术”专业的教材编写工作，并于2014年底全部完成了8门专业规划教材的编写工作。

建筑设备类专业分委员会在2014年年会上决定，按照新出版的供热通风与空调工程技术专业教学基本要求，启动规划教材修编工作。本次规划修编的教材覆盖了本专业所有的专业课程，以教学基本要求为主线，与校内实训及校内实训基地建设导则相衔接，突出了工程技术的特点，强调了系统性和整体性；贯彻以素质为基础，以能力为本位，以实用为主导的指导思想；汲取了国内外最新技术和研究成果，反映了我国最新技术标准和行业规范，充分体现其先进性、创新性、适用性。本套教材的使用将进一步推动供热通风与空调工程技术专业的建设与发展。

本次规划教材的修编聘请全国高职高专院校多年从事供热通风与空调工程技术专业教学、科研、设计的专家担任主编和主审，同时吸收具有丰富实践经验的工程技术人员和中青年优秀教师参加。该规划教材的出版凝聚了全国高职高专院校供热通风与空调工程技术专业同行的心血，也是他们多年来教学工作的结晶和精诚协作的体现。

主编和主审在教材编写过程中一丝不苟、认真负责，值此教材出版之际，谨向他们致以崇高的敬意。衷心希望供热通风与空调工程技术专业教材的面世，能够受到高职高专院校师生和从事本专业工程技术人员的欢迎，能够对土建类高职高专教育的改革和发展起到积极的推动作用。

全国住房和城乡建设职业教育教学指导委员会<br>建筑设备类专业分委员会<br>2015年6月

# 前　　言

“建筑电气技术”是职业岗位课程，主要研究建筑电气技术的基本原理及相关知识，实践性很强。

本书以建筑电气技术的基本理论为实践，详细介绍了电工基础知识、建筑供配电基本知识、电气照明技术、防雷接地基本知识、建筑弱电系统基本知识、电工技能实训等内容。内容设计上，以职业素养为基础，强调职业技能的培养，并附有翔实的工程案例。本书图文并茂，语言精炼，通俗易懂，突出科学性、综合性、实践性与先进性。

本书根据《高等职业教育供热通风与空调工程技术专业教学基本要求》编写。通过本书的学习，旨在使学生了解建筑电气技术的内容及基本知识，熟悉建筑供配电技术、建筑照明技术、建筑智能化技术、建筑防雷与接地技术，掌握建筑电气技术在建筑设备中的应用，具备建筑电气方面的基本实践能力。

本书适合高职高专供热通风与空调工程技术、建筑设备工程技术、给排水工程技术、建筑智能化工程技术、消防工程技术等专业的学生学习使用，也可以作为工程建设、设计、施工、咨询等单位有关技术人员的参考书。

本书由赵瑞军主编，教学单元1由山西建筑职业技术学院肖菊编写；教学单元2由山西建筑职业技术学院赵瑞军编写；教学单元3由广西建设职业技术学院李春玲编写；教学单元4由山西建筑职业技术学院苏楠编写；教学单元5中的第5.1节由山西建筑职业技术学院肖菊编写，第5.2、5.3节由广西建设职业技术学院宁存岱编写；教学单元6由山西建筑职业技术学院张翠芳编写。全书由赵瑞军统稿，由山西建筑职业技术学院喻建华担任主审。

建筑电气技术理论与实践联系紧密，发展较快，本书在编写过程中，参考了建筑电气方面的最新规范和手册，并且得到山西省元工电力设计院的帮助和支持，在此特表感谢！但限于作者水平，加之时间仓促，错误之处在所难免，恳切希望广大读者批评指正。

# 目　录

# 教学单元 1　电工基础知识

**【教学目标】**

1. 了解磁、磁路及电磁基本定律。
2. 了解提高功率因数的意义和方法。
3. 了解三相异步电动机结构及工作原理。
4. 熟悉电路的基本概念、基本定律。
5. 熟悉单一参数的交流电路及相量表示法。
6. 熟悉三相交流电源、三相交流负载的概念。
7. 掌握正弦交流电最大值、有效值的计算。
8. 掌握三相交流电路功率的计算方法。

## 1.1　电磁学基本知识

### 1.1.1　电路的基本概念

1. 电路和电路模型

(1) 电路的组成

随着人类科技水平的提高，电气应用已经成了生活中必不可少的一部分，所以正确认识和分析电路成为了生活中重要的一环。电路是由若干个电气元件按一定方式连接构成，它就是电流的路径。一个完整的电路由电源、负载和中间环节三部分组成。电源是提供电能的装置，即将其他形式的能量（非电能）转化为电能的装置。负载也称用电设备，是消耗电能的装置。它将电能转化为其他形式的能量。中间环节是连接电源和负载的部分。它起传输、分配、保护和控制的作用；主要有导线、保护和计量装置、开关等。

(2) 电路模型

实际电路是一些实际电气元件根据需要按一定的方式连接组成。为了便于对实际电路进行分析和数学描述，我们只突出电气元件主要的电磁性质，而忽略其次要性质，用理想电气元件来代替，也就是电路的理想化分析。把用一些理想电气元件组成的电路称为电路模型；理想电气元件主要有电阻元件、电感元件、电容元件和理想电源等。如图 1-1 所示为一简单手电筒电路模型，其中 $E$ 表示电池的电动势，$R_0$ 表示电池的内阻，$R_L$ 表示小灯泡的等效电阻。

2. 电路的基本物理量及电路参数

(1) 电流

在电场力作用下带电粒子定向移动形成电流。电流的强弱用电流强度来表示，符号为 $I$，电流强度在数值上等于单位时间内通过导体某一横截面的电荷电量的代数和。

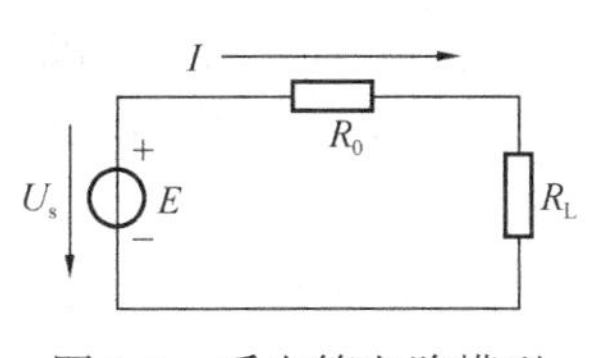

图 1-1　手电筒电路模型

根据定义有

$$i = \frac{dq}{dt} \tag{1-1}$$

常见的电流有两种，把大小和方向不随时间变化的电流，称为恒定电流，简称直流，用大写字母 $I$ 表示。

其数学表达式为：

$$I = \frac{Q}{t} \tag{1-2}$$

式中　$Q$——在 $t$ 时间内通过导体横截面的电量，单位为库仑（C）；

　　　$I$——电路的电流强度，单位为安培（A）。

把大小和方向随时间做正弦规律变化的电流，称为正弦交流电流，用 $i$ 表示，其数学表达式为：

$$i = I_{\mathrm{m}}\sin(\omega t + \varphi) \tag{1-3}$$

国际单位制中，电流强度的单位为安培，也用千安（kA）、毫安（mA）、微安（$\mu$A）表示。它们的数学换算关系为：

$$1\mathrm{kA} = 10^3\mathrm{A} = 10^6\mathrm{mA} = 10^9\mu\mathrm{A}$$

一般规定正电荷流动的方向就是电流的实际方向。在外电路中，电流从电源高电位端流向低电位端；而在电源内部，电流从电源的低电位端流向高电位端。但在复杂电路或交流电路中，电流方向就很难直观准确地表示出来，由于这些原因，人们引入电流参考方向。选取任意一个方向作为电流的方向，称为电流的参考方向。电流的参考方向在电路中用箭头表示；也可以用双下标 $I_{\mathrm{AB}}$ 表示，其参考方向是由 $A$ 指向 $B$。假设电路中某一电流的参考方向已经选定，如果求得电流为正值，就说明电流的实际方向与参考方向一致；若求得此电流为负值，就说明电流的实际方向与参考方向相反。如果用实线表示电流的参考方向，则用虚线表示电流的实际方向，如图 1-2 所示。

（2）电压

正电荷从高电位端流向低电位端必然要受到电场力的作用，也就是说电场力对正电荷做了功。电压就是反映电场力做功能力的物理量。电压的大小反映了电场力做功能力的强弱，用 $U_{\mathrm{AB}}$ 表示。

图 1-2　电流参考方向、实际方向示意图

那么有

$$U_{\mathrm{AB}} = \frac{W}{Q} \tag{1-4}$$

式中　$U_{\mathrm{AB}}$——$AB$ 两点之间的电压，单位为伏特（V）；

　　　$W$——电场力所做的功，单位为焦耳（J）；

　　　$Q$——电荷的电量，单位为库仑（C）。

在国际单位制中，电压的单位为伏特（V），也可以用千伏（kV）、毫伏（mV）、微伏（$\mu$V）表示。它们的数学换算关系是：

$$1\mathrm{kV} = 10^3\mathrm{V} = 10^6\mathrm{mV} = 10^9\mu\mathrm{V}$$

在复杂电路或交流电路中，电压的方向也很难确定，我们必须假设一个方向，称为电压参考方向，这样当计算结果为正值时，说明实际方向与参考方向相同；反之，实际方向

与参考方向相反。电压的参考方向一般在电路中用箭头或正负极符号表示，也可以用双下标表示，如 $U_{AB}$，其参考方向是由 $A$ 指向 $B$。如果用实线表示电压的参考方向，则用虚线表示电压的实际方向，如图 1-3 所示。

一个元件或一段电路上既有电压的参考方向，也有电流的参考方向，如果这两个参考方向一致，称之为关联参考方向，反之，称为非关联参考方向。在以后的电路计算中，在没有特别强调的情况下，一般默认电流和电压参考方向是在关联参考方向下，如图 1-4 所示。

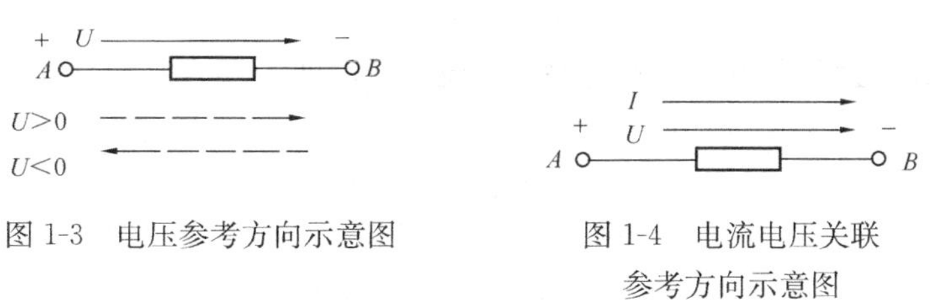


图 1-3 电压参考方向示意图

图 1-4 电流电压关联参考方向示意图

（3）电动势

在电场力的作用下，正电荷源源不断地从电源的高电位端移动到低电位端，必然会使电源电场逐步减弱，从而使电流慢慢减小，最后完全消失。所以要维持恒定电流，必须保持恒定的电场，就要求电源内部的非电场力源源不断把正电荷从电源的低电位端移动到高电位端。电动势就是反映电源内部电源力（即非电场力）做功能力的物理量，它的大小反映电源力做功能力的大小，用 $E$ 表示。

如果为直流电源，那么有

$$E=\frac{W}{Q} \tag{1-5}$$

式中 $W$——电源力所做的功，单位为焦耳（J）；

$Q$——电源力移动的电荷的电量，单位为库仑（C）。

电动势的单位也为伏特（V）。根据电动势的定义，可以知道电动势的方向是从低电位端指向高电位端，这同时也反映了电源力移动正电荷的方向；而电压的方向是从高电位端指向低电位端，反映了电场力移动电荷的方向；所以虽然它们的单位相同，但是它们的本质却是完全不同的。根据做功类型的不同，把电源外部的电路称为外电路，而把电源内部的电路称为内电路，合称为全电路。

（4）电位

在电子电路中，为了便于分析，一般取电路中某一点作为参考点，认为这个点的电位为零，那么其他点到参考点的电压就是该点的电位，某一点的电位在数值上等于电场力将单位正电荷从该点移动到参考点所做的功。

**【例 1-1】** 如图 1-5 所示电路，已知电动势 $E=10\text{V}$；电阻 $R_1=4\Omega$，$R_2=6\Omega$。试求：

1）以 $C$ 为参考点，试求 $A$、$B$、$C$ 点电位及 $AB$、$BC$ 两点间的电压；

2）以 $B$ 为参考点，试求 $A$、$B$、$C$ 点电位及 $AB$、$BC$ 两点间的电压。

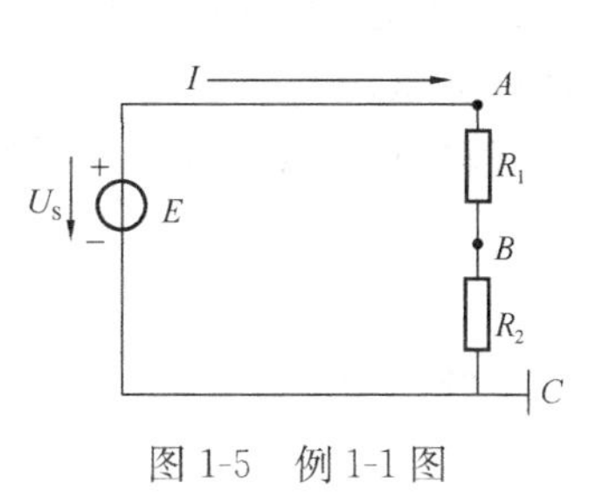


图 1-5 例 1-1 图

【解】① $I=\frac{E}{R_1+R_2}=\frac{10}{4+6}=1\text{A}$

所以

$$V_C=0$$
$$V_B=U_{BC}=IR_2=1\times6=6V$$
$$V_A=U_{AC}=1\times(4+6)=10V$$
$$U_{AB}=IR_1=1\times4=4V$$
$$U_{BC}=IR_2=1\times6=6V$$

② 如果以 $B$ 点为参考点，显然电路的电流不变，即 $I=1A$

所以

$$V_C=U_{CB}=-IR_2=-6V$$
$$V_B=0$$
$$V_A=U_{AB}=IR_1=4V$$
$$U_{AB}=4V$$
$$U_{BC}=6V$$

从例题中可以看出，在同一个电路只可选一个参考点，参考点的改变不会改变两点之间的电压，而只会改变电路中各点的电位。

（5）电功率与电能

电场力利用电能对电荷做功，把在单位时间内电气元件吸收或释放的电能称为电功率。

在直流电路中，电功率为常数，即：

$$P=\frac{W}{t} \tag{1-6}$$

式中 $W$——电气元件在 $t$ 时间内吸收或释放的电能，单位为焦耳（J）；

$P$——电气元件的电功率，单位为瓦特（W）。

由式（1-4）可知

$$W=U_{AB}Q$$

由式（1-2）可知

$$Q=It$$

所以有

$$P=\frac{U_{AB}Q}{t}=\frac{U_{AB}It}{t}=U_{AB}I \tag{1-7}$$

【例 1-2】求例 1-1 中电源电动势和两电阻的功率，并求所有功率之和（图中 $U_s$ 表示电源的电压）。

【解】在电气元件的关联参考方向下，电阻吸收的功率

$$P_1=I^2R_1=1^2\times4=4W$$
$$P_2=I^2R_2=1^2\times6=6W$$

电源的功率

$$P_s=-U_sI=-10\times1=-10W$$

所有功率之和

$$P_1+P_2+P_S=4+6-10=0\text{W}$$

显然，在电流和电压参考方向相同情况下，即关联参考方向下，如果 $P>0$，说明在这段电路中电压和电流的实际方向相同，电荷在电场力作用下移动，电气元件吸收或存储电能；如果 $P<0$，说明在这段电路中电压和电流的实际方向相反，电荷在电源力作用下移动，电气元件在提供或释放电能。

可以看出，在同一个电路中电源提供的功率和负载消耗功率是平衡的。

如已知负载功率为 $P$，那么负载在 $t$ 时间内消耗电能为

$$W=Pt \tag{1-8}$$

在我国，电能的单位为千瓦时（kWh），也称度。

（6）电阻

电阻是反映导体对电流阻碍作用的电路元件参数。为了分析方便，一般认为电阻是一个常量。欧姆经过实验得出："对于横截面均匀的金属导体，导体的电阻与导体的长度呈正比，与导体的截面积呈反比，而且与材料的导电性能有关"。

其计算式为

$$R=\rho\frac{l}{S} \tag{1-9}$$

式中 $\rho$——导体的电阻率，单位为欧姆·米（Ω·m）；

$l$——导体的长度，单位为米（m）；

S——导体的横截面的面积，单位为平方米（$m^2$）。

实际上电阻受温度影响很大，如白炽灯的冷态电阻比热态电阻小很多。根据电阻的伏安特性曲线，电阻分为线性电阻和非线性电阻。

3. 电路的三种状态

（1）开路状态

电路的开关打开或者电路的其中某一部分因事故断开时，称为开路，也称断路。开路分为正常开路和事故断路，如图 1-6 所示，其特点是：

电路中的电流　$I=0$

负载消耗功率　$P=0$

开路端的电压　$U=E$

（2）短路状态

在电路中，电源两端由于某种原因没有经过任何负载而直接相连，称为短路，如图 1-7 所示。

由于电源的内阻 $R_0$ 很小，所以短路电流很大，根据电流的热效应，在短时间内产生大量的热量，则会损坏电气设备。所以应经常检查用电设备和线路的绝缘情况，以防短路的事故发生。一般在电路中接入熔断器或低压断路器进行保护。但有时也利用短路电流产生的高温进行金属焊接等。这种电路的特点为：

短路电流　$I_s=\dfrac{E}{R_0}$

负载上电压　$U=0$

负载消耗功率　　　　　　　　　$P=0$

电源内阻消耗功率　　　　　　$P_s = I_s^2 R_0$

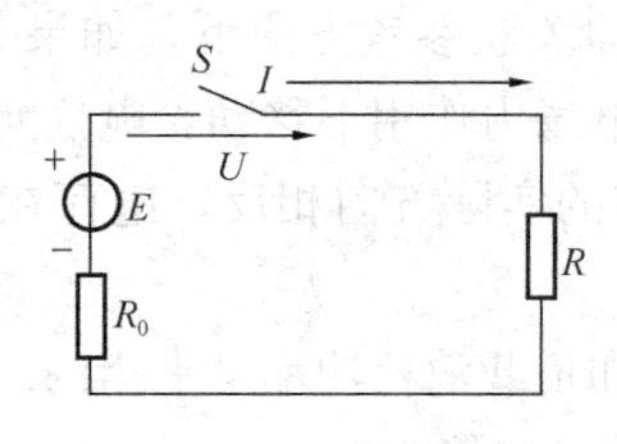


图 1-6　开路状态示意图

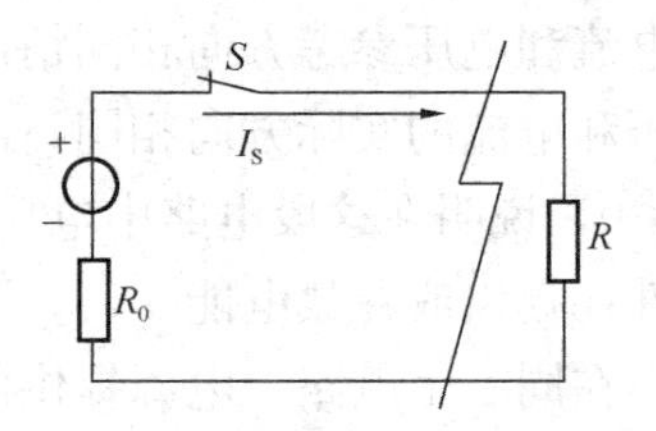


图 1-7　短路状态示意图

（3）额定工作状态

用电设备都有额定电流、额定电压以及额定功率，它是生产厂家为了产品正常工作而给定的允许工作限额。用电设备在其额定值状态下工作称为电路的额定工作状态。应合理地选用用电设备，尽可能让所选用电设备工作在额定状态。如图 1-8 所示，其中 $R_1$、$R_2$ 表示两负载，$R_0$ 表示内阻。如用 $R$ 表示 $R_1$ 与 $R_2$ 的等效负载，则有

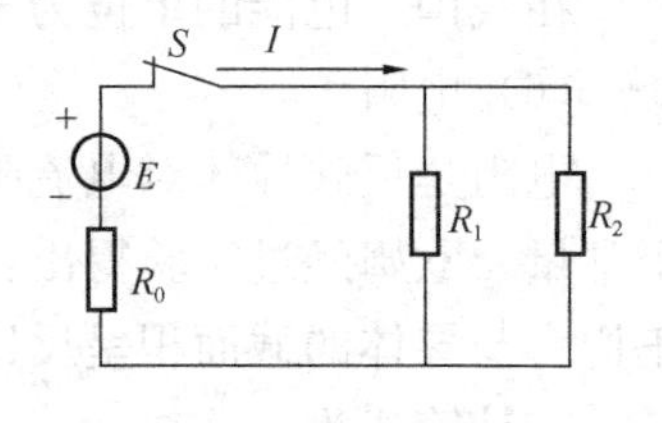


图 1-8　额定状态示意图

$$I = \frac{E}{R_0 + R}$$

### 1.1.2　电路的基本定律

1. 欧姆定律

欧姆定律指出："通过导体的电流 $I$ 与加在导体两端的电压 $U$ 成正比，与导体的电阻 $R$ 成反比。"它是一个实验定律，主要反映电阻元件的电压与电流的约束关系。

欧姆定律表达式为

$$I = \frac{U}{R} \tag{1-10}$$

如在非关联参考方向下，欧姆定律表达式应为

$$I = -\frac{U}{R} \tag{1-11}$$

**【例 1-3】** 现有 220V 40W 和 220V 100W 的白炽灯，将它们并联于 220V 电源上，哪个灯亮，为什么？如果两只灯串联到 220V 电源上，结果如何？

**【解】** 两只白炽灯并联时它们都在额定状态下工作，因为 220V 100W 的灯的功率大，所以 220V100W 的灯亮。

40W 灯的电阻　$R_1 = \frac{U^2}{P_1} = \frac{220^2}{40} = 1210\Omega$

100W 灯的电阻　$R_2 = \frac{U^2}{P_2} = \frac{220^2}{100} = 484\Omega$

当两只白炽灯串联时，电流相等，所以加在 40W 灯的电压

$$U_1 = \frac{R_1}{R_1 + R_2}U = \frac{1210}{1210 + 484} \times 220 = 157\text{V}$$

加在 100W 灯的电压

$$U_2 = U - U_1 = 220 - 157 = 63\text{V}$$

显然串联时，220V 40W 的功率大，所以 220V 40W 的灯亮。

2. 基尔霍夫定律

一般分析简单电路或者单电源的电路时，完全可以通过电阻的等效和欧姆定律来解决，但在多电源或者复杂电路时，我们必须运用新的方法来解决。基尔霍夫定律为我们提供了很好的工具。为此，我们必须先掌握几个相关的专业术语。

支路：电路中的一个分支称为一条支路，它的特点是每一条支路流过同一电流。如图 1-9 所示有 $BAD$、$BD$、$BCD$ 三条支路。

节点：电路中三条或者三条以上的支路相汇集的点称为节点。图 1-9 中，$B$、$D$ 为电路中的两个节点。

回路：在复杂电路中，由两条或两条以上支路组成的闭合电路称为回路。图 1-9 中，$ABCDA$、$ABDA$、$BCDB$ 为三个回路。

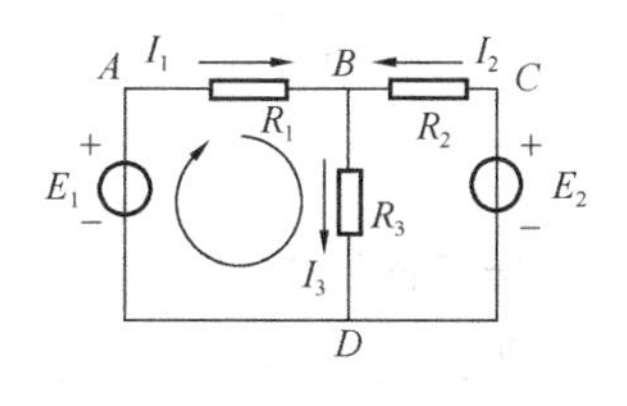

图 1-9 支路、节点和回路电路图

(1) 基尔霍夫电流定律（KCL）

基尔霍夫电流定律也称节点电流定律，它是一个实验定律，其内容是："在任一瞬间，对电路的任一节点，流入该节点的电流之和等于流出该节点的电流之和。"如果用 $I_\text{I}$表示流入节点的电流，用 $I_\text{O}$表示流出节点的电流。

其数学表达式为：

$$\sum I_\text{I} = \sum I_\text{O} \tag{1-12}$$

根据上式，如果规定流入节点的电流为正，流出的节点的电流为负；这个定律内容是：在任一时刻，对电路中的任一节点，所有电流的代数和为零。

数学表达式为：

$$\sum I = 0 \tag{1-13}$$

根据基尔霍夫电流定律，对图 1-9 的节点 $B$ 可以列出方程

$$I_1 + I_2 - I_3 = 0$$

**【例 1-4】** 如图 1-10 所示电路是网络电路的一部分，已知电流 $I_1 = 2\text{A}$，$I_2 = 4\text{A}$，$I_3 = 7\text{A}$；试求图中的电流 $I_4$。

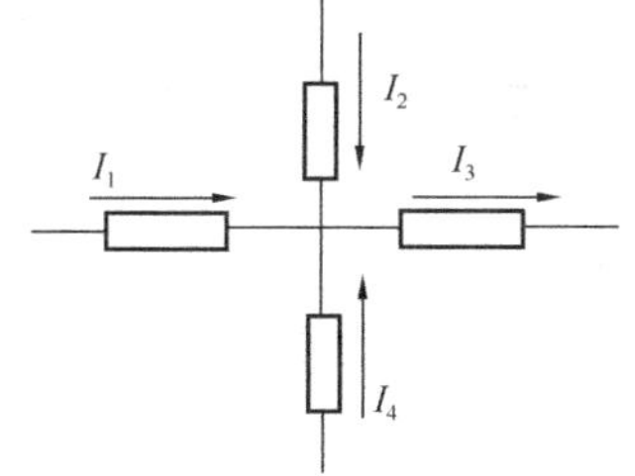

图 1-10 例 1-4 电路图

**【解】** 根据基尔霍夫电流定律有

$$I_1 + I_2 - I_3 + I_4 = 0$$

代入数值可得

$$2 + 4 - 7 + I_4 = 0$$

$$I_4 = 1\text{A}$$

基尔霍夫电流定律不仅适用于节点，也用于电路中任一闭合面。如图 1-11 所示，对封闭面 $S$，根据基尔霍夫电流定律，列出三个节点电流方程如下：

节点 $A$：$I_1 - I_4 - I_6 = 0$

节点 $B$：$I_2 + I_4 - I_5 = 0$

节点 $C$：$I_3 + I_5 + I_6 = 0$

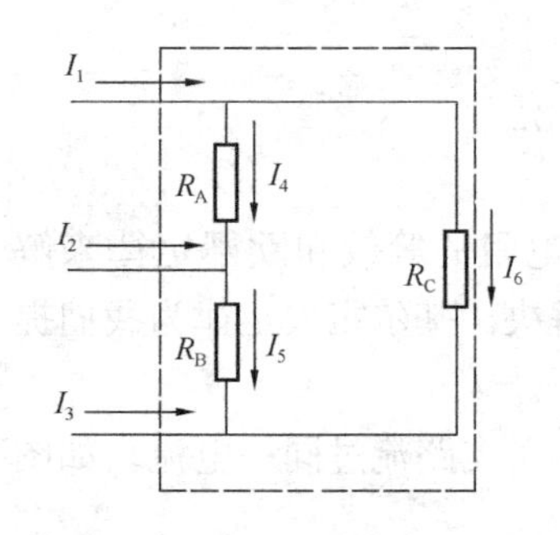

图 1-11　基尔霍夫电流定律应用于闭合面

以上三式相加有

$$I_1 + I_2 + I_3 = 0$$

可见，对电路中的任一闭合面，流入这个闭合面的电流等于流出这个闭合面的电流。

(2) 基尔霍夫电压定律（KVL）

基尔霍夫电压定律也称回路电压定律，是一个实验定律，其内容为："在任一时刻，沿电路任一闭合回路，所有支路电压的代数和恒等于零。"根据电压的本质含义和定律内容可以看出，基尔霍夫电压定律是能量守恒的体现。

其数学表达式为：

$$\Sigma U = 0 \tag{1-14}$$

为了计算方便，一般把负载放在等式的左边，把电源放在等式的右边。

那么其数学表达式为：

$$\Sigma IR = \Sigma E \tag{1-15}$$

根据基尔霍夫电压定律，对图 1-9 中的 $ABDA$ 回路可列出

$$I_1R_1 + I_3R_3 = E_1$$

用此公式时，必须先选定回路的绕行方向。凡是电流的参考方向与绕行方向相同的，取正值；反之，则取负值。同样，电动势的实际方向与绕行方向相同的，取正值；反之，则取负值。

**【例 1-5】** 如图 1-12 所示为一电路的一部分，已知电源电动势 $E_1=16\text{V}$，$E_2=4\text{V}$；电阻 $R_1=3\Omega$，$R_2=5\Omega$，$R_3=2\Omega$，$R_4=10\Omega$；电流 $I_1=1\text{A}$，$I_2=4\text{A}$，$I_3=3\text{A}$，试求图中的电流 $I_4$。

**【解】** 根据基尔霍夫电压定律有

$$I_1R_1 + I_2R_2 - I_3R_3 - I_4R_4 = E_1 + E_2$$

代入数值可得

$$1\times3+4\times5-3\times2-10I_4 = 16+4$$

$$I_4 = -0.3\text{A}$$

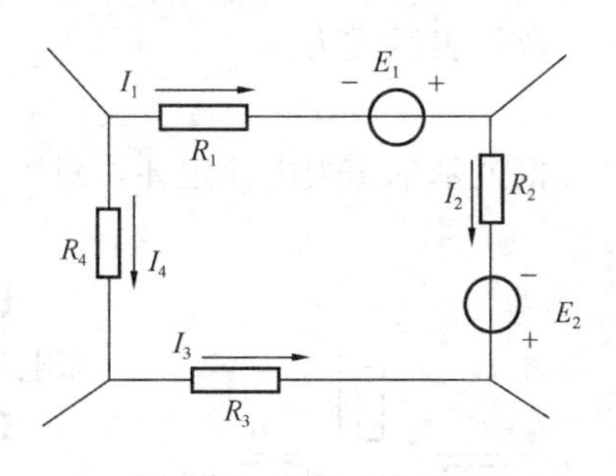

图 1-12　例 1-5 电路图

基尔霍夫电压定律不仅用于闭合回路，也适用于电路的虚拟回路，可以理解为：在任何时刻，沿电路的部分支路和二端口的虚拟回路，所有电压的代数和为零。

(3) 使用基尔霍夫定律时的注意事项

1) 使用基尔霍夫定律时，必须在电路中标出电压和电流的参考方向。

2) 根据节点电流定律可以列出节点电流方程，相互独立的电流方程个数应为 $(n-1)$，其中 $n$ 为电路的节点数。

3) 在平面电路中，根据回路电压定律可以列出回路的电压方程，相互独立的电压方程个数应为电路的网孔数。

4) 验证：列出的总方程数应该等于所设的支路电流的个数。

### 1.1.3 磁、磁路、电磁感应概述

电场和磁场是统一存在的整体，是同一个物质的两个不同的侧面，在变压器和电动机的分析和研究中必然要考虑到电与磁的转化，所以有必要了解磁和磁场的一些基本概念。

1. 磁介质的磁化和磁导率

有些物质放在磁场中会显示出磁性能，产生附加磁场，这种现象称为物质的磁化，把这种能够被磁化的物质，称为磁介质。磁介质按其性能可以分成三大类：反磁性物质、顺磁性物质和铁磁性物质。金、银、铜等都是反磁性物质。铝、镁、钙等都是顺磁性物质。铁是典型的铁磁性物质，铁磁性物质分为三种：硬磁材料，主要有碳钢、钴钢等，适宜于制造永久磁铁；软磁材料，主要有铸铁、铸钢、硅钢等，适用于制造电机和变压器的铁芯；矩磁材料，主要有一些铁合金，适用于制造计算机中的记忆铁芯等。

为了定量分析磁介质的性质，我们引入一个新的物理量——磁导率，它是反映磁介质导磁性质的物理量，用 $\mu$ 表示，单位为亨/米（H/m）。真空的磁导率用 $\mu_0$ 来表示，经实验测定

$$\mu_0 = 4\pi \times 10^{-7}\,\mathrm{H/m}$$

$\mu_0$ 为一常数，为了简单表示磁介质的性质，把其他磁介质的磁导率与真空的磁导率的比值称为相对磁导率，用 $\mu_r$ 来表示，则

$$\mu_r = \frac{\mu}{\mu_0} \tag{1-16}$$

因此：反磁性物质，$\mu_r<1$；顺磁性物质，$\mu_r>1$；铁磁性物质，$\mu_r \gg 1$。

2. 磁场的几个基本物理量

（1）磁感应强度

磁感应强度是反映磁场中某一点磁场性质的基本物理量。用大写字母 $B$ 表示，它是一个矢量，它的方向就是置于磁场中该点的小磁针的 $N$ 极指向，它的大小等于单位正电荷垂直于磁场方向以单位速度运动时所受到的磁场作用力。

数学表达式为：

$$B = \frac{F}{qv} \tag{1-17}$$

式中 $B$——磁场中某一点的磁感应强度，单位是特斯拉（T）；

$F$——电荷所受的磁场力，单位是牛顿（N）；

$q$——电荷的电量，单位是库仑（C）；

$v$——正电荷的运动速度，单位是米/秒（m/s）。

其中，磁场力的方向由左手螺旋法则确定，即四指指向正电荷的运动方向，让磁力线垂直穿过手心，那么大拇指的指向就是磁场力的方向。

（2）磁通

穿过某一横截面 $S$ 的磁感应强度 $B$ 的通量称为磁通量，简称磁通，用 $\Phi$ 表示，单位为韦伯（Wb），磁通是一个标量。根据定义有

$$\Phi = \int_S B \cdot \mathrm{d}s \tag{1-18}$$

在匀强磁场中，若磁感应强度 $B$ 与横截面 $S$ 垂直，上式可写为

$$\Phi = BS \tag{1-19}$$

由式（1-19）可得，$B=\Phi/S$，所以在匀强磁场中，磁通密度就是磁感应强度。

经过证明，穿过任一闭合面的磁通为零，用公式表示为：

$$\oint_S B \cdot ds = 0 \tag{1-20}$$

上式是磁通的连续性原理，是磁场的基本方程，可为磁路分析提供依据。

（3）磁场强度

把用来表达磁场强弱的物理量，称为磁场强度，用 $H$ 来表示，单位为安/米（A/m）。磁场中某一点磁感应强度 $B$ 与磁场中磁介质磁导率 $\mu$ 的比值，就是该点磁场强度 $H$。

数学表达式如下：

$$H = \frac{B}{\mu} \tag{1-21}$$

由式（1-16）可得

$$\mu = \mu_r \mu_0$$

所以有

$$H = \frac{B}{\mu_r \mu_0} \tag{1-22}$$

**【例 1-6】** 在一匀强磁场中，有一垂直于磁场方向的闭合线圈（即闭合线圈的平面的法线方向与磁场方向平行），若通过线圈的磁通为 $6.28\times10^{-5}$ Wb，线圈平面的面积为 $0.25\text{m}^2$，试求磁场的磁感应强度 $B$，若磁场在真空中，求磁场的磁场强度 $H$。

**【解】** 因为在匀强磁场中，所以

$$B = \frac{\Phi}{S} = \frac{6.28\times10^{-5}}{0.25} = 2.512\times10^{-4}\text{T}$$

因为真空中的磁导率 $\mu_0 = 4\pi\times10^{-7}$ H/m，所以

$$H = \frac{B}{\mu_0} = \frac{2.512\times10^{-4}}{4\pi\times10^{-7}} = 200\text{A/m}$$

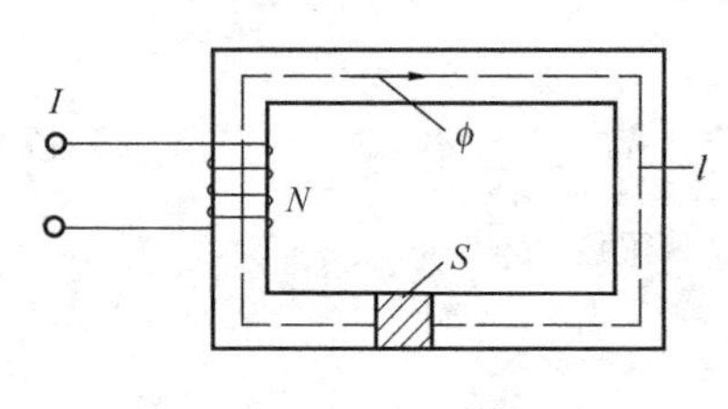

图 1-13　磁通示意图

3. 磁路的概念

在电气工程中，为了用较小的激磁电流获得强磁场，经常把线圈绕在铁心上，例如电机、变压器以及一些电工仪表等电气设备，是因为铁心的磁导率比空气和其他物质的磁导率大很多，所以绝大部分磁通在铁心内形成闭合通路。把由铁磁物质组成的，能使磁通集中通过的路径称为磁路。

磁路的计算要用磁路的欧姆定律，假设有一无分支磁路由铁磁物质构成，如图 1-13 所示，其长度为 $l$，截面积相同且为 $S$，线圈的匝数为 $N$，磁感应强度大小为 $B$，穿过的磁通为 $\Phi$，则

$$\Phi = BS = \mu HS = \frac{Hl}{l/\mu S} = \frac{U_m}{R_m} \tag{1-23}$$

式中，$U_m = Hl$，称为磁位差，单位为“A”；$R_m = l/\mu S$，称为磁阻，单位为“1/H”。

式（1-23）和电路的欧姆定律非常相似，所以把它称为磁路的欧姆定律。

根据安培环路定律，沿铁磁物质构成的闭合磁路有

$$Hl = NI \tag{1-24}$$

令 $F=NI$，把 $F$ 称为磁动势，单位为“A”。

**【例 1-7】** 一个具有均匀铁心的闭合线圈，其匝数 $N=200$，铁心中的磁感应强度为 1T，磁路的平均长度为 50cm，试求：

（1）铁心为铸铁时线圈的电流，已知 $B=1\text{T}$，$H=10100\text{A/m}$。

（2）铁心为铸钢时线圈的电流，已知 $B=1\text{T}$，$H=924\text{A/m}$。

**【解】** 由安培环路定律可得

（1）$I_1 = \dfrac{H_1 l}{N} = \dfrac{10100 \times 0.5}{200} = 25.25\text{A}$

（2）$I_2 = \dfrac{H_2 l}{N} = \dfrac{924 \times 0.5}{200} = 2.31\text{A}$

从例题可以看出，由于线圈内铁心材料的不同，要得到相同的磁感应强度，所需要的激磁电流就不同，如果采用磁导率高的铁心材料，可以减小激磁电流，从而可以减小线圈的用铜量；同样如果激磁电流相同，要得到相同的磁感应强度，采用磁导率高的铁心材料，可以使铁心的用铁量降低。

4. 两个电磁基本定律

（1）法拉第电磁感应定律

定律内容为：线圈所产生的感应电动势的大小与线圈内磁通的变化率成正比。用公式表示为

$$e = \left| \frac{\mathrm{d}\Phi}{\mathrm{d}t} \right| \tag{1-25}$$

上式只给出感应电动势的大小，而它的方向根据磁通的变化情况确定，习惯上规定感应电动势的参考方向与磁通的参考方向符合右手螺旋定则。如果有 $N$ 匝线圈，则

$$e = -N \frac{\mathrm{d}\Phi}{\mathrm{d}t} \tag{1-26}$$

（2）楞次定律

楞次定律内容为：感应电流具有这样的方向，即感性电流的磁场总是要阻碍引起感应电流磁通量的变化。原磁通增加，感应电动势企图产生的新磁通的方向与原磁通方向相反，如图 1-14（*a*）所示；原磁通减少，感应电动势企图产生的新磁通的方向与原磁通方向相同，如图 1-14（*b*）所示。

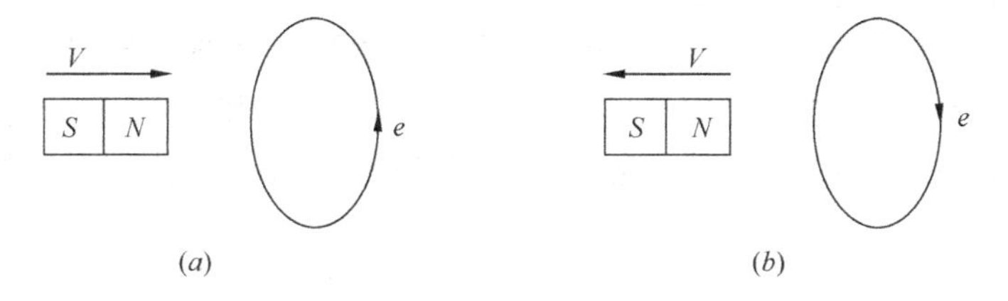


图 1-14 磁通方向对比图

**【例 1-8】** 有一匝数 $N=500$ 的闭合线圈，穿过线圈的磁通在 3s 内由 2Wb 增加到

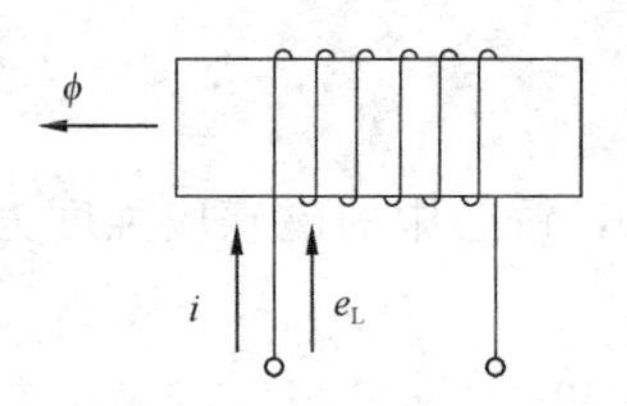

图 1-15　自感电动势示意图

8Wb。试求：线圈的感应电动势的大小，感应电动势的方向与图 1-14 中哪个图相似？

**【解】** $e = \left| -N\frac{d\Phi}{dt} \right| = 500 \times \frac{8-2}{3} = 1000\text{V}$

产生的感应电动势的方向与图 1-14（$a$）相似。

5. 自感电动势

如图 1-15 所示，闭合线圈通以电流后在其周围产生磁通，磁通的变化可以使其周围的线圈产生感应电动势。当线圈中的电流发生变化时，其周围磁通也随之发生改变，所以线圈也会产生感应电动势，把由于线圈自身电流变化而使线圈自身产生的感应电动势，称为自感电动势，用 $e_L$ 表示，即：

$$e_L = -N\frac{d\Phi}{dt} = -\frac{d\psi}{dt} \tag{1-27}$$

式中，$\psi = N\phi$，称为磁链，即磁通与交链线圈匝数的乘积。显然磁链和磁通的单位相同，也为韦伯。为了分析方便，假设有一个磁感应强度 $B$ 大小相同和截面积 $S$ 完全相同的空心线圈，由安培环路定律可知，它的磁感应强度 $B$ 与电流 $i$ 成正比，而

$$\psi = NBS$$

式中，匝数 $N$ 和截面积 $S$ 为常数，所以通过线圈的磁链 $\psi$ 也正比于线圈中的电流 $i$。把磁链 $\psi$ 与电流 $I$ 的比值，称为线圈的自感系数，简称自感，用符号 $L$ 表示。

**【例 1-9】** 已知一通电线圈的电流 $i = 10\sin(314t + \pi/2)$ A，线圈的电感为 0.1H，求线圈产生的自感电动势 $e_L$，并说明电流与电动势的参考方向的关系。

**【解】** $e_L = -L\frac{di}{dt} = -0.1 \times 10\left[\sin\left(314t + \frac{\pi}{2}\right)\right]_0^t = 314\sin 314t\text{V}$

电流的参考方向与感应电动势的参考方向相同。

6. 互感电动势

现有两个相邻的线圈，如图 1-16 所示。当两个线圈通以电流时，它们所产生的磁通必然有一部分互相通过相邻的线圈，这样，当其中一个线圈的电流变化时，必然使通过相邻线圈的磁通发生变化，从而在相邻的线圈内产生感应电动势，这个感应电动势被称为互感电动势，这两个相邻线圈被称为耦合线圈。

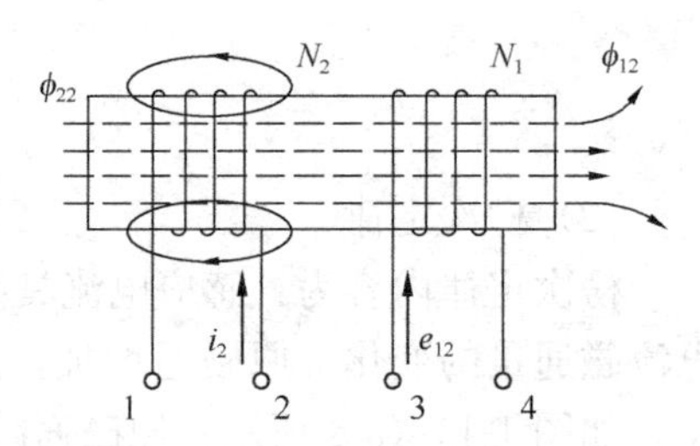

图 1-16　互感电动势产生示意图

假设有两个磁耦合线圈 $L_1$ 和 $L_2$，它们的匝数分别为 $N_1$ 和 $N_2$，当线圈 $L_2$ 通以变化的电流 $i_2$ 时，则在线圈 $L_2$ 内产生磁通 $\phi_{22}$（其中双下标第一个数字表示该磁通所在线圈的编号，第二个数字表示产生该磁通的电流所在线圈的编号），其中有一部分与线圈 $L_1$ 交链，这部分磁通记作 $\phi_{12}$，那么它的磁链 $\psi_{12} = N_1\phi_{12}$，根据法拉第电磁感应定律，在线圈 $L_1$ 上产生互感电动势 $e_{12}$，即：

$$e_{12} = -\frac{d\psi_{12}}{dt} = -N_1\frac{di_2}{dt} \tag{1-28}$$

同理，当线圈 $L_1$ 通以变化的电流 $i_1$ 时，应有

$$e_{21} = -\frac{d\psi_{21}}{dt} = -N_2\frac{di_1}{dt}$$

如果两耦合线圈为空心线圈，也就是说在线圈周围没有磁性物质时，互感磁链与产生这个磁链电流的比值为一常数，称为互感系数，简称互感，用 $M$ 表示，单位为亨利（H）。那么

$$M_{12} = \frac{\psi_{12}}{i_2} \tag{1-29}$$

同理

$$M_{21} = \frac{\psi_{21}}{i_1}$$

理论和实验可以证明，$M_{12}=M_{21}$，所以可以省略 $M$ 的下标。即：

$$M=M_{12}=M_{21}$$

由式（1-28）和式（1-29）可得：

$$e_{12} = -M\frac{di_2}{dt} \quad e_{21} = -M\frac{di_1}{dt} \tag{1-30}$$

由式（1-30）可见，互感电动势总是企图产生感应电流来阻碍原磁通的变化。

## 1.2 交 流 电 路

### 1.2.1 交流电基本概念

电压和电流的大小和方向不随时间变化的，被称为直流电（DC），把电压和电流的大小和方向随时间按正弦规律变化的称为正弦交流电，简称交流电（AC）。交流电有很多优点，在实践中得到广泛的运用。

1. 正弦交流电三要素

在正弦交流电路中，电压和电流的大小和方向是随时间按正弦规律变化的，一般把这些按正弦规律变化的电压和电流统称为正弦量。如图 1-17 所示，频率、幅值和初相位三个参数统称为正弦交流电的三要素。

（1）频率、周期和角频率

正弦量完成一个循环所需要的时间，称为周期，用 $T$ 表示，单位为秒（s）。把每秒完成循环的次数称为频率，用 $f$ 表示，单位为赫兹（Hz）。

根据定义可知，频率 $f$ 与周期 $T$ 的关系为

$$f = \frac{1}{T} \tag{1-31}$$

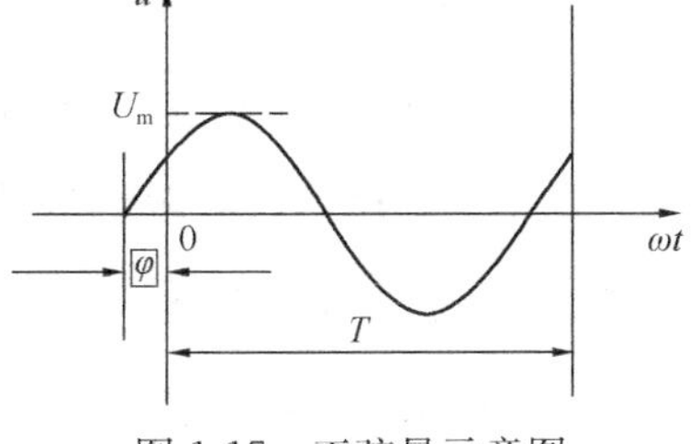

图 1-17　正弦量示意图

从频率和周期的定义可以看出，周期越长，即频率越低，表明正弦量变化越慢；反之，周期越短，即频率越高，表明正弦量变化越快。

正弦量的变化快慢还可以用角频率$\omega$ 来表示。角频率是指正弦量在一个周期内转动的弧度数，单位为弧度/秒（rad/s）。根据定义有

$$\omega = 2\pi f = \frac{2\pi}{T} \tag{1-32}$$

（2）幅值

正弦量的时域函数能表示出它的瞬时值，电路中规定用小写字母表示，如电流、电压和电动势的瞬时值分别用 $i$、$u$ 和 $e$ 表示。把瞬时值中最大的数值称为最大值，也称幅值，用带有下标（$m$）的大写字母表示，如电流、电压和电动势的最大值分别用 $I_m$、$U_m$ 和 $E_m$ 来表示。

（3）相位、初相位和相位差

正弦量是一个时域函数，要完整地描述一个正弦量，还必须考虑计时起点（即 $t=0$ 时）的情况。因为计时起点的不同，正弦量的初始值（$t=0$ 时正弦量的值）不同，所以到达最大值或某一特定值所需的时间就不同。

为了与空间角相区别，把 $\omega t+\varphi$ 称为正弦量的相位，它是随时间变化的量，反映正弦量的变化进程。把 $t=0$ 时的相位称为初相位，简称初相，它反映计时起点的正弦量的值。

在一个正弦交流电路中，电气元件上的电压和电流是同频率的，但初相位不一定相同，如果假设电压和电流的角频率为 $\omega$，电压的最大值为 $U_m$，电流的最大值为 $I_m$，电气元件的电压和电流可用以下函数式表示：

$$u = U_m \sin(\omega t + \varphi_u)$$

$$i = I_m \sin(\omega t + \varphi_i)$$

把两个同频率正弦量的相位之差或初相位之差，称为相位差，用 $\Delta\varphi$ 表示。对于上面两正弦量，电压 $u$ 和电流 $i$ 的相位差为：

$$\Delta\varphi = (\omega t + \varphi_u) - (\omega t + \varphi_i) = \varphi_u - \varphi_i \tag{1-33}$$

由上式可见，两个同频率正弦量的相位差为一常数，与时间无关。

2. 正弦量的有效值

正弦量的瞬时值是随时间发生变化的，所以用它来计算交流电路非常繁琐，用一个新的量来描述正弦量的大小，即有效值。有效值是根据电流的热效应（即电能转化热能）得出的。现将两个阻值相同的电阻分别通以交流电流 $i$ 和直流电流 $I$，如果在交流电的一个周期 $T$ 内，两个电阻消耗的电能相等，即产生的热量相同，那么这个直流电流的数值就是这个交流电流的有效值。

由上所述，在直流电路中，电阻在一个周期时间内消耗的电能为 $W_D = I^2RT$。

同样，在交流电路中，电阻在一个周期内消耗的电能为 $W_A = \int_0^T i^2 R\mathrm{d}t$。

根据定义，即两个电阻消耗的电能相同，则 $W_D = W_A$

所以 $I^2RT = \int_0^T i^2 R\mathrm{d}t$

假设 $i = I_m \sin\omega t$，则

$$I = \sqrt{\frac{1}{T}\int_0^T i^2 \mathrm{d}t} = \sqrt{\frac{1}{T}\int_0^T I_m^2 \sin^2 \omega t \mathrm{d}t} = \frac{I_m}{\sqrt{2}}$$

如电压和电动势是按正弦规律变化的，同理可得

$$U = \frac{U_m}{\sqrt{2}} \quad E = \frac{E_m}{\sqrt{2}} \tag{1-34}$$

在实际工程中，一般所说的正弦电流和正弦电压的大小都是指有效值。如交流电气设备的额定值指的是有效值，电气仪表测得的也是有效值。

### 1.2.2 交流电的相量表示

正弦量可以用波形图和时域函数来表示，可以非常直观地表示出正弦量随时间变化的规律和三要素，但用它们进行计算是非常繁琐的，而用复数和相量可以简化计算。

假设有一正弦电压 $u = U_m \sin(\omega t + \varphi_u)$

另有一复数为 $A(t) = U_m e^{j(\omega t+\varphi_u)} = U_m \cos(\omega t + \varphi_u) + U_m \sin(\omega t + \varphi_u)$

很显然 $u = \mathrm{Im}[A(t)] = \mathrm{Im}[\sqrt{2}Ue^{j\varphi_u}e^{j\omega t}]$

式中，Im [ ] 是取虚数部分。上式表明，一个复指数函数完全可以表示出电路的正弦量，该复指数函数包含了正弦量的三要素，即有效值 $U$、角频率 $\omega$ 和初相位 $\varphi$。而其复常数部分 $Ue^{j\varphi_u}$ 包含了正弦量的有效值和初相位，把这个复数称为正弦量的相量，用 $\dot{U}$ 表示；同样，电流相量可以用 $\dot{I}$ 表示，上面的小圆点“·”是为了与一般复数相区别，则

$$\dot{U} = Ue^{j\varphi_u} \tag{1-35}$$

复数可以在复平面上用相量来表示。正弦量的相量也可以在复平面上表示，把这种表示相量的图称为相量图。

**【例 1-10】** 有三个正弦电压，分别为：$u_1 = 311\sin\omega t$V、$u_2 = 311\sin(\omega t - 120°)$V、$u_3 = 311\sin(\omega t + 120°)$V。

（1）试写出 $u_1$、$u_2$、$u_3$ 的有效值、初相位；

（2）画出 $u_1$、$u_2$、$u_3$ 的相量图；利用相量图求出它们的和 $u$。

**【解】**（1）它们的有效值相同都为 220V

初相位分别为 $\varphi_1 = 0$、 $\varphi_2 = -\dfrac{2\pi}{3}$、 $\varphi_3 = \dfrac{2\pi}{3}$。

（2）电压和电流的相量图如图 1-18 所示。

用相量表示为：$\dot{U} = \dot{U}_1 + \dot{U}_2 + \dot{U}_3 = 0$

用瞬时值表示为：$u = u_1 + u_2 + u_3 = 0$

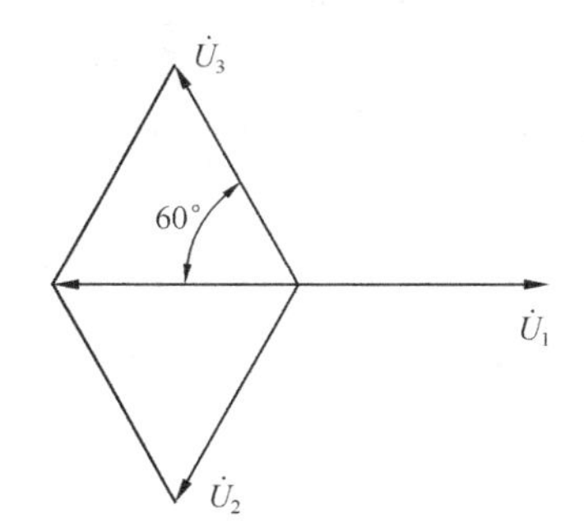

图 1-18 例 1-10 图

### 1.2.3 单一参数的交流电路

1. 纯电阻电路

只有电阻元件的电路称为纯电阻电路。如白炽灯、电热器等都可以近似为电阻性元件。

（1）电压与电流的关系

图 1-19 为纯电阻元件的正弦交流电路，在电阻两端加正弦交流电压 $u = U_m \sin\omega t$，电压与电流参考方向如图 1-19 所示，则根据欧姆定律有

$$i = \frac{u}{R} = \frac{U_m}{R}\sin\omega t = \frac{U_m}{R}\sin\omega t$$

$$I_m = \frac{U_m}{R} \tag{1-36}$$

式（1-36）除以 $\sqrt{2}$ 可得

$$I=\frac{U}{R} \tag{1-37}$$

综上所述，纯电阻电路中电压和电流有如下关系：

1）电阻不改变电路的频率，电阻的电压和电流的频率都与电源频率相同。

2）数值上，电压和电流的最大值、有效值、瞬时值符合欧姆定律。

3）相位上，电压和电流的相位差为 0，即同相位。

电阻两端的电压和电流的相量图如图 1-20 所示。

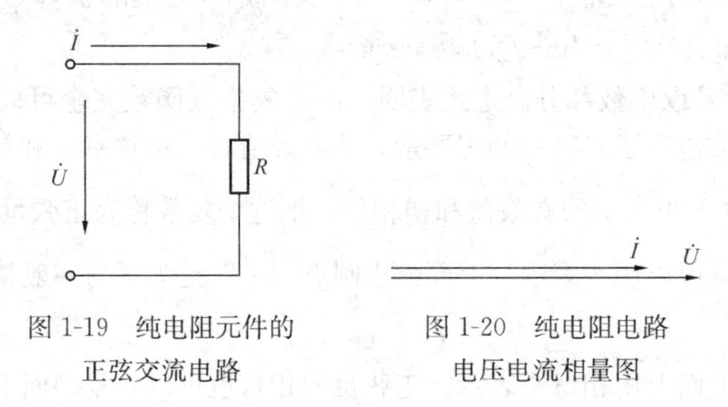


图 1-19　纯电阻元件的正弦交流电路

图 1-20　纯电阻电路电压电流相量图

（2）电功率计算

1）瞬时功率

$$p=ui=U_{\rm m}\sin\omega t I_{\rm m}\sin\omega t=UI(1-\cos2\omega t) \tag{1-38}$$

瞬时功率 $p\geqslant0$，说明电阻元件一直在消耗能量，电阻元件是一种耗能元件。

2）平均功率

用瞬时功率来计算电能的转化比较复杂，但可以用平均功率来计算。平均功率是指电能在一个周期内的平均值，也称有功功率，用大写字母 $P$ 来表示。即：

$$P=\frac{1}{T}\int_0^T p\mathrm{d}t=\frac{1}{T}\int_0^T UI(1-\cos\omega t)\mathrm{d}t=UI \tag{1-39}$$

由式（1-39）和欧姆定律可得

$$P=UI=I^2R=\frac{U^2}{R} \tag{1-40}$$

式中　$P$——电阻消耗的有功功率（W）。

2. 纯电感电路

只有电感元件的电路，称为纯电感电路，如荧光灯的镇流器，假设电阻为零，可以认为是纯电感线圈；理想变压器空载运行时，可以认为是纯电感电路。

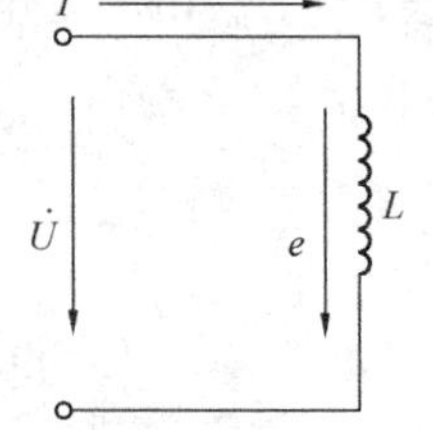


图 1-21　纯电感元件的正弦交流电路

（1）电压与电流的关系

如图 1-21 所示，假设流过线圈的电流 $i=I_{\rm m}\sin\omega t$

那么在线圈中将产生自感电动势 $e_{\rm L}=-L\dfrac{\mathrm{d}i}{\mathrm{d}t}$

由基尔霍夫电压定律可得

$$u=-e=L\frac{\mathrm{d}i}{\mathrm{d}t}=L\,(I_{\rm m}\sin\omega t)'_{t}=\omega LI_{\rm m}\cos\omega t$$

$$=\omega LI_m\sin\left(\omega t+\frac{\pi}{2}\right)=U_m\sin\left(\omega t+\frac{\pi}{2}\right)$$

式中，$U_m=\omega LI_m$。

令 $X_L=\omega L=2\pi f$，称为感抗，单位为"Ω"，则

$$U_m=I_mX_L \tag{1-41}$$

式（1-41）两边同除以 $\sqrt{2}$，可得

$$U=IX_L \tag{1-42}$$

综上所述，可得：

1）纯电感元件不改变电路的频率，电感上的电压和电流的频率都与电源频率相同。

2）纯电感电路中，电压相位超前电流相位 $\pi/2$。

3）纯电感电路中，电压和电流的有效值和最大值符合欧姆定律；而它们的瞬时值是微分关系。

电感两端电压和电流的相量图如图 1-22 所示。

（2）电路的功率

1）瞬时功率

电感上的瞬时功率是指电感两端的电压瞬时值与通过它的电流瞬时值的乘积，即：

$$p=ui=U_m\sin\left(\omega t+\frac{\pi}{2}\right)I_m\sin\omega t=UI\sin2\omega t \tag{1-43}$$

显然，瞬时功率是随时间按正弦规律变化的，其频率是电源频率的两倍，波形如图 1-23 所示。

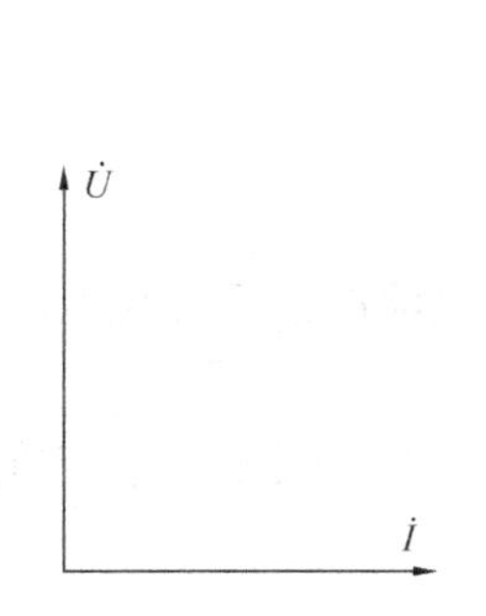

图1-22　纯电感电路电压电流相量关系图

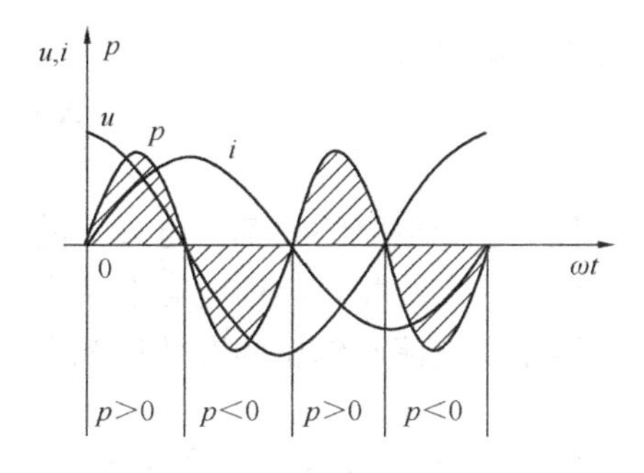

图 1-23　纯电感电路瞬时功率波形图

由图 1-23 可见，在第 1 和第 3 个 1/4 周期内，功率为正值，说明电感线圈正在从电源吸收电能，同时转化为磁场能量存储起来；而在第 2 和第 4 个 1/4 周期，功率为负值，说明电感线圈正在释放磁场能量，并转化为电源的电能。因此，电感线圈不消耗电能，而只与外部电路进行能量交换，电感是储能元件。

2）有功功率

由功率的波形图可以看出，在一个周期内横轴上方和下方的面积相等，即电感吸收和释放的能量相等，从而可知，有功功率为零。推导如下：

$$P=\frac{1}{T}\int_0^T p\,\mathrm{d}t=\frac{1}{T}\int_0^T UI\sin2\omega t\,\mathrm{d}t=0 \tag{1-44}$$

3）无功功率

无功功率是用来反映电感元件与外部电路能量互换规模的大小。无功功率的大小等于电感两端的电压有效值与通过其电流的有效值的乘积，用 $Q_L$ 来表示，单位为乏（Var）、千乏（kVar）。

由无功功率的定义和欧姆定律，可得：

$$Q_L = U_L I = I^2 X_L = \frac{U_L^2}{X_L} \tag{1-45}$$

3. 纯电容电路

(1) 电压与电流的关系

如图 1-24 所示为一纯电容电路，电压和电流的参考方向如图 1-24 所示。假设加在电容器两端的正弦交流电压为：$u = U_m \sin\omega t$。

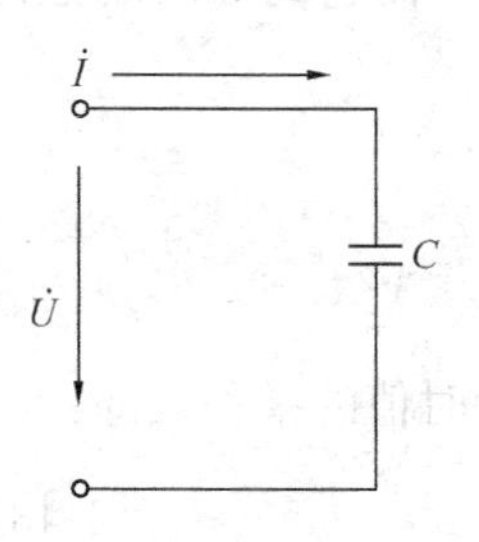

图 1-24 纯电容元件的正弦交流电路

那么，电容器极板上的电量为：$q = Cu = CU_m \sin\omega t$。

根据电流的定义，通过电容的电流为：

$$i = C\frac{du}{dt} = C(U_m \sin\omega t)'_t = \omega C U_m \cos\omega t$$

$$= \omega C U_m \sin\left(\omega t + \frac{\pi}{2}\right) = I_m \sin\left(\omega t + \frac{\pi}{2}\right)$$

式中，$I_m = \omega C U_m$。

令 $X_C = \frac{1}{\omega C} = 2\pi fC$，$X_C$ 称为容抗，单位为“Ω”。

$$U_m = I_m X_C \tag{1-46}$$

上式两端同除以 $\sqrt{2}$，可得：

$$U = IX_C \tag{1-47}$$

综上所述，可得：

1）纯电容元件不改变电路的频率，电容上的电压和电流的频率都与电源频率相同。

2）纯电容电路中，电流相位超前电容器两端电压相位 $\pi/2$。

3）纯电容电路中，电流和电压的有效值和最大值符合欧姆定律；而它们的瞬时值是一种微分关系。

电容两端电压和电流的相量图，如图 1-25 所示。

(2) 电容的电功率

1）瞬时功率

电容元件的瞬时功率是指电容器两端的电压与通过它的电流瞬时值的乘积，即：

$$p = ui = U_m \sin\omega t I_m \sin\left(\omega t + \frac{\pi}{2}\right) = UI\sin 2\omega t \tag{1-48}$$

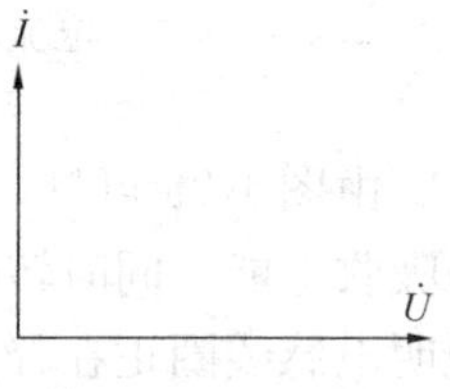

图 1-25 纯电容电路电压电流相量关系图

显然，瞬时功率是随时间按正弦规律变化的，其频率是电源频率的两倍，波形如图 1-26 所示。

由图 1-26 可见，在第 1 和第 3 个 1/4 周期内，功率为正，说明电容器正在从电源吸收能量，并转化为电场能量存储起来；而在第 2 和第 4 个 1/4 周期，功率为负，说明电容器正在释放电场能量，并转化为电源的电能。因此，电容器不消耗电能，而只与外部电路进行能量交换，电容是储能元件。

2）有功功率

由功率波形图可以看出，在一个周期内横轴上方和下方的面积相等，即电容吸收和释放的能量相等，从而可知，有功功率为零。推导如下：

$$P=\frac{1}{T}\int_{0}^{T}p\mathrm{d}t=\frac{1}{T}\int_{0}^{T}UI\sin2\omega t\,\mathrm{d}t=0 \quad (1\text{-}49)$$

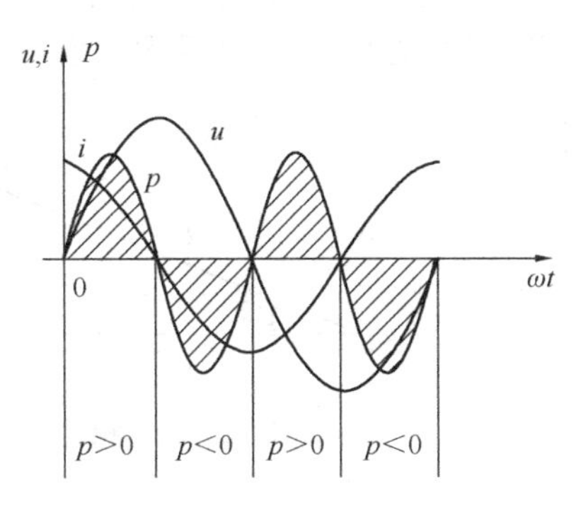


图 1-26　纯电容电路瞬时功率波形图

3）无功功率

电容的无功功率是用来反映电容元件与外部电路能量互换规模的大小。无功功率的大小等于电容两端的电压的有效值与通过其电流的有效值的乘积，用 $Q_C$ 来表示，单位为乏（Var）、千乏（kVar）。

由无功功率的定义和欧姆定律，可得

$$Q_C=U_CI=I^2X_C=\frac{U_C^2}{X_C} \quad (1\text{-}50)$$

### 1.2.4　提高功率因数的意义和方法

1. 电阻与电感的串联电路

前面分析了单一参数的交流电路，而实际电路支路一般是由两种或两种以上理想元件组成，而且大部分为感性电路（即电阻和电感串联电路）。如日光灯电路，灯管相当于一个电阻，镇流器相当于电感。

（1）总电压与电流的关系

如图 1-27 所示，由于电阻 $R$ 与电感 $L$ 串联，电流相同。假设电流为：

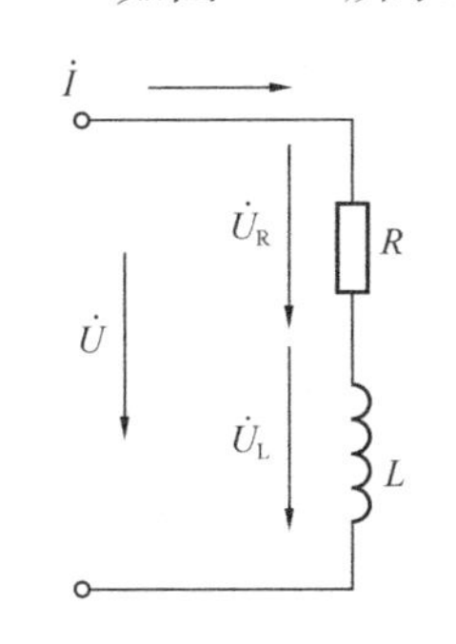


图 1-27　电阻电感串联的交流电路

$$i=I_m\sin\omega t$$

由欧姆定律，可得电阻上的电压为：

$$u_R=iR=I_mR\sin\omega t$$

电感上的电压为：

$$u_L=IX_L\sin\left(\omega t+\frac{\pi}{2}\right)$$

根据基尔霍夫电压定律，总电压为：

$$u=u_R+u_L=I_mR\sin\omega t+I_mX_L\sin\left(\omega t+\frac{\pi}{2}\right)$$

三角函数计算非常繁琐，利用相量计算，则

$$\dot{U}=\dot{U}_R+\dot{U}_L$$

如图 1-28 所示，利用平行四边形法则，把电阻和电感的电压相量合成，便可得到总电压的相量，显然电压相量 $\dot{U}$、$\dot{U}_R$、$\dot{U}_L$ 可以组成一个直角三角形，这个三角形称为电压三角形，由相量图可得：

$$U=\sqrt{U_R^2+U_L^2} \quad (1\text{-}51)$$

因为电阻和电感元件的电流和电压有效值符合欧姆定律，所以有

$$U=\sqrt{U_R^2+U_L^2}=\sqrt{(IR)^2+(IX_L)^2}=I\sqrt{R^2+X_L^2}=IZ \quad (1\text{-}52)$$

式中，$I$ 为电路的总电流的有效值，单位为“A”；$Z=\sqrt{R^2+X_L^2}$，称为阻抗，单位为“Ω”，显然阻抗 $Z$、电阻 $R$、阻抗 $X_L$ 也组成一个三角形，称为阻抗三角形，如图 1-29 所示。

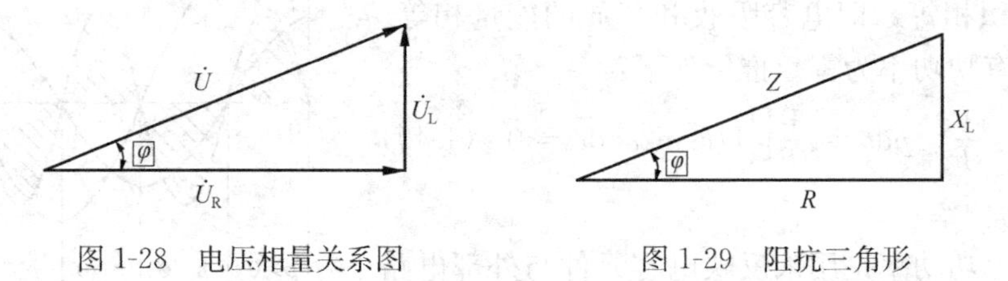


图 1-28　电压相量关系图　　图 1-29　阻抗三角形

由数学分析和图 1-28 可知：

1）总电压的相位超前电流相位 $\varphi$

$$\varphi=\arctan\frac{X_L}{R}$$

2）数值上，总电压和电流的最大值与有效值符合欧姆定律。

（2）总电压与电阻、电感两端电压的关系

1）相位关系：总电压相位超前电阻电压 $\varphi$ 角

$$\varphi=\arctan\frac{X_L}{R}=\arctan\frac{U_L}{U_R} \tag{1-53}$$

2）电阻和电感两端电压与总电压的数值关系

$$\begin{cases}U_R=U\cos\varphi\\U_L=U\sin\varphi\end{cases} \tag{1-54}$$

（3）功率关系

1）有功功率就是电阻的平均功率，即：

$$P=UI\cos\varphi=U_RI=I^2R=\frac{U^2}{R} \tag{1-55}$$

2）无功功率就是电感的无功功率，即：

$$Q=UI\sin\varphi=U_LI=I^2X_L=\frac{U_L^2}{X_L} \tag{1-56}$$

3）视在功率是指电路总电压与总电流有效值的乘积，用大写字母 $S$ 表示，单位为伏安（VA）或千伏安（kVA），即：

$$S=UI \tag{1-57}$$

4）如图 1-30 所示，电路的有功功率、无功功率、视在功率也组成一个三角形，称为功率三角形，由图 1-30 可见

$$\begin{cases}S=\sqrt{P^2+Q^2}\\P=S\cos\varphi\\Q=S\sin\varphi\end{cases} \tag{1-58}$$

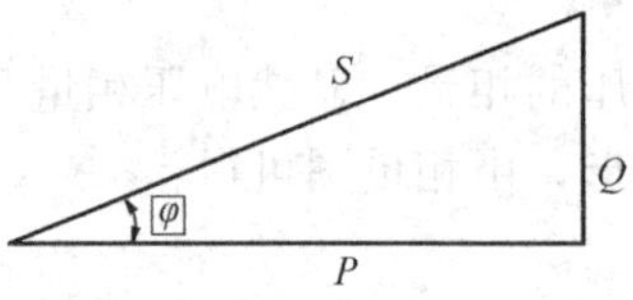

式中　$$\varphi=\arctan\frac{Q}{P}=\arctan\frac{U_L}{U_R}=\arctan\frac{X_L}{R} \tag{1-59}$$

图 1-30　功率关系图

前面介绍了阻抗三角形、电压三角形、功率三角形，

不难看出它们是三个相似三角形，只要灵活运用，就能简化电路的分析和计算。

(4) 功率因数

在电路中，有功功率与视在功率的比值称为功率因数，用 $\cos\varphi$ 表示，$\varphi$ 角称为功率因数角。根据前面知识有：

$$\cos\varphi = \frac{P}{S} = \frac{U_R}{U} = \frac{R}{Z} \tag{1-60}$$

**【例 1-11】** 将 3Ω 的电阻和 12.75mH 的电感串联在 220V、50Hz 的电源上，试求：

(1) 感抗 $X_L$、阻抗 $Z$、电路的电流有效值 $I$、电感上的电压 $U_L$、电阻上的电压 $U_R$，$U_L+U_R$ 是否等于总电压 220V；

(2) 电路的有功功率 $P$、无功功率 $Q$、视在功率 $S$ 及功率因数。

**【解】** (1)

$$X_L = 2\pi fL = 2\times 3.14\times 50\times 12.75\times 10^{-3} = 4\Omega$$

$$Z=\sqrt{R^2+X_L^2}=\sqrt{3^2+4^2}=5\Omega$$

$$I=\frac{U}{Z}=\frac{220}{5}=44\text{A}$$

$$U_L = IX_L = 44\times 4 = 176\text{V}$$

$$U_R = IR = 44\times 3 = 132\text{V}$$

$$U_R+U_L = 132+176 = 308\text{V}\neq 220\text{V}$$

(2)

$$P = U_R I = 132\times 44 = 5808\text{W}$$

$$Q = U_L I = 176\times 44 = 7744\text{Var}$$

$$S=UI=220\times 44=9680\text{VA}$$

$$\cos\varphi = \frac{R}{Z} = \frac{3}{5} = 0.6$$

2. 提高功率因数的意义

(1) 充分发挥电源设备的利用率

因为发电机和变压器电源设备在正常运行时不能超过其额定电压 $U$ 和额定电流 $I$，即视在功率是恒定不变的，由 $P = S\cos\varphi$ 可知，功率因数越高，电源供出的有功功率就越大，电源设备的利用率就越高。

(2) 节约电能和减小电压损失

由 $I=\frac{P}{U\cos\varphi}$ 可知，当负载的有功功率 $P$ 和供电系统的输电电压 $U$ 一定时，功率因数越高，电路中的电流就越小。也就是说，在输送功率一定的情况下，电路功率因数越高，电路中的电流就越小，线路上的能量损耗（$I^2R_L$）、电压损失（$IR_L$）就会减小，同时输电导线的截面也可以减小。可见，功率因数越高，经济效益越高。

3. 提高功率因数的方法

(1) 合理选用各种电气设备

电动机和变压器在空载或轻载运行时，它们的功率因数很低，所以要正确选择变压器和电动机的容量，原则上要求尽可能满载运行。

(2) 用并联补偿电容的方法

图 1-31 是并联补偿电容的电路图，假设并联电路两端的电压为：

$$u = U_m\sin\omega t$$

电阻和电感串联支路的电流有效值 $I=\dfrac{U}{Z}$，其中 $Z=\sqrt{R^2+X_L^2}$。

电感支路电流相位滞后电压相位 $\varphi=\arctan\dfrac{X_L}{R}$。

电容支路上的电流有效值 $I_C=\dfrac{U}{X_C}$。

电容支路电流的相位超前电压 $\pi/2$。

相量图如图 1-32 所示，总电流的有效值为：

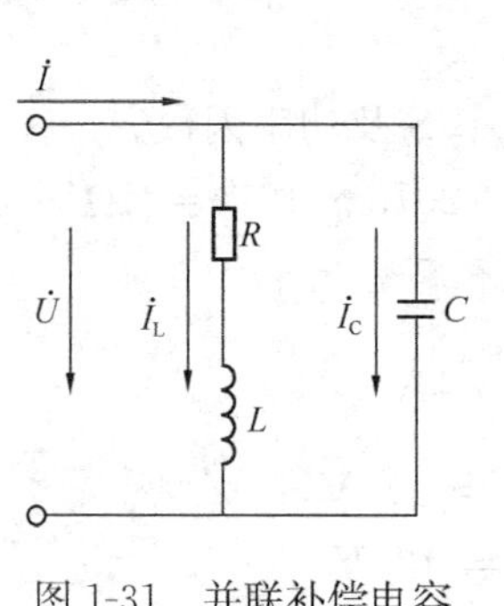

图 1-31 并联补偿电容的交流电路图

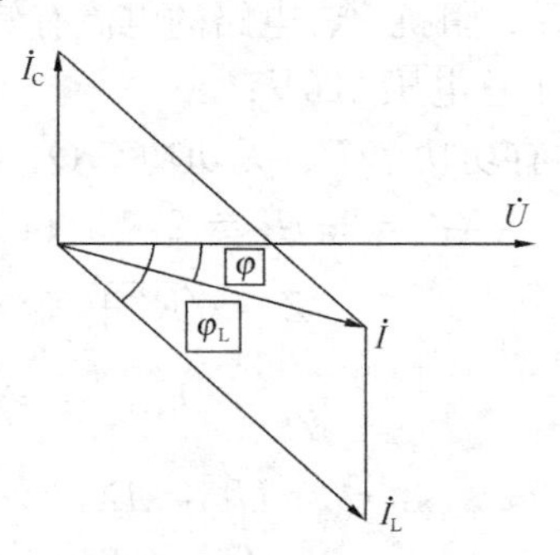

图 1-32 相量图

$$I=\sqrt{(I_L\cos\varphi_L)^2+(I_L\sin\varphi_L-I_C)^2} \tag{1-61}$$

总电流相位滞后电压相位

$$\varphi=\arctan\frac{I_L\sin\varphi_L-I_C}{I_L\cos\varphi_L} \tag{1-62}$$

从以上计算可知，并联电容前电路的视在功率为：

$$S_L=UI_L$$

而并联电容后电路的视在功率为：

$$S=UI$$

很显然 $S_L>S$，而并联电容前后电路的有功功率 $P$ 没有发生改变。

并联电容前电路的功率因数为：$\cos\varphi_L=\dfrac{P}{S_L}$

并联电容后电路的功率因数为：$\cos\varphi=\dfrac{P}{S}$

显然 $\cos\varphi>\cos\varphi_L$，所以并联电容可以提高电路的功率因数，而不改变电路的有功功率。

(3) 补偿电容和补偿无功功率的计算

由式 (1-62) 可得补偿电容为：

$$C=\frac{P}{\omega U^2}(\tan\varphi_L-\tan\varphi) \tag{1-63}$$

式中 $P$——负载的有功功率；

$\varphi_L$——并联电容前的功率因数角；

$\varphi$——并联电容后的功率因数角。

电容上的无功功率为：

$$Q_C = \omega CU^2 = P(\tan\varphi_L - \tan\varphi) \tag{1-64}$$

**【例 1-12】** 有一额定功率为 100W、额定电压为 220V 的感性负载，功率因数为 0.6，接于 220V50Hz 的电源上，欲将功率因数提高到 0.9，需并联多大的电容器？补偿的无功功率为多大？

**【解】** 由题中所述，可得

$$\tan\varphi_L = 1.33 , \tan\varphi = 0.48$$

所以补偿电容 $C$ 和电容上的无功功率 $Q_C$ 为：

$$C = \frac{P}{\omega U^2}(\tan\varphi_L - \tan\varphi)$$

$$= \frac{100}{314 \times 220^2}(1.33 - 0.48) = 5.6 \times 10^{-6}\text{F} = 5.6\mu\text{F}$$

$$Q_C = P(\tan\varphi_L - \tan\varphi)$$

$$= 100 \times (1.33 - 0.48) = 85\text{Var}$$

### 1.2.5 三相交流电路

前面我们讨论的是单相交流电路的一些基本原理及计算，但电力系统采用的供电方式大部分是三相供电方式。所以有必要了解一些三相电路的基本概念和算法。三相交流电路是由三相交流电源、三相负载及一些中间环节组成的交流电路。

1. 三相交流电源

(1) 三相交流电源的产生及其特点

三相交流电源是由三相交流发电机产生的，如图 1-33 所示是三相交流发电机的原理图。定子上有三个相同的绕组，即 $A-X$、$B-Y$ 和 $C-Z$。其中把 $A$、$B$ 和 $C$ 称为绕组的首端，把 $X$、$Y$、$Z$ 称为绕组的末端。这三个绕组在空间位置上互差 120°。转子上有外电路提供的电励磁，可以产生按正弦规律变化的磁场。当原动机以恒定的转速拖动转子转动时，在三相绕组中产生三个按正弦规律变化的感应电动势。

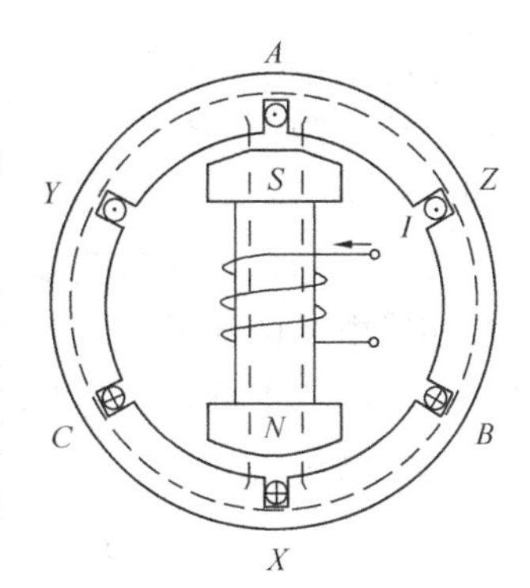

图 1-33 三相交流发电机原理图

三个电动势的最大值相等，频率相同，相位互差 120°。把这三个电动势称为对称三相电源。

假设瞬时值用 $e_A$、$e_B$ 和 $e_C$ 表示，最大值用 $E_m$ 表示，并且 $A$ 相的初相位为零，那么瞬时值表达式为：

$$\begin{cases} e_A = E_m \sin\omega t \\ e_B = E_m \sin(\omega t - 120°) \\ e_C = E_m \sin(\omega t + 120°) \end{cases} \tag{1-65}$$

由上述表达式可画出三相电源电动势的相量图和波形图，分别如图 1-34 (*a*)、(*b*) 所示。

三相电源电动势达到正的最大值的时间是有顺序的，称为相序。若三相电源电动势按从 $A$ 相到 $B$ 相再到 $C$ 相的顺序循环达到正最大值，将这个顺序称为顺相序，简称顺序；反之，若三相电源电动势按从 $C$ 相到 $B$ 相再到 $A$ 相的顺序循环到达最大值，将这个顺序称为逆相序，简称逆序。

（2）三相交流电源的连接及其特点

1）星形（Y）连接

把三相绕组的末端 $X$、$Y$ 和 $Z$ 接在一起，形成公共点 $N$，称为三相电源的星形连接。其中 $N$ 点称为中性点，也称零点，一般中性点接地，从中性点引出的线称为中性线，也称零线。从绕组首端 $A$、$B$、$C$ 引出的线称为相线，也称端线，俗称火线，如图 1-35 所示。

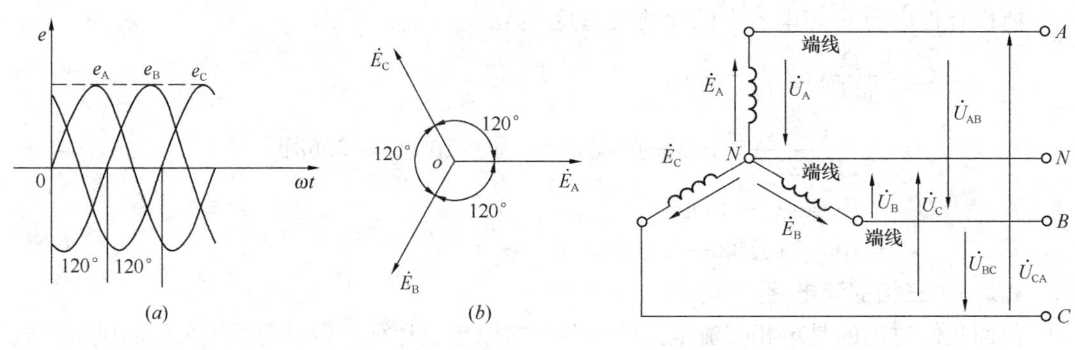


图 1-34　三相电源电动势的相量图、波形图

（a）波形图；（b）相量图

图 1-35　三相电源星形连接示意图

相电压是指从相线到中性线之间的电压，用 $U_A$、$U_B$ 和 $U_C$ 表示三相相电压的有效值，也可以统一用 $U_P$ 表示。显然相电压等于对应的电源电动势，所以三相电压也是对称的，如图 1-36 所示。

线电压是指端线与端线之间的电压，用 $U_{AB}$、$U_{BC}$ 和 $U_{CA}$ 表示三相线电压的有效值，泛指线电压时用 $U_L$ 表示。特别要注意线电压的双下标，因为 $U_{CA}$ 与 $U_{AC}$ 相位互差 180°。

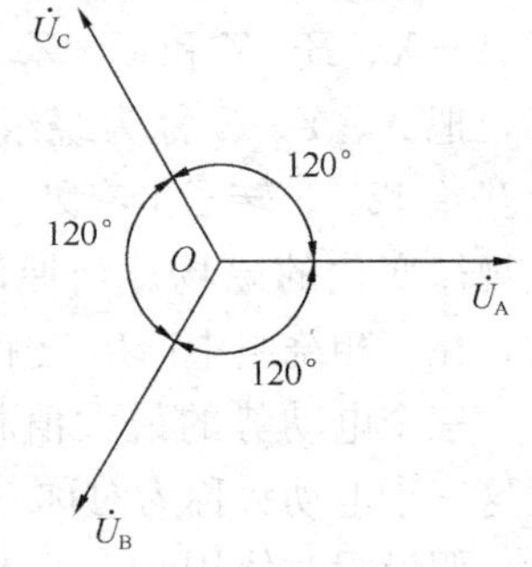


图 1-36　星形连接相电压相量图

由定义可得：

$$\dot{U}_{AB} = \dot{U}_A - \dot{U}_B$$

$$\dot{U}_{BC} = \dot{U}_B - \dot{U}_C$$

$$\dot{U}_{CA} = \dot{U}_C - \dot{U}_A$$

通过图 1-37 可以计算三相电源星形（Y）连接时线电压和相电压的关系，即：

① 与相电压对应的三个线电压也是对称的。

② 在数值上，线电压是相电压的 $\sqrt{3}$ 倍，即

$$U_L = \sqrt{3}U_P \tag{1-66}$$

③在相位上，线电压超前对应的相电压 30°。

2）三角形（△）连接

把定子三相绕组的首端和末端顺序相连，称为三相电源三角形连接，如图 1-38 所示。显然三相电源形成了闭合回路，但由三角函数或相量计算可知，对称三相电源电动势

相量之和等于零，即：

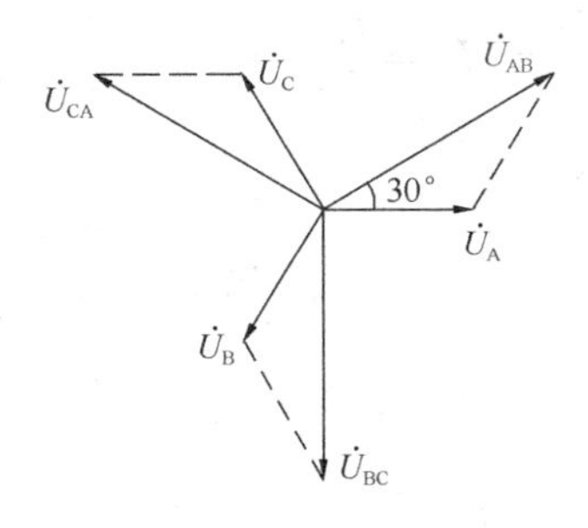


图 1-37　星形连接相电压和线电压关系图

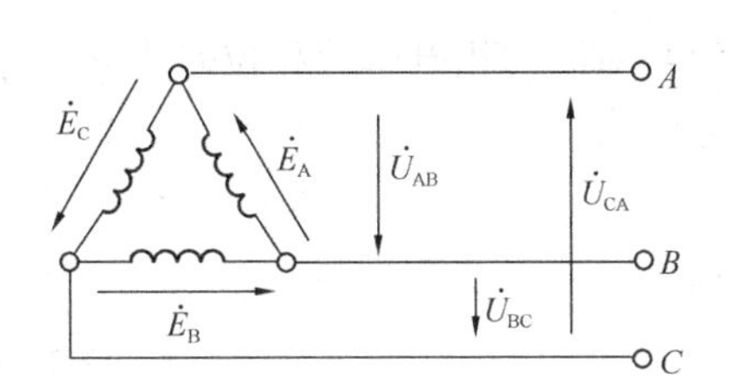


图 1-38　三相电源三角形连接

$$\dot{E}_A + \dot{E}_B + \dot{E}_C = 0 \tag{1-67}$$

三相电源电动势的代数和也为零，即：

$$e_A + e_B + e_C = 0$$

但需特别注意的是，三相电源三角形连接时一定不能把其中一相接反，否则，回路的总电动势很大，产生很大的环路电流，从而会损坏电气设备。

由图 1-38 可知，三角形连接的相电压和对应的相电压相等，即：

$$\begin{cases} \dot{U}_{AB} = \dot{U}_A \\ \dot{U}_{BC} = \dot{U}_B \\ \dot{U}_{CA} = \dot{U}_C \end{cases} \tag{1-68}$$

2. 三相负载的连接

三相负载可能是由三组单相用电设备组成，如白炽灯、日光灯、电视机等接在三相电源的某一相上；也可能是由三相用电设备组成，如三相电动机接在三相电源上才能工作。与电源连接相似，三相负载的连接方式有两种，即星形（Y）连接和三角形（△）连接。

（1）三相负载的星形（Y）连接

把三个负载的一端接在一起，接到电源的中性线上，同时将它们的另一端分别与三相电源的三根相线相连，这种方式称为三相负载的星形连接，如图 1-39 所示。

图中 $\dot{I}_a$ 、$\dot{I}_b$ 、$\dot{I}_c$ 表示通过负载的电流，称为相电流。$\dot{I}_A$ 、$\dot{I}_B$ 、$\dot{I}_C$ 表示通过端线的电流，称为线电流。$\dot{I}_N$ 表示流过中性线的电流，称为中线电流。很显然，线电流与相电流完全相等，即：

$$\dot{I}_A = \dot{I}_a \quad \dot{I}_B = \dot{I}_b \quad \dot{I}_C = \dot{I}_c \tag{1-69}$$

1）三相不对称负载的计算

由图 1-39 可见，三相电路的电压与电流的计算与单相电路计算基本类似，即分为三个单相回路进行计算。假设三相电源的相电压的有效值为 $U_A$、$U_B$ 和 $U_C$，各相感性负载模值为

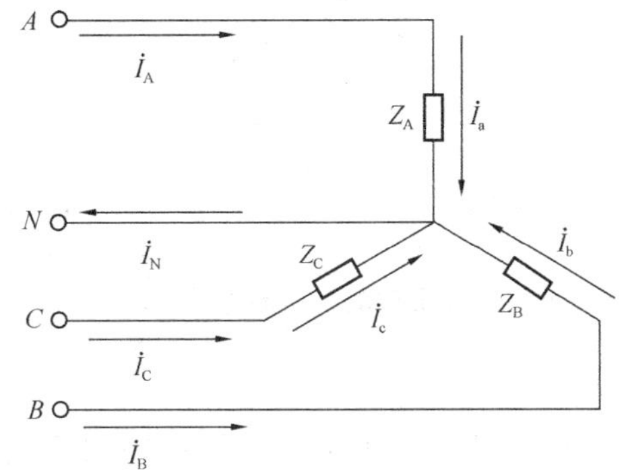


图 1-39　三相负载三角形连接图

$Z_A$、$Z_B$和 $Z_C$，阻抗角为 $\varphi_A$ 、$\varphi_B$ 、$\varphi_C$ 。那么相电流和线电流有效值的大小为：

$$I_A = I_a = \frac{U_A}{Z_A}\ I_B = I_b = \frac{U_B}{Z_B}\ I_C = I_c = \frac{U_C}{Z_C}$$

相电流与对应的相电压的相位差为 $\varphi_A$ 、$\varphi_B$ 和 $\varphi_C$。

中线电流为：

$$i_N = i_a + i_b + i_c \tag{1-70}$$

用相量表示为：

$$\dot{I}_N = \dot{I}_a + \dot{I}_b + \dot{I}_c \tag{1-71}$$

显然中线电流不等于零，如果这时中线断开，负载电压将失去平衡，有的负载承受的电压可能低于原来的电压，导致用电设备不能正常工作；有的负载承受的电压可能高于原来的电压，影响用电设备的正常工作，严重时使设备损坏。所以在三相四线制供电系统中，中线上不允许安装开关和熔断器。

2）三相对称负载的计算

如果三相感性负载的模值大小相等，性质也完全相同，即：$Z_A = Z_B = Z_C = Z$ ，$\varphi_A = \varphi_B = \varphi_C$ ，则称为三相对称负载。

很显然相电流和线电流是对称的三相电流，所以只要分析计算三相中的任意一相，那么其他两相电流就可以按对称性写出，也就是说，对称三相电路计算可以归纳为一相的计算，因为三相电源的三个相电压有效值大小相等，我们统一用 $U_P$表示，即：

$$I_a = I_b = I_c = \frac{U_P}{Z} \tag{1-72}$$

相电流的相位滞后于对应的相电压 $\varphi$。

中线电流为：

$$\dot{I}_N = \dot{I}_a + \dot{I}_b + \dot{I}_c = 0 \tag{1-73}$$

因为中线电流为零，可以省去中线，就是三相三线制电路。这种电路应用也相当广泛，常见的负载有三相电动机等。

(2) 三相负载的三角形（△）连接

把三相负载首端与末端顺序相连，形成一个封闭的三角形，并将三个连接点接于三相电源的三根相线，称为三相负载的三角形（△）连接，如图 1-40 所示。

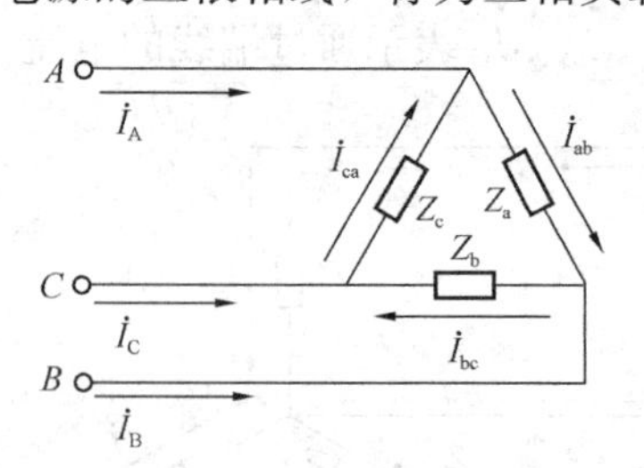

图 1-40　三相负载的三角形连接

1）三相不对称负载的计算

由图 1-40 可见，每相负载所承受的电压就是三相电源的线电压，即：

$$\dot{U}_a = \dot{U}_{AB} \quad \dot{U}_b = \dot{U}_{BC} \quad \dot{U}_c = \dot{U}_{CA} \tag{1-74}$$

假设各相感性负载模值为 $Z_a$、$Z_b$和 $Z_c$，阻抗角为 $\varphi_a$ 、$\varphi_b$ 和 $\varphi_c$，那么相电流有效值的大小为：

$$I_{ab} = \frac{U_{AB}}{Z_a} \quad I_{bc} = \frac{U_{BC}}{Z_b} \quad I_{ca} = \frac{U_{CA}}{Z_c}$$

而且相电流的相位滞后对应的电压相位为 $\varphi_a$ 、$\varphi_b$ 、$\varphi_c$ 。

由基尔霍夫电流定律，可得线电流与相电流的瞬时值关系为

$$i_A = i_{ab} - i_{ca} \quad i_B = i_{bc} - i_{ab} \quad i_C = i_{ca} - i_{bc}$$

所以相量关系为

$$\dot{I}_A = \dot{I}_{ab} - \dot{I}_{ca} \quad \dot{I}_B = \dot{I}_{bc} - \dot{I}_{ab} \quad \dot{I}_C = \dot{I}_{ca} - \dot{I}_{bc}$$

2）三相对称负载的计算

如果三相感性负载的模值大小相等、性质相同，即 $Z_a = Z_b = Z_c = Z$，$\varphi_a = \varphi_b = \varphi_c = \varphi$。由于三相电源的线电压相等，统一用 $U_L$ 表示，相电流的有效值相等，即：

$$I_{ab} = I_{bc} = I_{ca} = \frac{U_L}{Z} \tag{1-75}$$

相电流滞后对应的电压的相位为 $\varphi$ 角。

显然，三相相电流也是对称的。相电流相量图如图 1-41 所示。运用平行四边形法则计算线电流，可得线电流与相电流的关系如下：

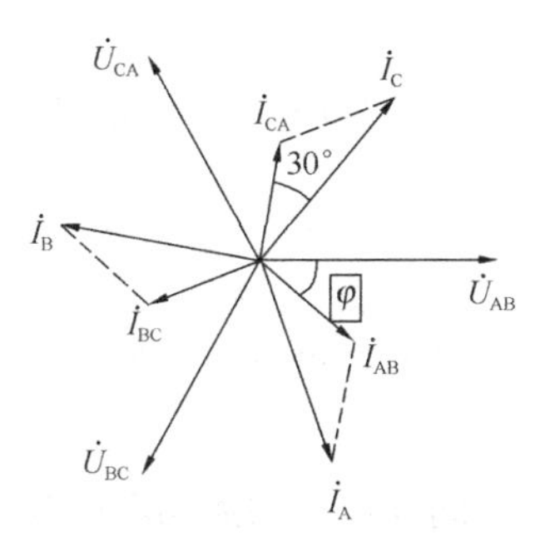

图 1-41 对称三相负载相电流相量图

① 数值关系：线电流是对应的相电流的 $\sqrt{3}$ 倍。

② 相位关系：线电流滞后对应的相电流 30°。

**【例 1-13】** 三角形连接的三相对称负载接在线电压为 380V 的三相电源上，每相负载的电阻 3Ω，电感为 4Ω。试求负载的相电流和线电流，如其中有一相负载断开，对其他两相有无影响。

**【解】** 三角形连接，相电压等于线电压

$$Z = \sqrt{3^2 + 4^2} = 5\Omega$$

相电流 $I_P = \dfrac{U_P}{Z} = \dfrac{380}{5} = 76\text{A}$

线电流 $I_L = \sqrt{3} I_P = \sqrt{3} \times 76 = 132\text{A}$

如果有一相负载断开，对其他两相没有影响。

### 1.2.6 三相交流电路功率计算

1. 不对称三相电路功率的计算

三相电路的有功功率等于各相负载的有功功率之和，即：

$$P = P_A + P_B + P_C = U_A I_A \cos\varphi_A + U_B I_B \cos\varphi_B + U_C I_C \cos\varphi_C \tag{1-76}$$

三相电路的无功功率等于各相无功功率之和，即：

$$Q = Q_A + Q_B + Q_C = U_A I_A \sin\varphi_A + U_B I_B \sin\varphi_B + U_C I_C \sin\varphi_C \tag{1-77}$$

式中：$\varphi_A$、$\varphi_B$ 和 $\varphi_C$ 是三相负载的阻抗角；$I_A$、$I_B$ 和 $I_C$ 分别是通过三相负载的电流的有效值。

2. 对称三相电路功率的计算

三相负载对称时，每一相负载的有功功率、无功功率和视在功率对应相等。三相负载功率的计算可简化为：

三相有功功率

$$P = 3P_A = 3U_P I_P \cos\varphi \tag{1-78}$$

三相无功功率

$$Q = 3Q_A = 3U_P I_P \sin\varphi \tag{1-79}$$

三相视在功率

$$S = 3U_P I_P \tag{1-80}$$

式中 $U_P$——负载的相电压有效值；

$I_P$——负载的相电流有效值；

$\varphi$——相电压与对应的相电流之间的相位差。

但对三相电路来说，一般已知的是线电压与线电流，下面讨论三相负载对称时，三相电路功率如何用线电压与线电流表示。

当三相负载作星形连接时，由于 $I_L = I_P$，$U_P = \dfrac{U_L}{\sqrt{3}}$，所以

$$P = 3U_P I_P \cos\varphi = 3\frac{U_L}{\sqrt{3}} I_L \cos\varphi = \sqrt{3} U_L I_L \cos\varphi$$

当负载作三角形连接时，由于 $U_P = U_L$，$I_P = \dfrac{I_L}{\sqrt{3}}$，所以

$$P = 3U_P I_P \cos\varphi = 3U_L \frac{I_L}{\sqrt{3}} \cos\varphi = \sqrt{3} U_L I_L \cos\varphi$$

可见，负载不管是星形连接还是三角形连接，对称三相负载电路的有功功率都为：

$$P = \sqrt{3} U_L I_L \cos\varphi \tag{1-81}$$

同理，三相无功功率为：

$$Q = \sqrt{3} U_L I_L \sin\varphi \tag{1-82}$$

三相视在功率为：

$$S = \sqrt{3} U_L I_L \tag{1-83}$$

式中：$\varphi$ 为相电压与相电流的相位差，它只取决于负载阻抗的性质及电路参数。

**【例 1-14】** 有一三相对称负载，每相负载的电阻 6Ω，感抗为 8Ω，接在线电压为 380V 的三相电源上，如负载为星形连接时，求负载的有功功率。如负载为三角形连接时，结果如何？

**【解】** 各相负载的阻抗

$$Z = \sqrt{6^2 + 8^2} = 10\Omega$$

功率因数

$$\cos\varphi = \frac{6}{10} = 0.6$$

三相负载作星形连接时，负载的线电流为：

$$I_L = I_P = \frac{U_P}{Z} = \frac{U_L}{\sqrt{3}Z} = \frac{380}{\sqrt{3} \times 10} = 22\text{A}$$

三相负载的功率为：

$$P = \sqrt{3} U_L I_L \cos\varphi = \sqrt{3} \times 380 \times 22 \times 0.6 = 8688\text{W}$$

负载作三角形连接时，负载的线电流为：

$$I_L = \sqrt{3} I_P = \sqrt{3} \times \frac{U_P}{Z} = \sqrt{3} \times \frac{380}{10} = 66\text{A}$$

三相负载的功率为：

$$P=\sqrt{3}U_{L}I_{L}\cos\varphi=\sqrt{3}\times380\times66\times0.6=26064\text{W}$$

## 1.3　三相异步电动机

1. 电动机简介及分类

（1）电动机简介

电动机是把电能转换成机械能的一种设备。电动机是指依据电磁感应定律实现电能转换或传递的一种电磁装置。它是利用通电线圈（也就是定子绕组）产生旋转磁场并作用于转子形成磁电动力旋转扭矩。在电路中用字母 $M$ 表示。它的主要作用是产生驱动转矩，作为用电器或各种机械的动力源。电动机主要由定子与转子组成，通电导线在磁场中受力运动的方向跟电流方向和磁感线（磁场方向）方向有关。电动机工作原理是磁场对电流受力的作用，使电动机转动。

（2）电动机分类

按工作电源种类可划分为：直流电机和交流电机。

1）直流电动机按结构及工作原理可划分为：无刷直流电动机和有刷直流电动机。

2）交流电机又可划分为：单相电机和三相电机。

按结构和工作原理可划分为：直流电动机、异步电动机、同步电动机。

1）同步电机可划分为：永磁同步电动机、磁阻同步电动机和磁滞同步电动机。

2）异步电机可划分为：感应电动机和交流换向器电动机。感应电动机又可划分为三相异步电动机、单相异步电动机和罩极异步电动机等。交流换向器电动机可划分为单相串励电动机、交直流两用电动机和推斥电动机。

按启动与运行方式可划分为：电容启动式单相异步电动机、电容运转式单相异步电动机、电容启动运转式单相异步电动机和分相式单相异步电动机。

按用途可划分为：驱动用电动机和控制用电动机。控制用电动机又划分为：步进电动机和伺服电动机等。

按转子的结构可划分为：笼型感应电动机（旧标准称为鼠笼型异步电动机）和绕线转子感应电动机（旧标准称为绕线型异步电动机）。

按运转速度可划分为：高速电动机、低速电动机、恒速电动机、调速电动机。低速电动机又分为齿轮减速电动机、电磁减速电动机、力矩电动机和爪极同步电动机等。

电力系统中的电动机大部分是交流电机，可以是同步电机或者异步电机。三相异步电动机是把电能转换为机械能的电器设备。它具有构造简单，价格低廉，工作稳定可靠，控制维护方便等优点，所以现代各种生产机械都广泛应用三相异步电动机来驱动，如用来驱动各种金属切削机床、起重机、锻压机、传送带、铸造机械、功率不大的通风机及水泵等。同步电动机主要用于功率较大、不需调速、长期工作的各种生产机械，如搅拌器、压缩机等。

2. 三相异步电动机的基本结构

三相异步电动机由定子和转子两部分组成。

（1）定子

定子一般由定子铁芯、定子绕组和机座三部分组成。

1）定子铁芯

定子铁芯有两个作用：它是电机磁路的一部分；可以用来嵌放定子绕组。为了减少磁滞损耗和涡流损耗，定子绕组用 0.5mm 厚的硅钢片叠合而成，放在机座内；在铁芯的内表面分布与转轴平行的槽，用来安放定子绕组。

2）定子绕组

定子绕组是异步电动机的电路部分，由三相对称绕组组成。三相绕组按照一定的空间角度嵌放在定子铁芯的槽内，并与铁芯绝缘。

3）机座

机座常用铸铁和铸钢制成，其作用是固定定子铁芯和定子绕组，并以前后端盖支撑转子轴，它的外表面铸有散热筋，以增加散热面积，提高散热效率。

给定子绕组通上三相交流电，电动机转子就开始旋转。异步电动机的定子三相绕组在槽内嵌放完毕后，共有 6 个出线端引到电动机机座的接线盒内，可按需要接成星形或三角形。三相绕组的首端分别用 $A$、$B$、$C$ 表示；三相绕组的末端分别用 $X$、$Y$、$Z$ 表示，如图 1-42 所示。

（2）转子

转子是电动机的旋转部分，它包括转子铁芯、转子绕组和转轴。

1）转子铁芯

转子铁芯是电机磁路的一部分，可以用来嵌放转子绕组。为了减少磁滞损耗和涡流损耗，转子绕组用 0.5mm 厚的硅钢片叠合而成。硅钢片外圆有均匀分布的孔，用来安放转子绕组。

2）转子绕组

转子绕组的作用是：切割定子磁场，产生感应电动势和电流，并在旋转磁场的作用下受力而使转子转动。

根据构造的不同分为鼠笼式转子、绕线式转子两种。

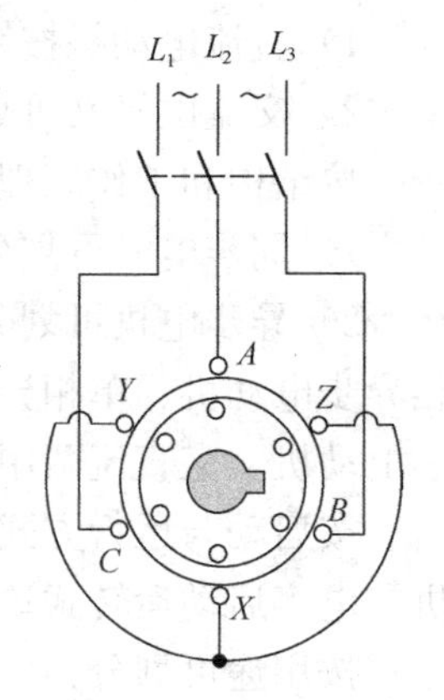

图 1-42 定子绕组的接线法

鼠笼式转子绕组是在转子铁芯的槽内嵌放铜条和铝条，导体两端各用一个端环连接。如果去掉铁芯，其形状像一个鼠笼，所以称为鼠笼式转子。具有鼠笼式转子的电动机称为鼠笼式异步电动机。绕线式转子的绕组是在转子铁芯的槽内嵌放对称的三相绕组，并做星形连接，每相绕组的首端分别接到装在轴上的三个彼此绝缘的铜制滑环上，再通过压在旋转滑环上的电刷与外电路的电阻器等设备连接。具有绕线式转子的电动机称为绕线式异步电动机。

3. 三相异步电动机的工作原理

当定子三相绕组通入三相对称交流电时，就会在空间产生一个旋转磁场。由于旋转磁场与转子导体之间存在着相对运动，根据电磁感应定律，导体切割磁力线，转子导体中就会产生感应电动势和感应电流。转子导体中的感应电流在定子旋转磁场的作用下受到力的作用，形成电磁转矩，使转子沿着旋转磁场的方向转动起来。旋转磁场的转速可用式(1-84) 计算。

$$n = \frac{60f}{p} \tag{1-84}$$

式中　$n$——旋转磁场的转速；

　　$p$——磁极对数。

转子转速和旋转磁场的转速不同，所以称为异步电动机。

电动机的旋转方向和旋转磁场的旋转方向一致，所以只要改变通入电动机定子三相绕组的电流相序，就可以改变电动机的旋转方向。

（1）转差率 $S$

转差率表示转子转速与旋转磁场转速相差的程度。异步电动机旋转磁场的转速与转子转速之间的转速差与旋转磁场的转速之比，称为异步电动机的转差率。

$$S = \frac{n_1 - n}{n_1} \tag{1-85}$$

式中　$S$——异步电动机的转差率；

　　$n$——转子转速；

　　$n_1$——旋转磁场的转速。

$S$ 的变化范围在 0～1 之间，电动机通电后，转子尚未转动时，$S=1$。转子转速越高，$S$ 越小，电动机在额定状态下的转差率一般为 2%～5%。

（2）三相异步电动机的旋转速度

转子转速即为三相异步电动机的旋转速度。根据上面公式可以得出：

$$n = \frac{60f}{p}(1-S) \tag{1-86}$$

式中　$n$——电动机转子转速；

　　$f$——电源频率；

　　$S$——转差率。

4. 三相异步电动机的型号与铭牌数据

（1）额定电压 $U_N$

电动机额定运行时加在定子绕组上的线电压，称为电动机的额定电压。为使电动机正常运行，加在电动机定子绕组上的电压不应超过额定电压的±5%。

（2）额定电流 $I_N$

电动机额定运行时加在定子绕组上的线电流，称为电动机的额定电流。

（3）额定功率 $P_N$

电动机在额定状态下工作（$U=U_N$，$I=I_N$），转轴上输出的机械功率称为电动机的额定功率。

电动机的输出功率与输入功率不相等，其差值等于电动机本身的损耗功率，包括铜损、铁损和机械损耗。

（4）效率 $\eta$

输出功率与输入功率的比值称为电动机的效率。

（5）定子绕组的接法

一般功率较小、启动电流较小的电动机接成星形连接，功率较大、启动电流较大的电动机接成三角形连接。

（6）额定转速 $n$

电动机在额定工作状态下，转子的转速称为额定转速。转速的单位为转/分（r/min)。常见的电动机转速有 1440r/min、2880r/min 。

(7) 功率因数 $\cos\phi$

电动机的有功功率和视在功率之比，称为电动机的功率因数。Y 系列电动机的功率因数为 0.7～0.9 。

(8) 电动机的工作方式

电动机根据允许持续运转的时间，分为连续、断续、短时三种工作方式。

连续工作：可以按铭牌规定的各项额定值长期连续工作，这种电动机的负荷较稳定，如水泵、通风机、空气压缩机等机械设备。

断续工作：电动机周期性地工作→停歇→工作，如此反复运行。工作周期一般不超过 10 分钟，如电焊机、起重机等机械设备。

短时工作：电动机的工作时间较短，停歇的时间较长。如控制水闸门开关的电动机，机床上的进给电动机、升降电动机。

5. 三相异步电动机的电磁转矩

(1) 电磁转矩 $T$

转子绕组中的感应电流在旋转磁场的作用下产生的电磁力对转子转轴形成的转矩的总和，称为电磁转矩。电磁转矩的单位为牛顿·米（N·m)，电磁转矩与电源电压的平方呈正比。如果电动机带的负载转矩 $T_L$ 不变，当电源电压下降时，电磁转矩 $T$ 将明显减小，电动机转速降低，使定子旋转磁场对转子切割速度增大，导致转子电流和定子绕组电流增大，严重时烧坏电动机的绕组。

(2) 额定电磁转矩 $T_N$

电动机在额定电压下，带动额定负载，转轴上输出的转矩称为额定电磁转矩 $T_N$。

(3) 最大电磁转矩 $T_m$

电动机输出转矩的最大值称为最大转矩 $T_m$。

当电动机的负载转矩超过最大转矩时，电动机就不能带动负载，发生所谓的闷车现象。闷车后，电动机的电流立刻升高 6～7 倍，绕组严重过热，电动机最终被烧坏。

(4) 电动机的过载能力

电动机的最大转矩 $T_m$ 与额定转矩 $T_n$ 的比值称为电动机的过载系数 $\lambda$。

$$\lambda = \frac{T_m}{T_N} \tag{1-87}$$

电动机的过载系数是衡量电动机的短时过载能力和运行稳定性的一个重要参数，异步电动机的过载能力系数为 1.8～2.5。

在选用电动机时必须考虑可能出现的最大负载转矩，根据所选电动机的过载系数算出电动机的最大转矩。最大转矩必须大于最大负载转矩，否则就要重新选择电动机。

6. 三相异步电动机的启动

(1) 启动的概念

电动机接通电源，转子转速由零到额定转速的过程称为电动机的启动过程。

(2) 启动的特点

电动机的启动时间较短，只有 2～15s。在电动机启动过程中定子电流和转子电流都比额定值大出许多，定子绕组中的启动电流是额定电流的 4～7 倍。

电动机频繁启动，由于热量的积累，会减少电动机的使用寿命；同时巨大的启动电流会使电网电压降低，影响其他用电设备的正常运行，所以大容量的异步电动机必须采用降压启动。

7. 降压启动的方法

电动机启动时，降低加在定子绕组上的电压，以减小启动电流，到启动结束后，再给电动机通上额定电压。

（1）常用的鼠笼式异步电动机的降压启动方法

1）定子绕组串电阻降压启动

电动机启动时，定子绕组串电阻进行降压启动，此时，电动机每相定子绕组上的电压小于其额定电压；当电动机的转速达到额定值时，电阻被切除，电动机进入稳定运行状态。

2）星形—三角形降压启动

电动机启动时，定子绕组接成星形，电动机每相定子绕组上的电压为 220V；电动机正常运行时定子绕组接成三角形，电动机每相定子绕组上的电压为 380V。采用这种方法进行降压，启动电流虽然减小了，但启动转矩只有直接启动时的 1/3。

3）自耦变压器降压启动

自耦变压器是降压变压器，电动机启动时，电源电压接在自耦变压器的原边绕组上，定子绕组接在自耦变压器的副边绕组上，等启动结束后，自耦变压器脱离电源，定子绕组接上额定电压，电动机进入稳定运行状态。

（2）常用的绕线式异步电动机的降压启动方法

主要包括：转子绕组串电阻降压启动、频敏变阻器降压启动。

8. 三相异步电动机的调速

异步电动机的调速，就是在一定的负载下通过人工或自动的方法来改变转子转速以满足生产机械的要求。由异步电动机的转速表达式：

$$n=\frac{60f}{p}(1-S) \tag{1-88}$$

可知，要调节异步电动机的转速，可采用改变电源频率、磁极对数 $P$ 以及转差率 $S$ 这三种基本方法来实现。

（1）改变电源频率

通过改变交流电源频率的方法来调节电动机同步转速 $n_1$，就可以实现调节电动机转速 $n$，这种方法调速范围大，转速变化较平滑，可以实现无级调速。

（2）改变磁极对数

变极调速就是通过改变定子绕组接线方法，使电动机产生不同的磁极对数，以获得不同的转速。

（3）改变转差率调速

绕线式转子异步电动机可以通过在转子电路中外接一个三相调速电阻器来进行调速。

9. 三相异步电动机的制动

三相异步电动机从切断电源到完全停止旋转，由于惯性的关系总要经过一段时间，这往往不能适应某些生产机械工艺的要求。同时，为了缩短辅助时间，提高生产机械效率，也就要求电动机能够迅速而准确地停止转动。用某种手段来限制电动机的惯性转动，从而实现机械设备的紧急停车，常把这种停车的措施称为电动机的制动。

异步电动机的制动方法有两类：机械制动和电气制动。

机械制动包括：电磁离合器制动、电磁抱闸制动。

电气制动包括：反接制动、能耗制动。

(1) 反接制动

反接制动是对小容量的电动机（一般在10kW以下）经常采用的制动方法。所谓反接制动，就是利用异步电动机定子绕组电源相序任意两相反接（交换）时，产生和原旋转方向相反的转矩，来平衡电动机的惯性转矩，达到制动的目的，所以称为反接制动。

(2) 能耗制动

能耗制动就是在电动机脱离交流电源后，接入直流电源，这时电动机定子绕组通过直流电，产生一个静止的磁场。利用转子感应电流与静止磁场的相互作用产生制动转矩，达到制动的目的，使电机迅速而准确地停止。

## 单 元 小 结

本教学单元主要阐述了电工基础知识，为后续章节的学习做准备。本教学单元包括电磁学基本知识、交流电路和三相异步电动机三个方面内容。电磁学主要讲述了电路和磁路的基本定律。交流电路主要讲述了交流电的概念及其表示方法，不同参数的交流电路和三相交流电路的电流和电压关系、功率计算方法。三相异步电动机部分简单介绍了电动机结构和工作原理及参数。

### 思 考 与 练 习 题

1-1 某楼内有220V 100W的灯100盏，平均每天使用3h，计算每月消耗的电能。

1-2 已知电源的电动势$E=2$V，电流$I=1$A，$R=2\Omega$，如图1-43中所示，试求：

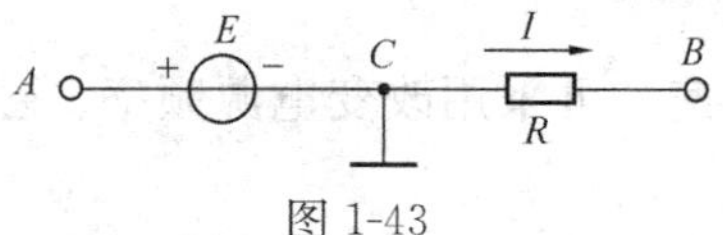

图1-43

(1) $A$点的电位，并求电压$U_{AB}$。

(2) 若以$C$为参考点，求$A$、$B$点的电位，并求$U_{AB}$。

(3) 从 (1) 和 (2) 能得出什么结论？

1-3 在图1-44中，方框代表电源或负载，已知电压$U=220$V，电流$I=10$A，试问哪些方框代表电

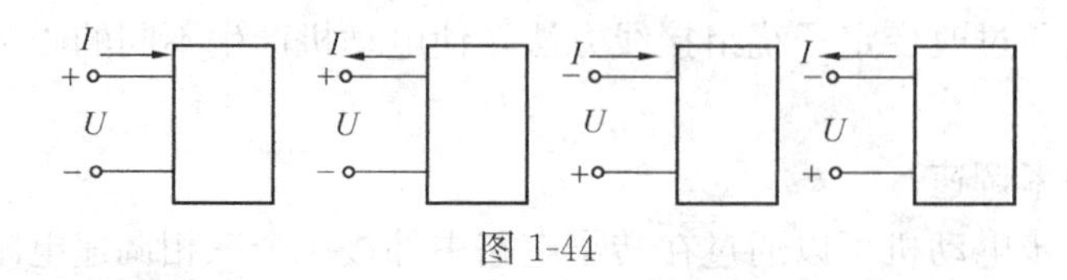

图1-44

源，哪些代表负载？为什么？

1-4　如图 1-45 所示的电路中，已知电压 $U=220V$，电流 $I=10A$，内阻 $R_1=R_2=1\Omega$，试求：

(1) 电动势 $E_1$ 和 $E_2$。

(2) 说明电路的功率平衡情况。

1-5　额定值为 110V 40W 和 110V 100W 的两个灯泡，能否串联起来接到 220V 的电源上工作？如不能，如何让它们正常工作？

1-6　测得一实际电源的开路端电压为 6V，短路电流为 30A，试求这个电源的电动势和内阻。

1-7　如图 1-46 所示电路，已知电动势 $E=10V$；电阻 $R_1=R_2=10\Omega$，$R_3=5\Omega$，$R_4=1\Omega$，$R_5=2.5\Omega$。求图中的电流 $I_1$ 和 $I_2$。

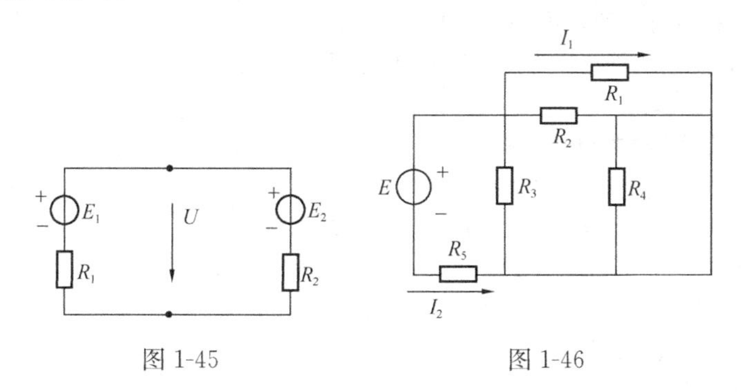


图 1-45　　图 1-46

1-8　已知正弦交流电压和电流分别为：

$$u=110\sin(314t+45^\circ)V$$

$$i=7.07\sin(314t-45^\circ)A$$

试求出它们的相位差，并画出它们的相量图。

1-9　一个 220V 1000W 的电阻炉，接在 220V 50Hz 的交流电源上，试求：

(1) 通过电阻炉的电流有效值；如电压的初相位为 0，写出电流的瞬时值表达式；

(2) 如果每天用 3 小时，每月（按 30 天计算）消耗的电能为多少？

1-10　有一电感为 25.5mH 的电感线圈，接在电压为 220V 的电源上，试求：

(1) 当电源频率 $f=50Hz$ 时，电感的感抗，通过电感线圈的电流有效值，电路的无功功率；如果电源电压的初相位为 0，写出电流的瞬时值表达式，并画出电压和电流的相量图。

(2) 计算电感线圈的电流和电压在 $t=0$，$t=0.005s$ 时的值；并计算出电感线圈在 $t=0$ 时的磁场能量，从中能得出什么结论？

(3) 在 (1) 中，如频率变为 500Hz 时，结果与原来相同吗？

1-11　$318\mu F$ 的电容器，接在电压为 220V 的电源上，试求：

(1) 当电源的频率 $f=50Hz$ 时，电容的容抗，通过电容器的电流有效值，电路的无功功率；如果电源电压的初相位为 0，写出电流的瞬时值表达式，并画出电压和电流的相量图。

(2) 计算电容器的电流和电压在 $t=0$、$t=0.005s$ 时的值；并计算电容在 $t=0$ 时的电场能量，从中能得出什么结论？

(3) 在 (1) 中，如频率变为 500Hz 时，结果和原来相同吗？

1-12　将电阻为 $6\Omega$，电感为 25.5mH 的线圈接在 220V 50Hz 的交流电源上，试求：

(1) 电流的有效值，电路的有功功率、无功功率、视在功率及功率因数。

(2) 如果频率为 100Hz，结果和原来相同吗？为什么？

1-13　在图 1-47 中，已知外加电压 $U=220V$，频率 $f=50Hz$，电感 $L=25.5mH$，电阻 $R=6\Omega$，电

容 $C=167\mu F$，试求：

（1）电感线圈支路的电流 $I_L$，没有并联电容支路时的功率因数 $\cos\varphi_L$。

（2）电容支路的电流 $I_C$。

（3）画出相量图，并求电路总电流 $I$ 及电路的功率因数 $\cos\varphi$。

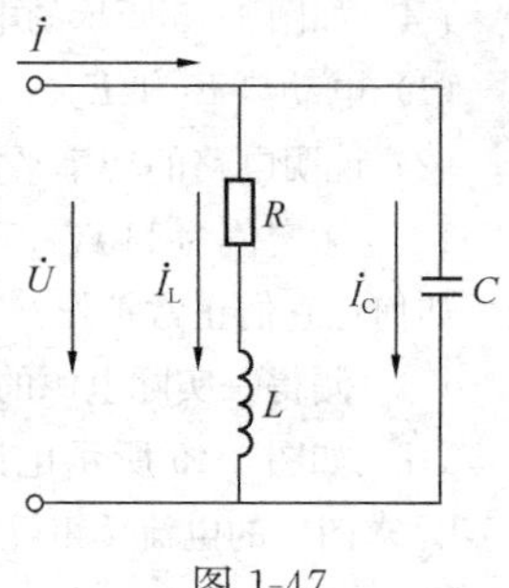


图 1-47

1-14　有 20 只 220V 40W 日光灯和 100 只 220V 40W 的白炽灯并联在 220V 50Hz 的交流电源上，已知日光灯的功率因数为 0.5，求电路的有功功率、无功功率、视在功率和功率因数。

1-15　功率因数 0.5、有功功率 2.5kW、功率因数 0.707、视在功率为 4kVA 的两感性负载并联到 220V 的工频电源上，求电路的视在功率和功率因数；如将功率因数提高到 0.87，需并联多大的电容器？

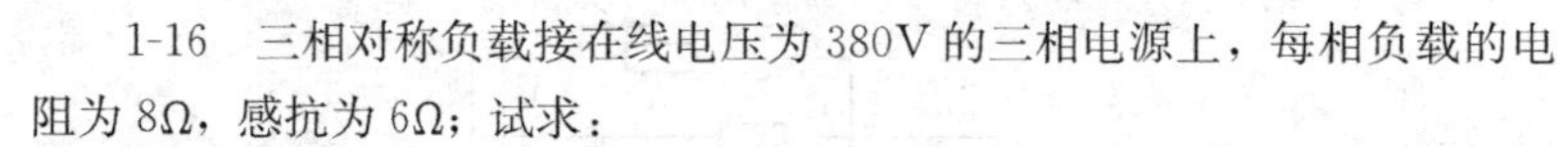

1-16　三相对称负载接在线电压为 380V 的三相电源上，每相负载的电阻为 8Ω，感抗为 6Ω；试求：

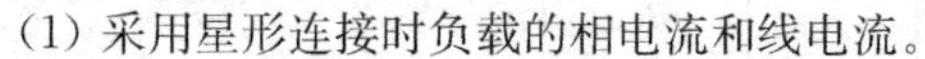

（1）采用星形连接时负载的相电流和线电流。

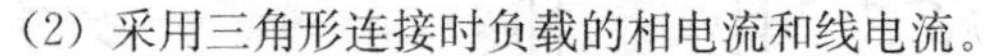

（2）采用三角形连接时负载的相电流和线电流。

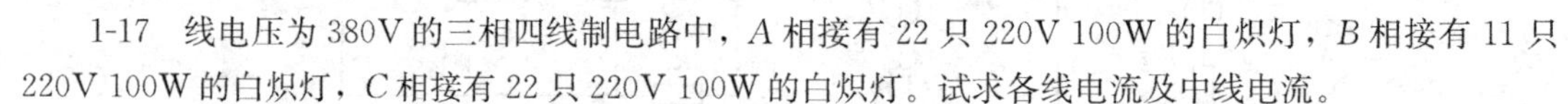

1-17　线电压为 380V 的三相四线制电路中，$A$ 相接有 22 只 220V 100W 的白炽灯，$B$ 相接有 11 只 220V 100W 的白炽灯，$C$ 相接有 22 只 220V 100W 的白炽灯。试求各线电流及中线电流。

1-18　有一幢三层宿舍楼，每一层照明由三相电源的一相供电，电源电压为 380/220V，每层楼都有 220V 100W 的白炽灯 30 只。试求：

（1）三层楼的灯全部点亮时的线电流和中线电流。

（2）当中性线断开，第一层楼灯全部熄灭，第二、三层楼灯全部点亮时灯泡两端的电压；若再关掉二层的 15 只灯，结果又如何？

1-19　三相异步电动机在线电压为 380V 的情况下作三角形连接运转，当电动机耗用功率为 6.55kW，其功率因数为 0.79，求电动机的相电流、线电流。

# 教学单元 2　建筑供配电基本知识

**【教学目标】**

1. 了解供配电工程基本组成、负荷等级划分、不同负荷等级对供电的要求。
2. 了解仪用互感器、电焊变压器的结构及工作原理。
3. 熟悉变配电系统主接线的构成。
4. 熟悉电力变压器的结构、类型及工作原理。
5. 熟悉简单的电力负荷计算。
6. 掌握配电导线与保护装置的选择。
7. 能够识读简单的电气施工图。

## 2.1　变 配 电 工 程

变配电工程是供配电系统的中间枢纽，变配电所为建筑内用电设备提供和分配电能，是建筑供配电系统的重要组成部分。变配电所的安装工程也是建筑电气安装工程的重要组成部分。变电所担负着从电力系统受电、变电、配电的任务。配电所担负着从电力系统受电、配电的任务。

### 2.1.1　变配电工程概述

1. 电力系统简介

所谓电力系统就是由各种电压等级的电力线路将发电厂、变电所和电力用户联系起来的一个发电、输电、变电、配电和用电的整体。

图 2-1 是从发电厂到电力用户的送电过程示意图。

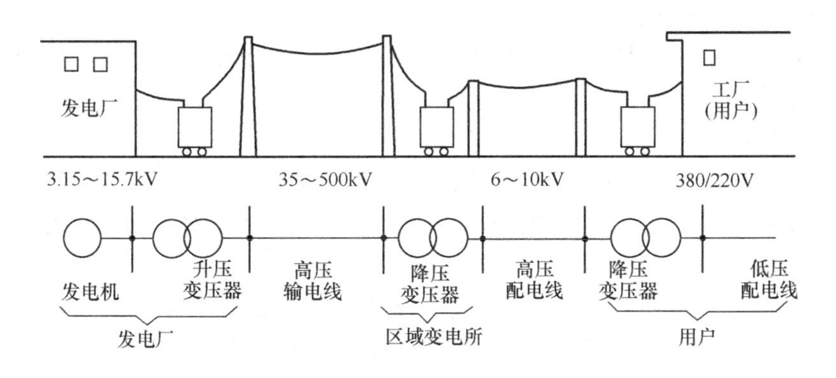


图 2-1　发电、输电、变电过程

(1) 变电所

变电所是接受电能、改变电压并分配电能的场所，主要由电力变压器与开关设备等组成，是电力系统的重要组成部分。装有升压电力变压器的变电所称为升压变电所，装有降压电力变压器的变电所称为降压变电所。只接受电能，不改变电压，并进行电能分配的场所称为配电所。

（2）电力线路

电力线路是输送电能的通道。其任务是把发电厂生产的电能输送并分配到用户，把发电厂、变配电所和电力用户联系起来。它由不同电压等级和不同类型的线路构成。输送电能的电压越高，电力线路的损耗越小。目前，我国电网的最高额定电压已达到700kV，正在向1000kV发展。

建筑供配电线路的额定电压多数为10kV线路和380V线路，并有架空线路和电缆线路之分。

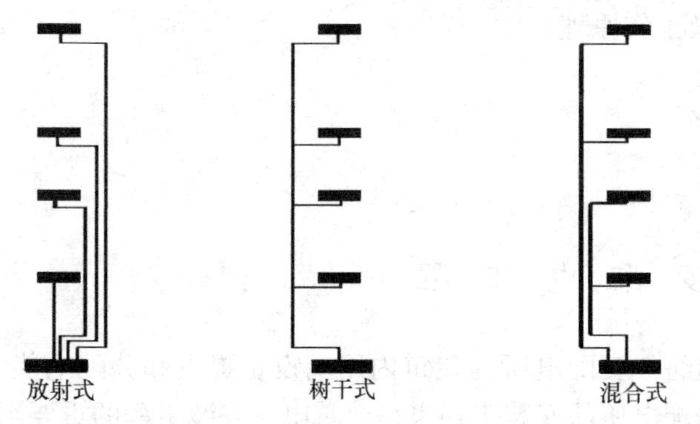

图 2-2　配电方式分类示意图

（3）低压配电系统

低压配电系统由配电装置（配电盘）及配电线路组成。配电方式有放射式、树干式及混合式等，如图 2-2 所示。

1）放射式

放射式的优点是各个负荷独立受电，因而故障范围一般仅限于本回路，线路发生故障需要检修时，只需切断本回路而不影响其他回路；同时回路中电动机启动所引起的电压波动，对其他回路的影响也较小。其缺点是所需开关设备多和有色金属消耗量大，因此放射式配电一般多用于对供电可靠性要求高的负荷或大容量设备。

2）树干式

树干式配电的特点与放射式相反。一般情况下，树干式采用的开关设备较少，有色金属消耗量也少，但干线发生故障时影响范围大，供电可靠性低。树干式配电在机加工车间、高层建筑中较多使用。

在很多情况下，常采用放射式和树干式相结合的配电方式，称为混合式配电。

2. 负荷等级

（1）一级负荷

符合下列条件之一的，称为一级负荷：

1）中断供电将造成人身伤亡的负荷。如：医院急诊室、监护病房、手术室等处的负荷。

2）中断供电将在经济上造成重大损失的负荷。如：由于停电使重大设备损坏、重大产品报废、用重要原料生产的产品大量报废、国民经济中重点企业的连续生产过程被打乱等。

3）中断供电将影响重要用电单位的正常工作。如：重要交通枢纽、重要通信枢纽、重要宾馆、大型体育场所、经常用于国际活动的大量人员集中地公共场所等单位中的重要负荷。

在一级负荷中，当中断供电将造成重大设备损坏或发生中毒、爆炸和火灾等情况的负荷，以及特别重要场所的不允许中断供电的负荷，应视为一级负荷中特别重要的负荷。

(2) 二级负荷

符合下列条件之一的，称为二级负荷：

1) 中断供电将在经济上造成较大损失的负荷。如：由于停电使主要设备损坏、大量产品报废、连续生产过程被打乱等。

2) 中断供电将影响重要用电单位正常工作的负荷。如：交通枢纽、通信枢纽等用电单位中的重要负荷，以及中断供电将造成大型影剧院、大型商场等较多人员集中的重要公共场所秩序混乱的负荷。

(3) 三级负荷

不属于一、二级的负荷为三级负荷。

在一个工业企业或民用建筑中，并不是所有用电设备都属于同一等级的负荷，因此在进行系统设计时应根据其负荷等级分别考虑。

3. 不同等级负荷对电源的要求

(1) 一级负荷对电源的要求

在一级负荷中，还分为普通一级负荷和特别重要的一级负荷。

1) 普通一级负荷

普通一级负荷由两个电源供电，且当中一个电源发生故障时，另一个电源不应受到损坏。在我国目前的经济、技术条件和供电情况下，符合下列条件之一的，即认为满足普通一级负荷电源的要求：

① 电源来自不同的两个发电厂，如图 2-3($a$) 所示。

② 电源来自两个不同区域的变电站，且区域变电站的进线电压不低于 35kV，如图 2-3($b$)所示。

③ 电源一个来自区域变电站、一个为自备发电设备，如图 2-3 ($c$) 所示。

2) 特别重要的负荷

一级负荷中特别重要的负荷，除满足上述条件的两个电源供电外，还应增设应急电源，专门对此类负荷供电。应急电源不能与电网电源并列运行，并严禁将其他负荷接入该应急供电系统。设备的供电电源的切换时间，应满足设备允许中断供电的要求。应急电源可以是独立于正常电源的发电机组、蓄电池、干电池等。

(2) 二级负荷对电源的要求

二级负荷一般由两回线路供电，当电源来自于同一区域变电站的不同变压器时，即可认为满足要求。

在负荷较小或地区供电条件困难时，可由一回 6kV 及以上专用的架空线路或电缆线路供电。当采用架空线时，可为一回架空线供电；当采用电缆时，应采用两根电缆组成的线路供电，且每根电缆应能承受 100%的二级负荷。这主要是考虑架空线路的常见故障检修周期较短，而并非电缆的故障率较高，相反，电缆的故障率较架空线要低。

(3) 三级负荷对电源的要求

对电源无特殊要求，一般单回路电源供电即可。

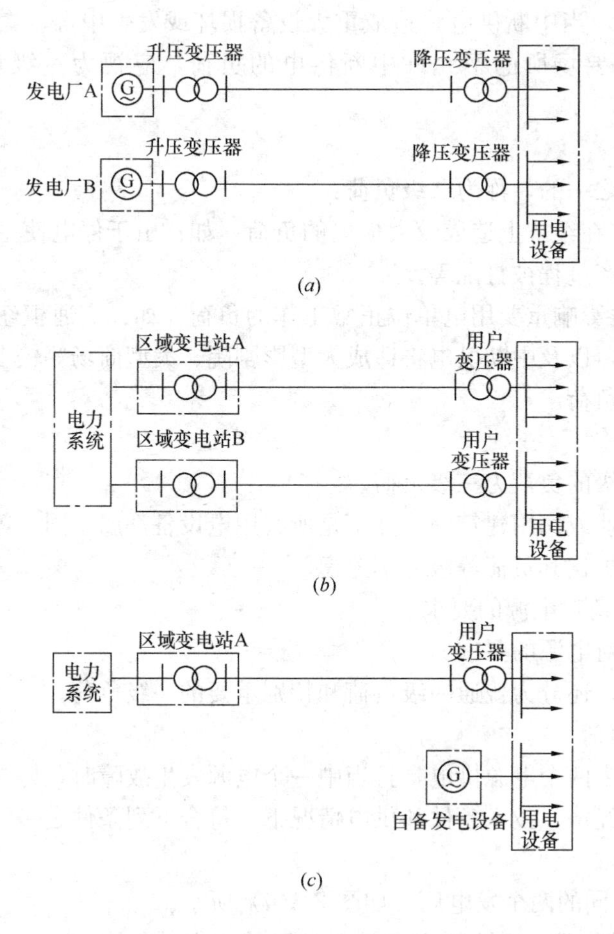


图 2-3 满足普通一级负荷要求的电源

(a) 电源来自两个不同发电厂；(b) 电源来自两个区域变电站；

(c) 电源一个来自区域变电站，一个为自备发电设备

4. 变配电系统运行的基本要求

总结起来可以用“安全、可靠、优质、经济”八个字来概括，这也是变配电系统设计最基本的出发点。

(1) 安全：在电能的供应、分配、使用中，不应发生人身伤亡事故和设备事故。

(2) 可靠：满足不同级别用电负荷对供电可靠性的要求。

(3) 优质：为用户提供符合电能质量指标要求的电能。电能的质量指标是由电压、频率、波形三方面决定的。

1) 电压：系统在正常运行情况下用电设备端子处电压偏差不应超过国家规范所规定的允许值。

2) 频率：一般用电设备要求频率的变化范围为－0.5～＋0.5Hz。

3) 波形：要求系统输出波形为较严格的正弦波。

供电质量指标对于同类型的设备也可能有不同的要求，表 2-1 为计算机供电电源的电能质量要求数值。

计算机供电电源的电能质量要求数值　　表 2-1

| 项目＼级别 | A 级 | B 级 | C 级 |
|---|---|---|---|
| 电压波动（%） | −5～+5 | −10～+7 | −10～+10 |
| 频率变化（Hz） | −0.05～+0.05 | −0.5～+0.5 | −1～+1 |
| 波形失真率（%） | ≤5 | ≤10 | ≤20 |

（4）经济：变配电系统投资要少，运行费用要低，并尽可能节约电能和减少有色金属损耗。

### 2.1.2 变配电系统主接线

1. 一次设备及功能简介（表 2-2）

（1）高压一次设备

1）高压断路器（QF）

高压断路器是一种开关电器，不仅能接通和断开正常负荷的电流，还能在保护装置的作用下自动跳闸，切除故障（如短路）电流。

因为电路短路时电流很大，断开电路瞬间会产生非常大的电弧（相当于电焊机），所以要求断路器具有很强的灭弧能力。由于断路器的主触头是设置在灭弧装置内的，无法观测其通或断的状态，即断开时无可见的断点。因此，考虑使用安全，除小容量的低压断路器外，一般断路器不能单独使用，必须与能产生可见断点的隔离开关配合使用。

高压断路器按其采用的灭弧介质可分为：油断路器、空气断路器、六氟化硫断路器、真空断路器等。其中使用最多的是油断路器，在高层建筑中，多采用真空断路器。常用的高压断路器有 SN10-10 型、LN2-10 型、ZN3-10 型等。

2）高压隔离开关（QS）

高压隔离开关主要用于隔离高压电源，以保证对被隔离的其他设备及线路进行安全检修。高压隔离开关将高压装置中需要检修的设备与其他带电部分可靠地断开，并有明显可见的断开间隙。隔离开关没有专门的灭弧装置，所以不能带负荷操作，否则可能会发生严重的事故。常用的高压隔离开关有户内式 GN6、GN8 系列、户外式 GW10 系列等。

3）高压负荷开关（QL）

高压负荷开关具有简单的灭弧装置。主要用在高压侧接通和断开正常工作的负荷电流，但因灭弧能力不高，故不能切断短路电流，它必须和高压熔断器串联使用，靠熔断器切断短路电流。常用的高压负荷开关有 FN3-10RT，一般配用 CS2 或 CS3 型手动操作机构来进行操作。

4）高压熔断器（FU）

高压熔断器是当所在电路的电流超过规定值并经过一定时间后，能使其熔化而切断电路，如果发生短路故障，其熔体会快速熔断而切断电路。因此，熔断器主要功能是对电路进行短路保护，也具有过负荷保护的功能。由于它结构简单、价格便宜、使用方便，在三级负荷变配电系统中较多应用。

在建筑供配电高压系统中，室内广泛采用RN1、RN2型高压管式熔断器，室外则采用RW4、RW10(F)等跌落式熔断器。

主接线中主要电气元件的图形符号和文字符号　　表2-2

| 元件名称 | 图形符号 | 文字符号 | 元件名称 | 图形符号 | 文字符号 |
|---|---|---|---|---|---|
| 变压器 | | T | 热继电器 | | KB |
| 断路器 | | QF | 电流互感器 | | TA |
| 负荷开关 | | QL | 电压互感器 | | TV |
| 隔离开关 | | QS | 避雷器 | | F |
| 熔断器 | | FU | 移相电容器 | | C |
| 接触器 | | QC | | | |

注：1. 电流互感器的三个符号分别表示单个二次绕组；一个铁芯、两个二次绕组；两个铁芯、两个二次绕组的电流互感器；

2. 电压互感器的两个符号分别表示双绕组和三绕组电压互感器。

5）高压开关柜

高压开关柜是按照一定的接线方案将有关的一、二次设备（如开关设备、监测仪表、保护电器及操作辅助设备等）组装成的一种高压成套配电装置。每种型号的开关柜可以由不同的元件组合，因此有几十种主接线方案可供选择。

高压开关柜有固定式、手车式两大类型。固定式高压开关柜中所有的电器都是固定安装、固定接线，具有结构简单、经济的特点，应用比较广泛。手车式高压开关柜中主要设备如高压断路器、电压互感器、避雷器等，可将手车拉出柜外进行检修，并推入备用同类型手车，即可继续供电，有安全、方便、缩短停电时间等优点，但价格较贵。

高压开关柜都必须具有“五防”措施：①防止在隔离开关断开时误分、误合断路器；②防止带负荷分、合隔离开关；③防止带电情况下，合接地开关；④防止接地开关闭合时合隔离开关；⑤防止人员误入带电间隔。

图2-4为GG-1A(FZ)固定式高压开关柜的外形结构示意图。图2-5为GG-1A-07S固定式高压开关柜的一次接线方案。

（2）低压配电装置

1）低压断路器

① 低压断路器的特点

低压断路器俗称自动开关、自动空气开关（图2-6），具有良好的灭弧能力，它是一种手动操作电器。在正常的工作条件下，可以通过人工操作接通或切断电路。因为其结构内安装有电磁脱扣（跳闸）及热脱扣装置，能在电路发生故障时通过电磁脱扣自动分断短路电流，还能在负荷电流过大、时间稍长时通过热脱扣自动切断过负荷电流，起到保护电路及设备的作用。它内部没有熔丝，使用方便，所以应用极为广泛。

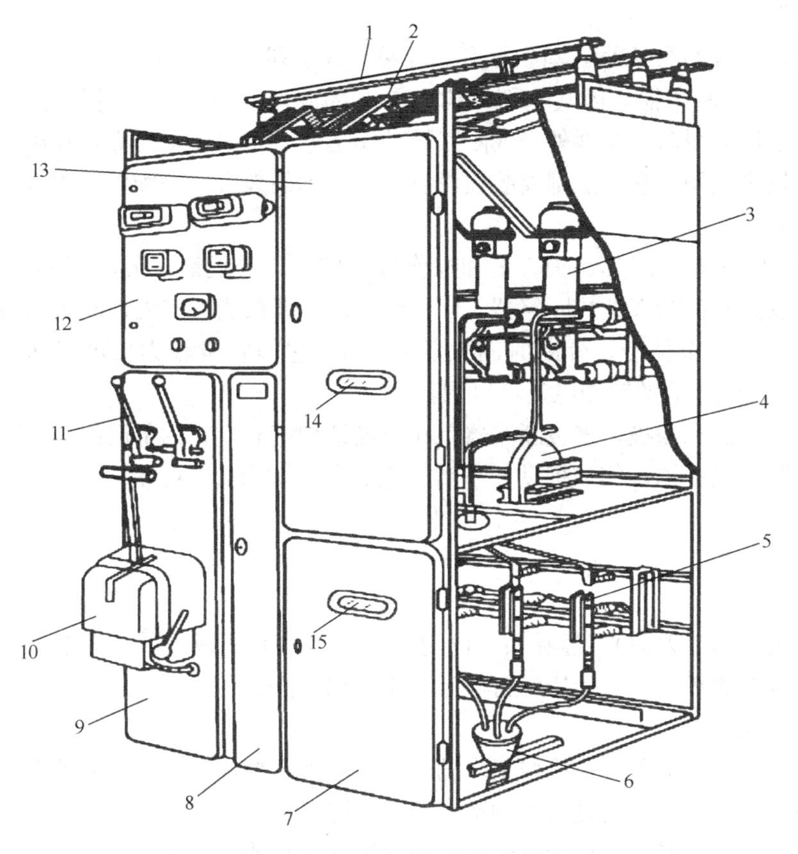


图 2-4　高压开关柜结构示意图

1—母线；2—母线隔离开关；3—少油断路器；4—电流互感器；5—线路隔离开关；6—电缆头；7—下检修门；8—端子箱门；9—操作板；10—断路器的手动操作机构；11—隔离开关操作机构手柄；12—仪表继电器屏；13—上检修门；14、15—观察窗口

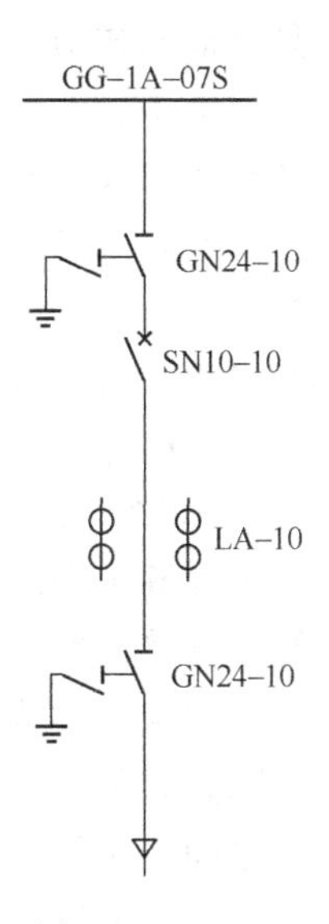


图 2-5　GG-1A-07S 主接线

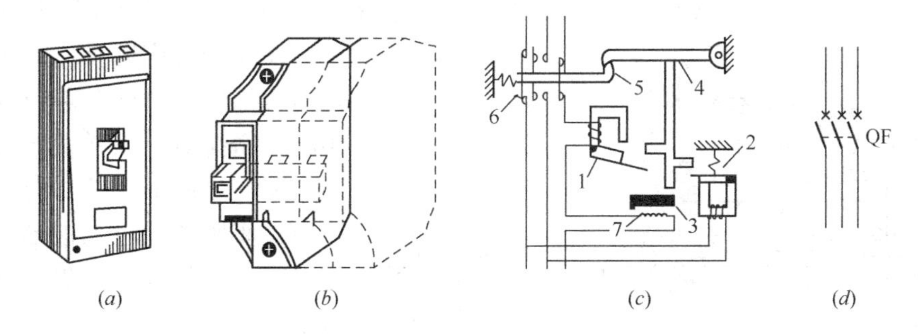


图 2-6　自动空气开关

(a) 电力线路用；(b) 照明线路用；(c) 电力自动开关示意图；(d) 图形符号及文字符号

1、2—衔铁；3—双金属片；4—杠杆；5—搭扣；6—主触头；7—线圈

空气开关的特点是：不但具有短路保护，而且具有过载保护，欠压保护，失压保护功能，能自动切断电路。

②常用的低压断路器

目前常用的低压断路器有DZ、DW，新型号有C系列、S系列、K系列等。

DZ系列称为塑料外壳式断路器，因其全部机构和导电部分均设在一个塑料外壳内，仅在壳盖中央露出操作手柄而得名。塑料外壳式断路器动作迅速、工作安全可靠，在施工现场和城市建筑配电中较多应用。它一般都安装在没有强烈震动的地方（如配电箱内或配电屏上），以防止误动作。

DW系列称为万能式断路器，因其保护方案和操作方式较多，装设地点灵活而得名。它具有框架式结构，所以又被称为框架式断路器。DW型断路器灭弧能力较强，断流容量大，但由于操作机构复杂，动作稍慢，分断时间大于0.02s。它的容量较大，可以达到4000～5000A；同时，电流脱扣器的脱扣电流可以调整。

极数有单极、两极、三极和四极，多极断路器是在单极结构基础上将内部脱扣器用联动杆相连，手柄用联动罩连成一体，使多极动作一致。它的特点是体积小、保护功能多，具有过载、短路及漏电保护。

2）低压隔离开关

① 隔离开关的结构

隔离开关是由动触头（活动刀刃）、静触头（固定触头或刀嘴）组成，动、静触头由绝缘子支撑，绝缘子安装在底板上，底板用螺钉固定在墙或构架上。

② 隔离开关的作用及特点

隔离开关的主要用途是保证电器设备检修工作的安全。在需要检修的部分和其他带电部分之间，用隔离开关构成足够大的明显可见的空气绝缘间隔。

隔离开关没有灭弧装置，不能断开负荷电流和短路电流。它只能用来切断电压，不能用来切断电流。

在施工现场临时用电的低压配电箱中，必须安装隔离开关。

3）低压负荷开关

① 铁壳开关的结构

铁壳开关又称为封闭式负荷开关，它由刀开关、熔断器组成，装在有钢板防护的外壳内。铁壳开关内装有速断弹簧，手柄由合闸位置转向分断位置的过程中将弹簧拉紧，当弹簧拉力克服闸刀与夹座之间的摩擦力时，闸刀很快与夹座脱离，电弧被迅速拉长而熄灭，电源也迅速被切断，如图2-7所示。

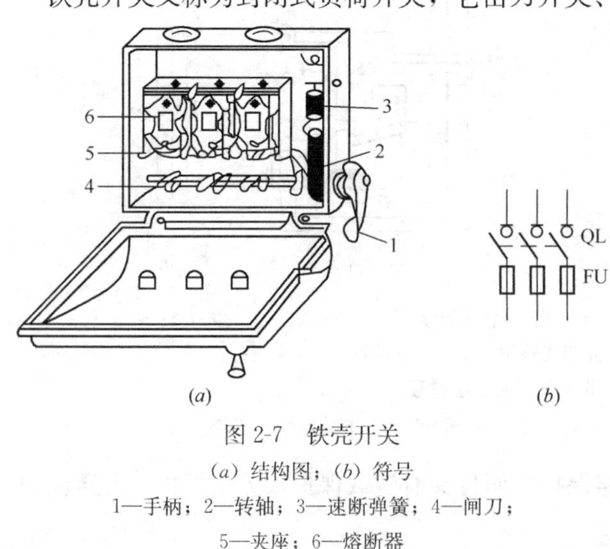


图2-7　铁壳开关

(*a*) 结构图；(*b*) 符号

1—手柄；2—转轴；3—速断弹簧；4—闸刀；5—夹座；6—熔断器

② 铁壳开关的特点

铁壳开关没有灭弧能力。为了使用安全，铁壳开关内还装有联锁装置，保证开关在闭合时盖子不能打开，而盖子打开时闸刀不能合闸。

常用的铁壳开关型号有HH3、

HH4 等系列，额定电压有 380V、500V，额定电流有 15～400A，可根据负荷电流大小选取。

4）低压熔断器

熔断器是一种最简单的保护电器，它可以实现短路保护。由于结构简单、体积小、重量轻、维护简单、价格低廉，所以应用极为广泛。

熔断器由熔体和安装装置组成。熔体由熔点较低的金属如铅、锡、锌、铜、银、铝等制成。当流过熔体的电流足够大、流过电流的时间足够长，由于电流的热效应，熔体便会熔断而切断电路。熔断器串联在被保护的电路中。

根据需要熔断器可以安装不同规格的熔体。但配用的熔体额定电流只能小于或等于熔断器的额定电流。

① 瓷插式熔断器

瓷插式熔断器灭弧能力差，极限分断能力较低，且所用熔丝的熔化特性不很稳定，所以只适用于负载不大的照明电路，或小功率电动机的短路保护，要求不高时也可以做过载保护。RC1A 是目前广泛使用的系列产品。

② 螺旋式熔断器

当熔体熔断时，熔芯一端的红色指示片变色脱落。熔芯是一次性产品，价格较高，该熔断器常用于配电柜中。

③ 封闭式熔断器

封闭式熔断器采用耐高温的密封保护管，内装熔丝或熔片。当熔丝熔化时，管内气压很高，能起到灭弧的作用，还能避免相间短路。这种熔断器常用在容量较大的负载上作短路保护，大容量的能达到 1000A。

④ 填充料式熔断器

填充料式熔断器的主要特点是具有限流作用及较高的极限分断能力。所谓限流是指在线路短路且电流尚未达到最大值时就迅速切断电流，这种作用称为限流作用。这种熔断器常用在具有较大短路电流的电力系统和成套配电装置中。

5）低压配电柜

低压配电柜（低压配电屏、低压开关柜）是按照一定的接线方案将有关的一、二次设备（如开关设备、监测仪表、保护电器及操作辅助设备）组装而成的一种低压成套配电装置。主要用于低压电力系统中，作动力及配电之用。

按断路器是否可以抽出，可以分为固定式、抽出式两种类型。每种型号的开关柜，都可组成几十种主接线方案以供选择。由于低压元件体积小，所以一台开关柜中可以装设多个回路。

固定式配电柜有 PGL 型、GGL 型和 GGD 型等。其中 GGD 型为我国近年由电力部组织联合设计的一种新产品，其柜架用 8MF 冷弯型钢局部焊接组装而成，封闭式结构，电器元件选用新产品，如低压断路器采用 ME 系列、DW15 系列、DZ20 系列等，断流能力大、保护性能好。

抽出式配电柜有的可将整个回路的所有元件一起抽出（抽屉式），有的只将断路器部分抽出。抽屉式配电柜是各回路电器元件分别安放在各个抽屉中，若某一回路发生故障，可将该回路的抽屉抽出，并将备用的抽屉插入，能迅速恢复供电。常见的型号有 BFC、GCL、GCK、MNS 等。其适用于低压配电系统作为负荷中心（PC）或控制中心（MPC）

的配电或控制装置。

（3）电力变压器

电力变压器是变配电系统中最重要的设备，利用电磁原理工作，用于将电力系统中的电压升高或降低，以利于电能的合理输送、分配和使用。

变压器正常工作时会有一定的温度，按冷却方式不同可以分为油浸式变压器、干式变压器和充气式变压器。油浸式变压器常用在独立建筑的变配电所或户外安装，干式变压器常用在高层建筑内的变配电所。

常见的电力变压器有三相油浸式电力变压器 SL7 型、S9 型，干式变压器有 SC9 型、SCL 型、SG 型等。

（4）其他常用电气元件及功能

1）电压互感器

电压互感器是一种电压变换电器，隔离高电压，通常是将高电压变成低电压，以取得测量和保护用的低电压信号，副边绕组额定电压是固定的，为 100V。

2）电流互感器

电流互感器是一种电流变换电器，隔离高电压和大电流，通常是将大电流变成小电流，以取得测量和保护用的小电流信号，副边绕组额定电流是固定的，为 5A。

3）避雷器

避雷器用于防止雷电产生的过电压侵入。避雷器设于被保护设备的前端，当有过电压侵入时，可将避雷器击穿并对地放电，以起到保护后面电气设备的作用。

4）移相电容器

移相电容器可以用作无功功率补偿。供配电系统大多数都是感性负荷，从系统汲取感性无功，致使系统中感性无功成分增加，功率因数下降；安装电容器后，电容器向系统汲取容性无功，使系统容性无功成分增加，以抵消部分感性无功，提高功率因数。根据功率因数的高低，选择能实现自动控制的接触器控制电容器的投入组数。

5）接触器

接触器是电磁式电器，其结构由线圈、铁芯、衔铁、主触头、灭弧装置等组成。工作原理是线圈通电时产生电磁力，使可动的衔铁吸合，带动触头动作而接通被控制电路；当线圈断开电流时，可动的衔铁释放，主触头断开而切断被控制的电路。常见接触器的型号有 CJ12B、CJ20、3TF、LC1 等，如图 2-8 所示。

接触器可以通过线圈的小电流控制主触头的大电流，并可以通过按钮远距离控制，广泛应用于需要实现自动控制的电气设备电路，与热继电器、熔断器等配合可以实现过负荷、短路等保护。例如，电动机的启动、停止、正反转等控制。在电容器柜中应用它，是为了自动控制电容器组的投入数量，自动调节供电系统的功率因数。

6）热继电器

热继电器是一种与接触器配合用于过负荷保护的保护电器，它是利用热效应原理制成的，其结构由热元件、双金属片、传动装置、触头等组成。热元件串接在被保护的主电路中，当主电路的电流过大时，热元件发热使双金属片弯曲，通过传动装置使触头动作，切断接触器的线圈电流，接触器释放而断开被保护的主电路，如图 2-9 所示。常见热继电器的型号有 JR16、JR20、3UA、LR2、3RB 等。

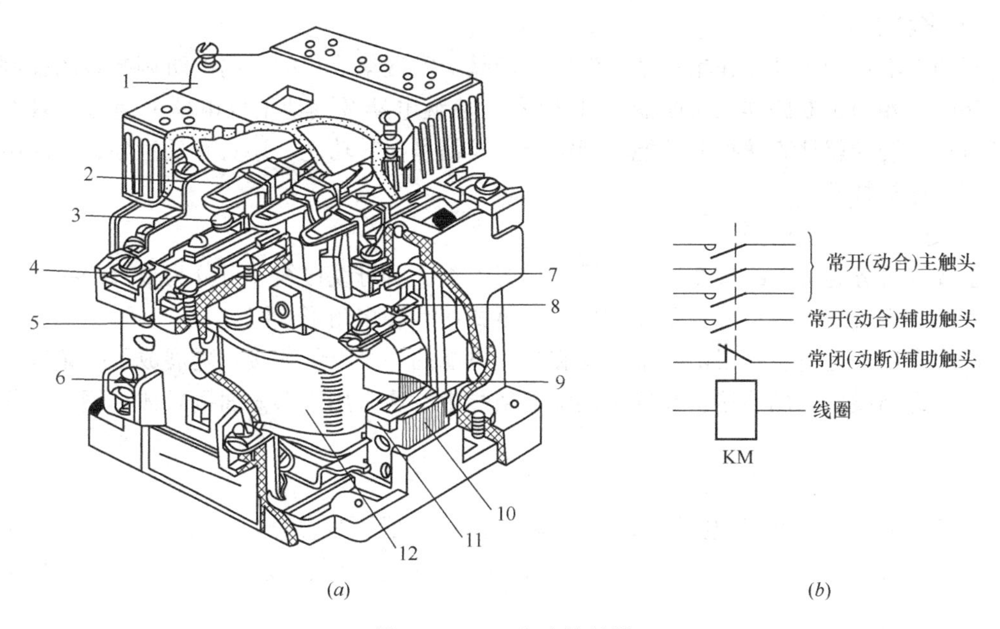


图 2-8　CJ12 交流接触器

(a) 结构图；(b) 符号

1—灭弧罩；2—弹簧片；3—主触头；4—接线端子；5—反作用弹簧；6—线圈端子；
7—辅助常开（动合）触头；8—辅助常闭（动断）触头；9—衔铁；10—铁芯；11—短路环；12—线圈

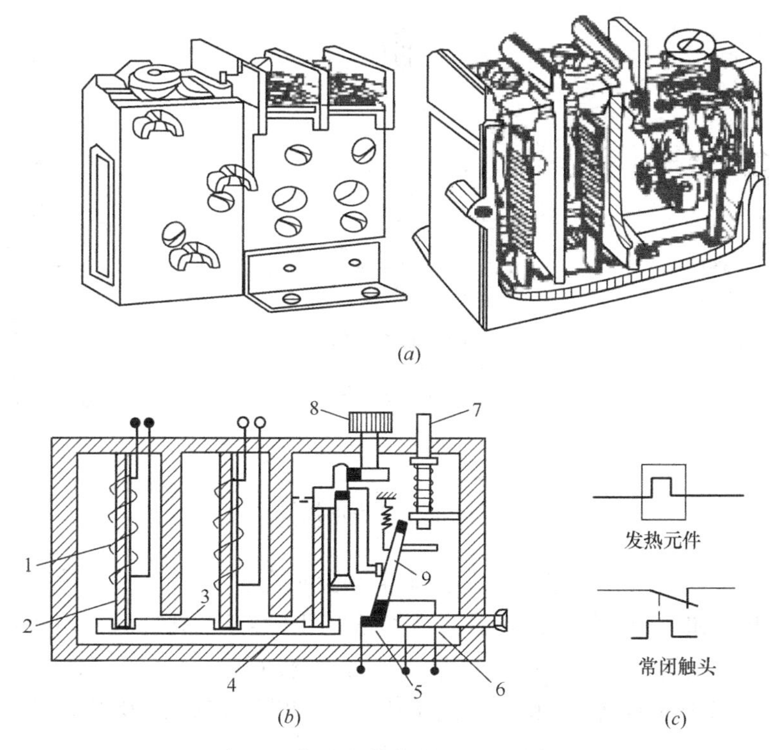


图 2-9　热继电器外形及原理示意图

1—热元件；2—双金属片；3—传动板；4—传动杆（温度补偿片）；5—动触头；
6—复位调节螺钉；7—手动复位装置；8—电流调节凸轮；9—触头活板

7）多功能电器

多功能电器的特征是在单一结构形式的产品上实现集成化的、内部协调配合的控制与保护功能，相当于断路器（熔断器）、接触器、热继电器及其他辅助电器的组合。具有远距离自动控制和就地直接控制功能、面板指示及信号报警功能，还具有反时限、定时限和瞬时三段保护特性。

2. 变配电系统的主接线

主接线可分为有母线接线和无母线接线两大类。有母线接线又可分为单母线接线和双母线接线；无母线接线可分为单元式接线、桥式接线和多角形接线。

母线实质上是将主接线电路中接受和分配电能的一个电气连接点延展成了一条线，以便于多个进出线回路的连接。在低压供配电系统中，通常用矩形截面铜导体（铜排）作为母线。

（1）一台变压器的主接线

只有一台变压器的变电所，其变压器的容量一般不应大于1250kVA，它是将6～10kV的高压降为用电设备所需的380/220V低压，其主接线比较简单，如图2-10所示。

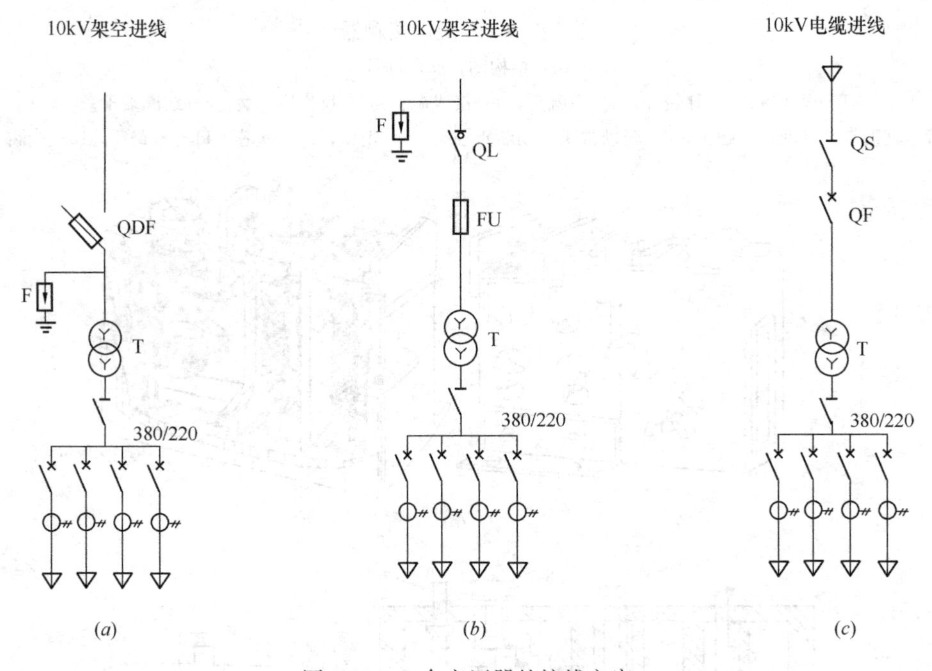


图2-10　一台变压器的接线方案

图2-10(*a*)中，高压侧装有跌落式熔断器（熔断器式开关，多为户外式）。跌落式熔断器具有隔离开关和熔断器的双重功能。隔离开关用于变压器检修时，切断变压器与高压电源的联系，在变压器发生过负荷或短路故障时，熔断器熔体熔断而切断电源（自动跌落）。低压侧装有低压断路器。因跌落式熔断器仅能切断315kVA及以下变压器的空载电流，故此类变电所的变压器容量不应大于315kVA。

（2）两台变压器的变电所主接线

对供电可靠性要求较高，用电量较大的一、二级负荷的电力用户，可采用双回路和两台变压器的主接线方案，如图 2-11 所示。高压侧无母线，当任一变压器停电检修或发生故障时，变电所可通过闭合低压母线联络开关，迅速恢复对整个变电所的供电。对于一级负荷的供电，电源进线应来自两个区域变电站的电源。

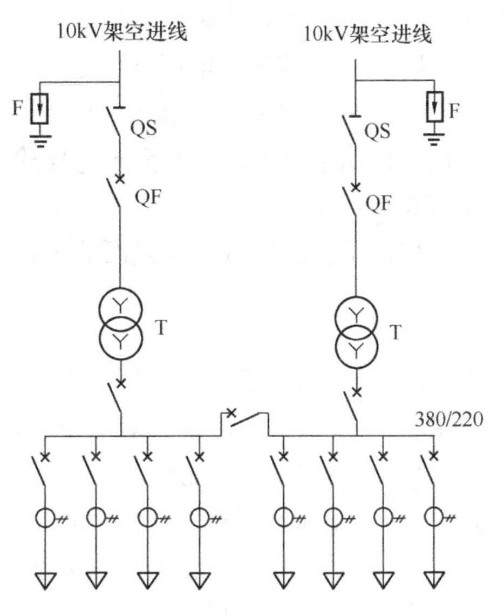

图 2-11 2 台变压器的接线方案

### 2.1.3 配电导线与保护装置的选择

1. 配电导线的选择

为了保证配电线路安全、可靠、优质、经济地运行，配电线路的导线截面的选择必须满足下列三个方面的要求：导线的发热条件、允许的电压损失和机械强度。

(1) 按发热条件确定导线截面

电流通过导线时，要产生能量损耗使导线发热。当绝缘导线的温度过高时，导线绝缘会加速老化，引起火灾。所以，导线在通过正常最大负荷电流时产生的发热温度，不应超过其正常运行时的最高允许温度。由这个条件来确定的导线截面称为“按发热条件”或“按允许载流量”选择导线截面。

导线的允许载流量大于或等于该导线所在线路的计算电流，即：

$$I_N \geq I_{JS}$$

式中 $I_N$——不同型号规格的导线，在不同温度及不同敷设条件下的允许载流量（A）；

$I_{JS}$——该线路的计算电流（A）。

**【例 2-1】** 某建筑施工现场采用 380/220V 的低压配电系统供电，现场最高气温为 30℃，其干线的计算电流为 140A，架空敷设，试确定进户导线的型号及截面积。

**【解】** 考虑施工现场的特点，采用铝芯导线。在室外架空敷设，可选择价格低廉的橡皮绝缘导线，导线的型号为：BLX 橡皮绝缘铝芯导线。

根据计算电流 140A，查附录，可得：在 30℃时，大于或等于 140A 的载流量是 163A，截面积为 $50mm^2$，所以选择截面积为 $50mm^2$ 的橡皮绝缘铝芯进户线，截面积为 $25mm^2$ 的橡皮绝缘铝芯工作零线和保护零线。

(2) 按允许电压损失选择导线截面

由于配电线路存在阻抗，当电流通过导线时，就会在配电线路上产生电压损耗。在电源电压一定的条件下，配电导线上的电压损耗越大，用户端的使用电压就越小。当电压过低时，会影响用电设备的正常工作，严重时会损坏用电设备。

规范规定：从变压器低压侧母线到用电设备受电端的电压损耗，一般不超过用电设备额定电压的 5%；对视觉要求较高的照明电路，则为 2%～3%。

如果线路的电压损耗值超过了允许值，应适当加大导线的截面，减小配电线路的电压降，以满足用电设备的要求。线路的电压损耗 $\Delta U\%$ 为：

$$\Delta U\% = \frac{U_1 - U_2}{U_N} \tag{2-1}$$

式中　$U_1$——线路始端电压（V）；

$U_2$——线路末端电压（V）；

$U_N$——线路的额定电压（V）。

配电线路上电压损耗的大小与导线上输送功率的大小、输送距离的远近及导线截面的大小有关。

可用以下公式进行导线截面的选择：

$$S = \frac{P_{JS} \cdot L}{C\Delta U} \tag{2-2}$$

式中　$S$——导线截面（$mm^2$）；

$P_{JS}$——该线路负载的计算负荷（kW）；

$L$——导线长度（m）；

$C$——电压损耗计算常数，它是由电路相数、额定电压及导线材料的电阻率等因数决定的一个常数，见表 2-3；

$\Delta U$——允许电压损耗。

**计算线路电压损耗公式中系数 $C$ 值**　　**表 2-3**

| 线路额定电压（V） | 线路系统及电流种类 | 系数 $C$ 值 | |
|---|---|---|---|
| | | 铜线 | 铝线 |
| 380/220 | 三相四线 | 77 | 46.3 |
| 380/220 | 两相三线 | 34 | 20.5 |
| 220 | 单相或直流 | 12.8 | 7.75 |
| 110 | | 3.2 | 1.9 |
| 36 | | 0.34 | 0.21 |
| 24 | | 0.153 | 0.092 |
| 12 | | 0.038 | 0.023 |

**【例 2-2】**某学生宿舍楼白炽灯照明的计算负荷为 50kW，由 100m 远处的变电所用橡皮绝缘铝线（BLX）供电，供电方式为三相五线制，要求这段线路的电压损耗不超过 2.5%，试选择导线截面积。

**【解】**$S = \frac{P_{JS} \cdot L}{C\Delta U} = \frac{50 \times 100}{46.3 \times 2.5} = 43.2mm^2$

所以，选择截面积为 $50mm^2$ 的橡皮绝缘铝线。

**【例 2-3】**某工地进户线的计算负荷为 65kW，进户线的长度为 60m，导线架空敷设，采用 BLV-500(3×35+1×25）规格的导线是否满足 5%的电压损耗率。

**【解】**$\Delta U\% = \frac{PL}{CS} = \frac{65 \times 60}{46.3 \times 35} = 2.4\% < 5\%$，满足要求。

（3）按机械强度选择导线截面

导线和电缆应有足够的机械强度以避免在刮风、结冰时被拉断，使供电中断，造成事故。国家有关部门强制规定了在不同敷设条件下，按机械强度要求允许的最小导线截面见表 2-4。

**按机械强度选择导线截面（$mm^2$）** **表 2-4**

| 导线用途 | | 导线和电缆允许的最小截面积 | |
|---|---|---|---|
| | | 铜芯线 | 铝芯线 |
| 照明 | 户内 | 0.5 | 2.5 |
| | 户外 | 1.0 | 2.5 |
| 用于移动用电设备的软电线或软电缆 | | 1.0 | — |
| 户内绝缘支架上固定绝缘导线的间距 | 2m 以下 | 1.0 | 2.5 |
| | 6m 以下 | 2.5 | 4.0 |
| | 25m 以下 | 4.0 | 10.0 |
| 裸导线 | 户内 | 2.5 | 4.0 |
| | 户外 | 6.0 | 16.0 |
| 绝缘导线 | 穿管敷设 | 1.0 | 2.5 |
| | 户外沿墙敷设 | 2.5 | 4.0 |
| | 户外其他方式 | 4.0 | 10.0 |

导线截面按不同的选择方法，可以得出不同的计算结果，但是导线截面必须同时满足三个条件。所以，在计算时可以分别按三个条件来选择导线截面，从中取最大值作为所选导线的截面积。

**【例 2-4】** 某建筑工地上的计算负荷为 30kW，$\cos\phi=0.78$，距变电所 240m，采用铝线架空敷设，环境温度为 30℃，试选择输电线路的导线截面积。

**【解】**（1）按发热条件选择导线截面

计算电流为：$I_{JS}=\dfrac{S_N}{\sqrt{3}U_N}=\dfrac{P_N}{\sqrt{3}U_N\cos\varphi}=\dfrac{30\times1000}{\sqrt{3}\times380\times0.78}=58.4A$

查附录，铝线明敷设，环境温度为 30℃时，选用 BLX-4×16$mm^2$ 导线，其安全载流量为 79A，大于 58.4A。

（2）按电压损失条件校验

1）选用 BLX-4×16$mm^2$ 导线，线路上的电压损耗为：

$$\Delta U\%=\frac{PL}{CS}=\frac{30\times240}{46.3\times16}=9.72\%>5\%$$

不满足要求，加大导线截面积，选 BLX-4×25$mm^2$ 导线。

2）选用 BLX-4×25$mm^2$ 导线，线路上的电压损耗为：

$$\Delta U\%=\frac{PL}{CS}=\frac{30\times240}{46.3\times25}=6.22\%>5\%$$

仍不满足要求，再加大导线截面积，选 BLX-4×35$mm^2$ 导线。

3）选用 BLX-4×35$mm^2$ 导线，线路上的电压损耗为：

$\Delta U\%=\dfrac{PL}{CS}=\dfrac{30\times240}{46.3\times35}=4.44\%<5\%$，满足要求。

（3）按机械强度校验

查表 2-4，绝缘导线在户外敷设，铝线的最小截面为 10$mm^2$。

35$mm^2$>10$mm^2$，满足要求。

所以，最后选择导线截面积为 35mm²。

2. 保护装置的选择

（1）刀开关、负荷开关、隔离开关的选择

1）选择原则

① 按线路的额定电压、计算电流选择。

② 宜采用同时断开电源所有极和 $N$ 极的开关作隔离电器。

③ 变压器后的总开关、终端配电箱总开关一般应选用同时断开相线和 $N$ 线的开关。

④ 按刀开关的用途选择合适的操作方式，中央手柄式刀开关不能切断负荷电流，其他形式的刀开关可切断一定的负荷电流，但必须选带灭弧型的刀开关。

2）选择方法

① 按额定电压选择

安装刀开关、负荷开关、隔离开关的线路，其额定电压不应超过开关的额定电压值。

② 按计算电流选择

刀开关、负荷开关、隔离开关的额定电流应大于或等于线路的额定电流。

（2）熔断器的选择

熔断器在配电系统中起短路保护的作用。熔断器应按电器线路额定电压、计算电流、使用场所、分断能力以及配电系统前、后级选择性配合等因素进行选择。

具体选择应满足以下条件：

1）额定电压

熔断器的额定电压应大于或等于配电线路的额定电压。

2）额定电流

熔断器熔体的额定电流 $I_r$ 应大于或等于配电线路的计算电流 $I_{jS}$。

即：$I_r \geqslant I_{jS}$

对于不同用电设备回路的熔断器，还要符合下述附加约束条件：

① 对于单台电动机电路的熔断器，熔体的额定电流 $I_r$ 与电动机的尖峰电流（启动电流）$I_g$ 之间应满足以下条件：$I_r \geqslant KI_g$。$K$ 为熔体选择计算系数，它的大小决定于电动机的启动状态和熔断器的特性。

习惯上，对只有一台电动机负载的线路进行短路保护，熔体的额定电流应等于 1.5～2.5 倍电动机的额定电流。

注意：轻载启动时间按 3s 考虑，重载启动时间按≤8s 考虑。对启动时间大于 8s，或频繁启动与反接制动的电动机，其熔体额定电流值宜比重载启动时加大一级。

**【例 2-5】**有一台 180L-6 型的电动机，其额定功率为 15kW，额定电流为 32A，启动电流为 205A，请选择该电动机所在线路的熔断器。

**【解】**电动机回路熔体选择计算系数 $K$ 按电动机重载启动考虑，取 $K=0.38$、$K=0.3$。

如果用 RL1 熔断器，205×0.38＝78A　选 100/80A

如果用 RM10 熔断器，205×0.38＝78A　选 100/80A

如果用 RT10 熔断器，205×0.3＝60A　选 60/60A

如果用 RT0 熔断器，205×0.3＝60A　选 100/60A

②多台电动机电路

对于多台电动机电路的熔断器，熔体的额定电流 $I_r$应满足下述关系，即

$$I_r \geqslant K(I_{gm}+\sum I_{JS})$$

式中　$I_{gm}$——容量最大的一台电动机的启动电流；

$\sum I_{JS}$——其他各台电动机计算电流的总和；

$K$——熔体选择计算系数。

当 $I_{gm}$很小时，$K=1$；$I_{gm}$较大时，$K=0.5\sim0.6$。

在电动机功率较大，而实际负载较小时，熔体额定电流可适当小些，小到以电动机启动时熔丝不断为准。

③ 照明回路

在照明及电阻电路中，熔体的额定电流大于或等于电路的额定电流。

3）最大分断电流

最大分断电流是指熔断器能够安全、可靠分断的最大短路冲击电流值，又称极限分断电流，它是熔断器分断电路能力的标志。选择熔断器时，应使其最大分断电流大于或等于配电线路可能发生的短路冲击电流值。

4）熔断器的上下级配合

为满足选择性保护的要求，应注意上下级间的配合。选择熔体时，应使下一级熔断器的熔断时间比上一级熔断器的熔断时间少。靠近电源的熔断器称为上一级熔断器，远离电源的熔断器称为下一级熔断器。一般要求上一级熔断器的熔断时间是下一级熔断器熔断时间的 3 倍以上。为了保证动作的选择性，当上下级采用同一型号熔断器时，其电流等级以相差两级为宜。如上下级采用不同型号熔断器时，应根据给出的熔断时间选取。

（3）断路器的选择

断路器应按电气线路额定电压、计算电流、使用场所、动作选择性等因素进行选择。具体选择应满足以下条件：

1）额定电压

断路器的额定电压应大于或等于配电线路的额定电压。

2）额定电流

断路器的额定电流 $I_N$应大于或等于配电线路的计算电流 $I_{JS}$。

即：$I_N \geqslant I_{JS}$

3）极限分断能力

断路器的极限分断电流是指断路器能够安全、可靠分断的最大短路电流值。其中对于动作时间在 0.02s 以下的 DZ 型等断路器，其极限分断冲击电流应大于或等于配电线路最大短路电流。

4）脱扣器整定

① 配电用断路器延时脱扣器的整定：长延时动作电流整定值取线路允许载流量的 0.8～1 倍；3 倍延时动作电流值的释放时间应大于最大启动电流电动机的实际启动时间，防止电动机启动时断路器脱扣分闸。

② 电动机保护用断路器延时脱扣器的整定：长延时动作电流整定值应等于电动机额定电流；6 倍延时动作电流值的释放时间应大于电动机的实际启动时间，防止电动机启动

时断路器脱扣分闸。

③ 照明回路用断路器延时脱扣器的整定：长延时动作电流整定值应不大于线路的计算电流，以保证线路正常运行。

④ 断路器与熔断器的配合使用：一般情况下，断路器的分断能力比同容量的熔断器的分断能力低，为改善保护特性，两者往往串联配合使用，且熔断器应尽可能置于断路器前侧。其最佳配合是较小电流靠断路器分断，较大电流靠熔断器分断。

**【例 2-6】** 某建筑工地上有一分配电箱，该分配电箱控制着 5 台电动机。电动机型号如下：

1 台塔吊，型号为：QZ315 型（3＋3＋15)kW，JC＝25％，15kW 电动机的额定电流为 30A，启动电流是额定电流的 7 倍。

2 台振捣器，型号为：Y 系列，2.2kW；通过计算得知该分配电箱的计算电流为 59A。

试选择该分配电箱的进线熔断器，并选择该分配电箱的进线断路器。

**【解】** 1）进线熔断器的选择

由于容量最大的 1 台电动机（塔吊）的启动电流为 7×30 ＝210A，所以，熔体选择计算系数 $K$ 取 0.6。

该分配电箱的计算电流中已经包括了塔吊的额定电流 30A，所以熔体的额定电流为：

$$I_r \geqslant K\ (I_{gm}+\Sigma I_{JS})=0.6\times(6\times30+59)=143A$$

该分配电箱的进线熔断器选 RM10，熔断器的额定电流 200A，熔体的额定电流 160A。

2）该分配电箱的进线断路器采用 DZ 系列，其型号为 DZ20Y-200/3300，复式脱扣整定电流为 160A。

（4）漏电开关的选择

漏电开关也具有与断路器相同的功能，如可以正常接通或分断电路，具有短路、过载、欠压、失压保护功能，此时漏电开关的选择方法和断路器相同。

漏电开关的漏电保护特性的选择如下：漏电开关应装设在配电箱电源隔离开关的负荷侧和开关箱电源隔离开关的负荷侧。开关箱内的漏电保护器的额定漏电动作电流应不大于 30mA，额定漏电动作时间应小于 0.1s。使用于潮湿和有腐蚀介质场所的漏电保护器应采用防溅型产品，其额定漏电动作电流应不大于 15mA，额定漏电动作时间应小于 0.1s。

### 2.1.4 电力负荷的计算

1. 负荷计算

所谓负荷计算，就是计算用电设备、配电线路、配电装置以及发电机、变压器中的电流或功率。这些按照一定方法计算出来的电流或功率称为计算电流或计算功率，也称为计算负荷。

（1）计算负荷的概念及作用

计算负荷又称需要负荷或最大负荷。计算负荷是一个假想的持续性负荷，其热效应与同一时间内实际变动负荷所产生的最大热效应相等。

根据计算负荷来选择变压器的容量、导线的截面积及开关电器的型号。

计算负荷一定要准确。如果计算负荷数值过大，会增大一次性投资，降低设备的利用率；如果计算负荷数值过小，会使导线和电器设备在运行过程中产生较多的热量，损坏绝缘，减少导线和电器设备的使用寿命。

（2）负荷计算的方法

一个用电系统的计算负荷不能简单地把各个用电设备的铭牌功率直接相加，如果这样计算，其计算结果肯定偏大。因为整个系统的用电设备不可能同时使用，正在工作的用电设备也不能保证都工作在额定状态下（用电设备的耗电量与所带负载的大小有关）。

负荷计算的常用方法有下列两种：

1）需要系数法

用设备功率乘以需要系数和同时系数，直接求出计算负荷。这种方法比较简单，应用广泛，适用于变配电所以及施工现场的负荷计算。本书将重点介绍适合于施工现场用电工程的需要系数法。

需要系数是一个小于1的系数，它的大小与用电设备组的工作性质、设备台数、设备效率和线路损耗等因素有关，也与操作工人的熟练程度和生产组织等多种因素有关。同时系数是一个小于1的系数，它考虑各用电设备组的最大负荷不会同时出现。一般来说，用电设备组的组数越多，同时系数的值越小。

2）二项式法

在设备组容量之和的基础上，考虑若干容量最大的设备的影响，采用经验系数用加权求和法进行负荷计算。

① 设备容量 $P_S$的确定

用电设备的额定功率 $P_N$和额定容量 $S_N$是指铭牌上的数据。

负荷计算中的所谓设备容量 $P_S$不能简单地理解为用电设备的铭牌功率，它是根据用电设备的工作性质和铭牌功率或铭牌容量经换算后得到的换算功率。有些书上把设备容量称为设备功率。

进行负荷计算时，需将用电设备按其性质分为不同的用电设备组，然后确定设备容量。

a. 连续工作制电动机的设备容量

该电器设备的设备容量等于其额定功率（即铭牌上规定的额定功率）。

$$P_S = P_N \tag{2-3}$$

b. 短时或周期工作制电动机的设备容量

该电器设备的设备容量等于将其额定功率换算为统一负载持续率下的有功功率，及换算到负载持续率 $JC=25\%$时的有功功率。

用电设备在一个周期内的工作时间与周期时间的比值称为负载持续率，用 $JC$（%）表示，负载持续率也称为暂载率。

起重机的设备容量在进行负荷计算时，要统一换算到负载持续率 $JC=25\%$时的功率。

$$P_S = P_N\frac{\sqrt{JC}}{\sqrt{JC_{25}}} = 2P_N\sqrt{JC} \tag{2-4}$$

**【例 2-7】**某施工现场有一吊车，其额定功率为 20kW，铭牌负载持续率 $JC=40\%$，求换算到 $JC=25\%$时的设备容量。

**【解】**$P_S = 2P_N\sqrt{JC} = 2\times20\times\sqrt{0.4} = 25.30\text{kW}$

c. 白炽灯的设备容量为灯泡的额定功率。气体放电灯的设备容量为灯管额定功率加上镇流器的功率损耗（荧光灯加20%，荧光高压汞灯及镝灯加8%）。

d. 电焊机的设备容量

电焊机的设备容量是将其铭牌额定容量换算到负载持续率为100%时的有功功率。

$$P_S = S_N \frac{\sqrt{JC}}{\sqrt{JC_{100}}} \cos\phi = S_N \sqrt{JC} \cos\phi \tag{2-5}$$

式中 $S_N$——电焊机的额定容量（kVA）；

$\cos\phi$——功率因数。

**【例 2-8】**一台单相电焊机380V，$S_N = 80\text{kVA}$，$JC=50\%$，$\cos\phi = 0.5$，求换算到$JC=100\%$时的设备容量。

**【解】**$P_S = S_N \sqrt{JC} \cos\phi = 80 \times \sqrt{0.5} \times 0.5 = 28.3\text{kW}$

② 单相负荷的设备容量的计算

单相负荷应均衡分配到三相上，使各相计算负荷尽量接近。

a. 计算原则

单相负荷与三相负荷同时存在时，应将单相负荷换算为等效三相负荷，再与三相负荷相加。

在进行单相负荷计算时，一般采用计算功率。当单相负荷均为同类用电设备时，直接用设备容量进行计算。

b. 单相负荷换算为等效三相负荷的简化方法

只有相负荷时，等效三相负荷 $P_d$ 为最大相负荷的3倍。

只有线间负荷 $P_{ab}$ 时，其等效三相负荷 $P_d$ 为：

$$P_d = \sqrt{3} P_{ab} \tag{2-6}$$

只有线间负荷 $P_{ab}$、$P_{bc}$ 时，如果 $P_{ab} = P_{bc}$ 其等效三相负荷 $P_d$ 为：

$$P_d = 3P_{ab} \tag{2-7}$$

有线间负荷 $P_{ab}$、$P_{bc}$、$P_{ca}$ 时，选取较大两相数据计算。现以 $P_{ab} \geqslant P_{bc} \geqslant P_{ca}$ 为例计算：

$$P_d = \sqrt{3} P_{ab} + (3-\sqrt{3}) P_{bc} = 1.73\, P_{ab} + 1.27 P_{bc} \tag{2-8}$$

c. 当单相负荷的总容量小于计算范围内三相对称负荷总容量的15%时，全部按三相对称负荷计算，不必换算；当超过15%时，应将单相负荷换算为等效三相负荷，等效三相负荷为单相最大功率的3倍。

**【例 2-9】**某新建办公楼照明设备采用白炽灯 $A$ 相3.6kW，$B$ 相4kW，$C$ 相5kW，求设备容量是多少？如果改为 $A$ 相4.8kW，$B$ 相5kW，$C$ 相5.8kW，求设备容量是多少？

**【解】**三相平均容量为：(3.6+4+5)/3=4.2kW

三相负载不平衡容量占三相平均容量的百分比为：

(5−4.2)/4.2 =0.8/ 4.2 =19%>15% ，所以白炽灯的设备容量为3×5=15kW

改善后：(4.8−4.2)/4.2 =14.29%<15%，所以白炽灯的设备容量为3.6+4+5=12.6kW

**【例 2-10】**某施工现场有两台单相电焊机，其型号为 $S_N=21\text{kVA}$，$U_N=380\text{V}$，$JC=$

65%，$\cos\phi=0.87$，分别接于 $AB$ 相、$BC$ 相上，该低压供电系统的线电压为 380V，求这两台电焊机的等效三相负荷的设备容量。

**【解】**一台电焊机的设备容量为：

$$P_S=S_N\sqrt{JC}\cos\psi=21\times\sqrt{0.65}\times0.87=14.7\text{kW}$$

这两台电焊机的等效三相负荷的设备容量为：

$$P_S=3\times14.7=44.1\text{kW}$$

**【例 2-11】**假如例 2-10 中的两台单相电焊机，都接在 $AB$ 相上，求这两台电焊机的等效三相负荷的设备容量。

**【解】**这两台电焊机的等效三相负荷的设备容量为：

$$P_S=\sqrt{3}\times2\times14.7=50.9\text{kW}$$

**【例 2-12】**假如该施工现场有四台电焊机，型号与例 2-10 相同，求这四台电焊机的等效三相负荷的设备容量。

**【解】**这四台电焊机应尽量均衡地分配到三相上，两台电焊机接于 $AB$ 相，其他两台电焊机分别接于 $BC$ 相、$AC$ 相。

这两台电焊机的等效三相负荷的设备容量为：

$$3\times14.7+\sqrt{3}\times14.7=69.56\text{kW}$$

2. 用需要系数法确定计算负荷

（1）用电设备分组计算时的注意事项

1）成组用电设备的设备容量，指不包括备用设备在内的所有单个用电设备的设备容量之和。

2）设备数量≤3 台时，计算负荷等于其设备容量的总和；设备数量>3 台时，计算负荷应通过计算确定。

3）类型相同的用电设备，其设备总容量可以用算术加法求得。

4）类型不同的用电设备，其设备总容量应按有功和无功负荷分别相加确定。

（2）用电设备组的计算负荷及计算电流

$$\begin{cases}P_{JS}=K_XP_S\\Q_{JS}=P_{JS}\tan\phi\\S_{JS}=\sqrt{P_{JS}^2+Q_{JS}^2}\\I_{JS}=\dfrac{S_{JS}}{\sqrt{3}U_N}\end{cases}\tag{2-9}$$

式中 $P_{JS}$——有功计算负荷（kW）；

$Q_{JS}$——无功计算负荷（kVar）；

$S_{JS}$——视在计算负荷（kVA）；

$I_{JS}$——计算电流（A）；

$P_S$——用电设备的总容量（kW）；

$K_X$——需要系数，可查阅有关设计手册；

$\tan\phi$——用电设备功率因数的正切值；

$U_N$——用电设备额定电压（V）；

(3) 总计算负荷的确定

总计算负荷是由不同类型的多组用电设备的设备容量组成。

总有功功率的计算负荷为：

$$\begin{cases} P_{JS}=K_P\Sigma(K_X P_S) \\ Q_{JS}=K_Q\Sigma(K_X Q_S) \\ S_{JS}=\sqrt{P_{JS}^2+Q_{JS}^2} \\ I_{JS}= S_{JS}/\sqrt{3}U_N \end{cases} \tag{2-10}$$

式中 $K_P$——有功功率的同时系数；

$K_Q$——无功功率的同时系数。

(4) 临时用电施工组织设计的内容和步骤

临时用电设备在5台及以上或总容量在50kW及以上者，应编制临时用电施工组织设计。

临时用电施工组织设计的内容和步骤应包括：

1) 现场勘探；

2) 确定电源进线，变电所、配电室、总配电箱、分配电箱等的位置及线路走向；

3) 进行负荷计算；

4) 选择变压器容量、导线截面和电器的类型、规格；

5) 绘制施工现场用电平面布置图；

6) 制定安全用电技术措施和电器防火措施。

(5) 施工现场供电系统的组成

图2-12为某建筑工程施工现场供电系统的平面布置图，从图中可以看出，电源从东

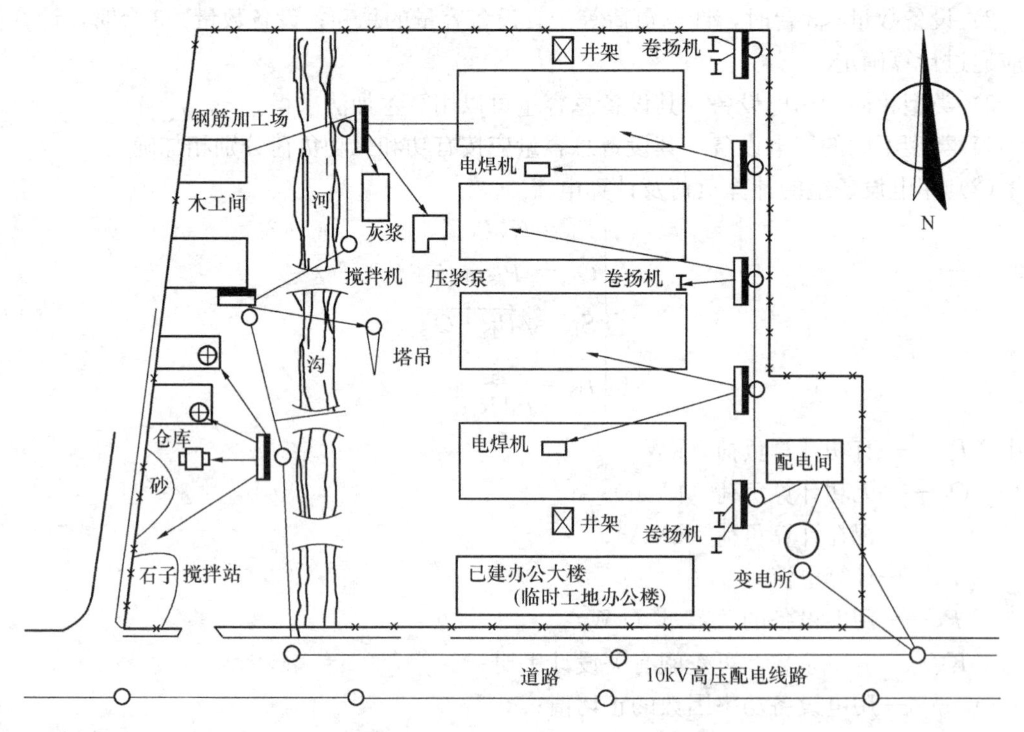


图2-12 某工地施工现场用电平面布置图

南角场外道路旁的电力配电网10kV上取用，以架空线引至场地内的降压变电所，通过降压变压器得到380/220V的低压，经过总配电箱后，用低压架空线配送到施工现场各分配电箱，经分配电箱以三相四线制的形式为动力和照明混合供电。其供电系统如图2-13所示。低压配电线路中常用图例见表2-5。

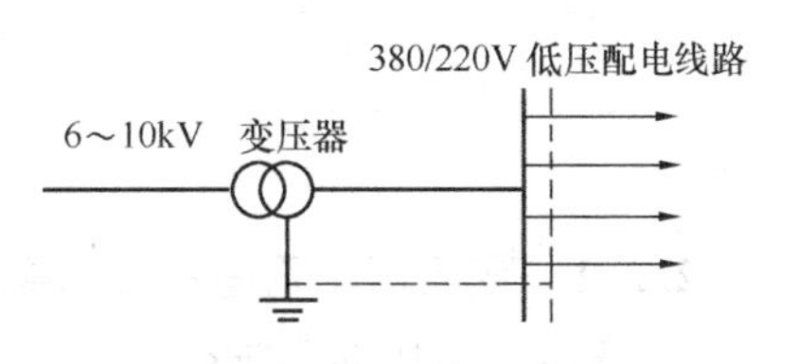


图2-13 某工地施工现场供电系统图

由此可见，工地供电系统是由降压变电所、低压配电箱和低压配电线路三部分组成。

**低压配电线路中常用图例** **表2-5**

| 名　称 | 图形符号 | 名　称 | 图形符号 |
|---|---|---|---|
| 变电所、配电所 | V/V　V/V | 屏、台、箱、柜一般符号 | |
| 杆上变电所 | | 动力或动力—照明配电箱 | |
| 移动变电所 | | 照明配电箱（屏） | |
| 地下线路 | | 挂在钢索上的线路 | |
| 架空线路 | | 事故照明线 | |
| 具有埋入地下接点的线路 | | 50V以下照明线路 | |
| 中性线 | | 滑触线 | |
| 保护线 | | 保护和中性共用线 | |
| 具有保护线和中性线的三相配线 | | 电杆的一般符号<br>*A*—杆材；*B*—杆长；*C*—杆号 | $\frac{A-B}{C}$ |
| 单接腿杆（单接杆） | | 双接腿杆 | |
| 带照明灯的电杆<br>*a*—编号；*b*—杆型；*c*—杆高；*A*—型号；*d*—容量 | $a\frac{b}{c}Ad$ | 拉线一般符号<br>（示出单方拉线） | |
| 装设单担的电杆 | | 装设双担的电杆 | |
| 装设十字担的电杆 | | 电缆铺砖保护 | |
| 电缆中间接线盒 | | 电缆穿管保护 | |
| 事故照明配电箱 | | 交流配电屏（盘） | |

## 2.2 电力变压器

### 2.2.1 变压器的用途和工作原理

1. 变压器的用途与种类

变压器是一种将交流电压升高或降低，并保持其频率不变的静止的电器设备。发电机发出的交流电压一般为10kV或6kV。交流电从发电机出来，经过升压变压器使电压升高至110kV、220kV、500kV，进行远距离输电。高压输电的目的，一是为了减少输电线路的电能损耗，二是可以减小输电线路的导线截面积，节约投资。高压电经过远距离输送，到达用户端，再经过降压变压器，使电压降到用户所需额定值。

变压器除了改变电压之外，还可改变电流（如变流器、大电流发生器）；变换阻抗（如电子电路中输入、输出变压器）；改变相位（如改变线圈的连接方法来改变变压器的极性或组别）。由此可见，变压器是一种重要的电器设备。

变压器的种类很多，根据用途的不同可分为：输配电用的电力变压器；冶炼用的电炉变压器；电解用的整流变压器；焊接用的电焊变压器；实验用的调压器；用于测量高电压、大电流的仪用变压器。

根据变压器输入端电源相数的不同可分为：三相变压器、单相变压器。

根据变压器输入端、输出端电压高低的不同分为：升压变压器、降压变压器。

变压器虽然种类繁多，电气性能和要求也互有差异，但是基本结构和工作原理都大同小异。

2. 变压器的构造

变压器主要由铁芯、绕组、变压器器身以及放置在变压器器身内的变压器油四部分组成，另外还有绝缘套管、储油柜、瓦斯继电器、防爆管、放油阀等电器部件，如图2-14所示。

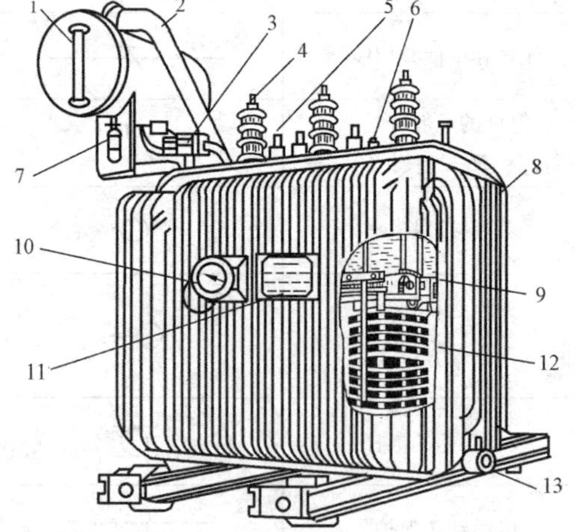

图2-14 三相油浸式电力变压器

1—油位计；2—防爆管；3—瓦斯继电器；4—高压套管；5—低压套管；6—分接开关；7—吸湿器；8—散热器；9—铁芯；10—温度计；11—铭牌；12—绕组；13—放油阀

绕组是变压器的电路部分，通常用绝缘铜线或铝线绕制而成，其中与电源相连的绕组称为原绕组，与负载相连的绕组称为副绕组。

铁芯是变压器的磁路部分。铁芯上套有绕组，大部分磁力线通过铁芯形成闭合路径。为了减少磁滞损耗和涡流损耗，变压器铁芯通常用0.35～0.5mm的硅钢片叠合而成。硅钢片要涂绝缘漆，使片与片之间处于绝缘状态。

变压器油除了使变压器冷却外，它还是很好的绝缘材料。变压器在工作过程中会产生许多热量，所以必须对变压器采取冷却散热措施。对于小容量的变压器，可以依靠空气对流和辐射把热量散出去，这种冷却方式称为空气自冷式（干式）。对于大容量的变压器，常采用油浸式的冷却方式。变压器的铁芯和绕组都浸在油箱里，为了增强散热效果，在变压气的箱壁上安装了许多散热管，使油通过管子循环，加强对流作用，促进变压器冷却。

为了使带电导线与油箱绝缘，高压绕组和低压绕组从油箱引出时必须穿过绝缘套管。绝缘套管的大小和结构取决于导线的电压等级。

对于大容量的变压器，在其油箱上面都装有储油柜（也叫油枕），在油枕的下部有一根油管和油箱相连。油箱中的变压器油，随着温度的变化而热胀冷缩，储油柜为变压器油的热胀冷缩提供了空间。储油柜上的油表可以监视变压器油面的高低。

当变压器发生局部击穿造成短路时，变压器油受热产生气体。大量气体聚集在瓦斯气体继电器的上部，当气体压力足够大时，继电器动作，发出信号，同时接通继电保护装置，把电源切断。

防爆管是一根铜管，其下端与油箱连通，上端用3～5mm厚的玻璃板（安全膜）密封，还有一根小管和油枕连通。变压器正常工作时，防爆管内的少量气体通过油枕上部排出。当变压器发生严重故障时，变压器油被分解产生大量气体，使防爆管内的压力骤增，安全膜破裂，油气喷出，避免油箱破裂，减轻事故危害。

在油箱顶部还装有分接开关，在空载时可以改变高低压绕组的匝数，调节输出电压的大小。

3. 变压器的工作原理

在一个闭合的铁芯上，绕上两个匝数不等的线圈，就形成了一个最简单的变压器。

同电源相连的原绕组匝数为$N_1$，同负载相连的副绕组匝数为$N_2$，它们在电路上是分开的。变压器是利用两个绕组之间的电磁感应来变换电压和传递能量的。

变压器的运行方式有两种：一种是空载运行，一种是有载运行。

当变压器的副边绕组开路时，变压器没有能量输出，这种状态称为变压器的空载运行（图2-15）；当变压器的副边绕组接上负载时，变压器有能量输出，这种状态称为变压器的有载运行。

当变压器的原绕组通入交变电压$u_1$时，原绕组中就有交变的空载电流$i_{10}$流过，并产生交变磁通$\Phi$。由于铁芯的磁导率远大于空气的磁导率，所以绝大部分磁通沿铁芯闭合，并且同时穿过原绕组和副绕组，这部分磁通称为主磁通$\Phi$；在产生的交变磁通中，还有很小一部分通过周围空气隙闭合，这部分磁通称为漏磁通。由于漏磁通很小，所以忽略不计。

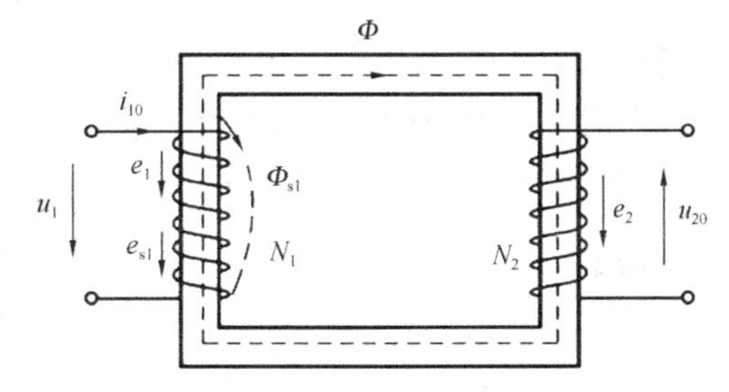

图2-15　变压器空载运行工作原理

当交变的主磁通$\Phi$穿过原绕组和副绕组时，根据楞次定律，在两个绕组中分别产生与电源频率$f$相同的感生电动势$e_1$和$e_2$，副绕组的感生电动势$e_2$就是变压器副边绕组的额定电压$u_{20}$。

原绕组、副绕组感生电动势的有效值为：

$$\begin{cases} E_1 = 4.44 f N_1 \Phi_m \\ E_2 = 4.44 f N_2 \Phi_m \end{cases} \tag{2-11}$$

式中　$\Phi_m$——为主磁通 $\Phi$ 的最大值；

　　　$f$——电源频率。

原绕组、副绕组的感生电动势的有效值 $E_1$、$E_2$ 的比值称为变压器的变比 $K$。

$$K=\frac{E_1}{E_2}=\frac{N_1}{N_2} \tag{2-12}$$

如果 $K<1$，变压器将低电压变为高电压，称为升压变压器。

如果 $K>1$，变压器将高电压变为低电压，称为降压变压器。

用铁磁材料作铁芯的变压器，其漏磁通很小，常把漏磁通和其他损耗忽略不计（看作理想变压器）。为讨论方便起见，忽略绕组上电阻压降。可以认为原绕组、副绕组的感生电动势的有效值 $E_1$、$E_2$ 等于原绕组、副绕组上电压降的有效值 $U_1$、$U_2$。

$$\begin{cases} U_1=E_1=4.44fN_1\Phi_m \\ U_2=E_2=4.44fN_2\Phi_m \\ K=\dfrac{U_1}{U_2}=\dfrac{N_1}{N_2} \end{cases} \tag{2-13}$$

当变压器副边绕组接上负载时，副边绕组中就有负载电流 $I_2$ 流过。这时，变压器向负载输出电能。副边绕组向负载输出的电能越多，原绕组从电源输入的电能也就越多，这样原边电流必然增大。原绕组中的电流随负载电流的增加而增加，随负载电流的减小而减小。忽略变压器的损耗，变压器输入的电能 $P_1$ 和输出的电能 $P_2$ 相等，即：

$$\begin{cases} P_1=P_2 \\ P_1=U_1\cdot I_1 \\ P_2=U_2\cdot I_2 \\ U_1\cdot I_1=U_2\cdot I_2 \\ \dfrac{U_1}{U_2}=\dfrac{I_2}{I_1} \quad K=\dfrac{I_2}{I_1} \end{cases} \tag{2-14}$$

**【例 2-13】** 某单相变压器的电压为 220/36V，副边接有两个 36V 100W 的白炽灯。如果变压器原绕组的匝数为 950 匝，求副绕组匝数；如果两个灯泡点亮时，变压器原边绕组、副边绕组的电流各为多少？

**【解】** 由 $\dfrac{U_1}{U_2}=\dfrac{N_1}{N_2}$ 得；

副绕组匝数：$N_2=N_1\dfrac{U_2}{U_1}=950\times\dfrac{36}{220}=155$ 匝

灯泡点亮时，变压器副边绕组的电流为：$I_2=\dfrac{P}{U_2}=\dfrac{200}{36}=5.6\text{A}$

变压器原边绕组的电流为：$I_1=I_2\dfrac{U_2}{U_1}=5.6\times\dfrac{36}{220}=0.91\text{A}$

4. 变压器的外特性

在电源电压 $U_1$ 和负载的功率因数不变的情况下，$U_2$ 和 $I_2$ 的变化关系称为变压器的外特性，如图 2-16 所示。

当电源电压$U_1$不变时，随着副绕组电流$I_2$的增加（即负载增加），原边绕组、副边绕组中的电流及其内部的阻抗压降都要增加，所以，副绕组的端电压$U_2$会降低。

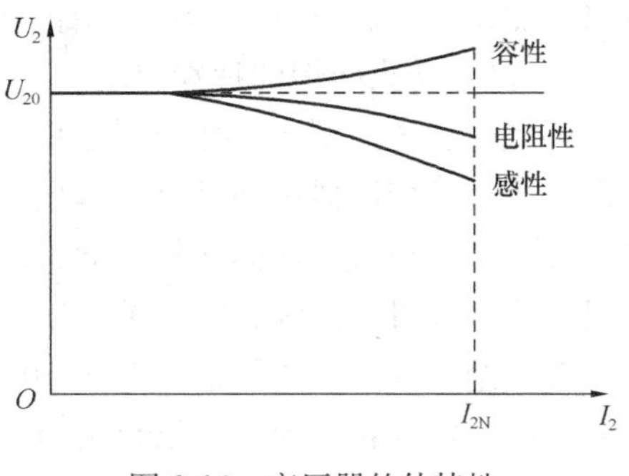


图 2-16　变压器的外特性

对电阻性或电感性负载来说，变压器的外特性是一条稍微向下倾斜的曲线。外特性曲线倾斜的程度随负载功率因数的不同而不同，功率因数越低，曲线倾斜越剧烈。当变压器超载运行时，电压下降很多，要影响负载的正常工作。

从空载到额定负载，副绕组电压变化的程度用电压调整率$\Delta U$表示：

$$\Delta U = \frac{U_{20} - U_2}{U_{20}} \tag{2-15}$$

式中　$U_{20}$——变压器空载时副边绕组的额定电压；

　　$U_2$——变压器带上负载时副边绕组的电压。

对负载而言，电压越稳定越好，即电压调整率越小越好。

5. 变压器的技术指标

（1）额定电压

原绕组的额定电压$U_{1N}$是指变压器在正常运行时加在变压器原绕组上的电压；副绕组的额定电压$U_{2N}$是指变压器空载运行时，原绕组加上额定电压后，副绕组两端的空载电压。在三相变压器中，额定电压指的都是线电压，单位为千伏（kV）。

（2）额定电流

原绕组、副绕组的额定电流$I_{1N}$、$I_{2N}$是指根据允许发热条件，变压器长时间工作允许通过的电流。在三相变压器中，额定电流指的都是线电流，单位为安培（A）。

（3）额定容量

额定容量是指在额定使用条件下变压器的输出能力，用视在功率表示，单位为千伏安（kVA）。对于三相变压器，是指三相容量之和，即：

$$S_N = \sqrt{3} U_{2N} I_{2N} \approx \sqrt{3} U_{1N} I_{1N}$$

额定容量反映变压器带负载能力的大小，而实际输出功率的大小决定于负载的大小和性质。

（4）额定温升

额定温升是变压器在额定状态下运行，允许超过周围环境温度的温度值。它取决于变压器所用绝缘材料的等级。

6. 变压器的选型和安全使用

（1）变压器的选型原则

1）优先选用节能型产品

从节能的角度，一般场合优先选用油浸式 S9 系列及其派生产品，特殊场合应优先选用干式 SC9 系列及其派生产品。S7 系列产品是常用的节能产品，S9 系列是接近世界先进水平的新产品。S9 与 S7 相比，其空载损耗平均降低 8%，负载损耗平均降低 25%。S9 的价格虽然比 S7 高，但由于 S9 的节能效果显著，其多付的投资一般三年左右即可收回。

2）满足防火防爆的特殊要求

环氧树脂浇注型干式变压器是目前大量采用的具有防潮防火防爆功能的变压器，常用于高层建筑的变压器房和易燃易爆场所。环氧树脂浇注型干式变压器，冷却效果要差些，没有外壳，绕组直接暴露在外，通过浇注环氧树脂，把高压绕组和低压绕组浇注成一体，既可绝缘，又可耐潮湿、耐腐蚀。

气体绝缘干式变压器也具有防潮防火防爆功能，变压器的铁芯和绕组放入密封的充满六氟化硫气体的箱体内，六氟化硫充当绝缘介质和冷却介质。

充不燃油变压器的构造和油浸式变压器相同，只是把普通变压器油更换为高燃点的油，该变压器也具有防潮防火防爆功能。

3）适当选取变压器的容量

通过负荷计算，正确选取变压器的容量。如果变压器的容量选的过大，就会造成浪费；如果变压器的容量过小，就会使变压器的温升过高损坏变压器，同时也会使变压器的副绕组的输出电压降低，从而使负载不能正常工作。

（2）变压器的安全使用

1）变压器的安装要符合有关规范的规定。

2）严禁变压器长时间超载运行，以免损坏变压器。

3）认真做好对变压器的日常巡视和检查。

检查变压器运行的声音是否正常。变压器正常运行时的声音是均匀的“嗡嗡”声；变压器的声音突然加重并且发生震动，说明有短路发生；如变压器内部有“噼啪”的放电声，应迅速停电检修；如变压器内部有“沙沙”声，可能是铁芯紧固件松动造成的；如出线端有“吱吱”的放电声，说明绝缘套管外部不清洁或有裂纹，应擦拭或更换。

检查油温指示器的指示温度，一般不应超过 95℃（在环境温度为 40℃的条件下）。

检查变压器是否有漏油迹象。

检查变压器油枕的油位高低，及时加油。

### 2.2.2 特殊变压器

1. 仪用互感器

采用仪用互感器能够使工作人员、测量仪表、继电器等与高电压隔离，既保证了安全，又免除了因加强绝缘给仪表制造带来的困难。

仪用互感器按用途的不同分为电压互感器和电流互感器两种（图 2-17）。

（1）电压互感器

电压互感器是一种专用的降压变压器，它可以将高电压转换为低电压，接入低量程的电压表进行测量，也可以接入继电器进行继电保护。

电压互感器的原边绕组匝数多，副边绕组匝数少。原绕组与被测的高压电网相连，副绕组与电压表或电度表的电压线圈相连。

通常电压互感器的原边绕组电压和被测的高压电的电压等级一致，副边绕组的电压都设计成统一的标准值 100V，当电压表与电压互感器配套使用时，从电压表刻度上可以直接读出被测的高压电的数值。常用的额定电压比有 3000/100、6000/100、10000/100 等。

电压互感器在使用过程中应该注意以下几点：

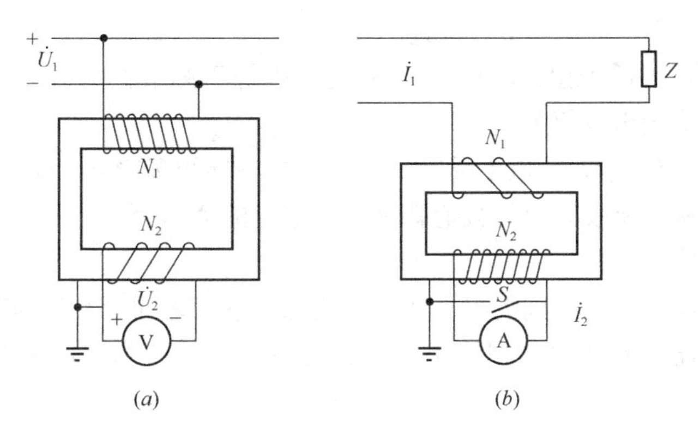


图 2-17　电压互感器、电流互感器工作原理图

(*a*) 电压互感器；(*b*) 电流互感器

1) 电压互感器的副边绕组不能短路，否则会产生很大的短路电流，烧坏电压互感器，因此要在原边绕组和副边绕组中串联熔断器。

2) 电压互感器的铁壳和副边绕组都要可靠接地。当绕组间的绝缘损坏时，可以防止与电压互感器连接的测量仪表对地出现高电压，从而保护人身和设备的安全。

3) 电压互感器副边绕组中串入的阻抗值不能太小。即不能并联太多的电压表，否则会降低测量精度。

(2) 电流互感器

电流互感器是把大电流转换为小电流的一种升压变压器。电流互感器的原边绕组导线粗，匝数少，串联在被测的大电流电路中。电流互感器的副边绕组导线细，匝数多，与电流表、电度表的电流线圈连接。

通常电流互感器的原边绕组的电流和被测电路电流的大小一致，副边绕组的电流都设计成统一的标准值 5A，当电流表与电流互感器配套使用时，从电流表刻度上可以直接读出被测电路的电流数值。常用的电流互感器的电流比有 10/5、20/5、30/5、40/5、50/5、75/5、100/5 等。

电流互感器在使用过程中应该注意以下几点：

1) 电流互感器的副边绕组不能开路，否则会在副边绕组中产生一个高电压，击穿绕组绝缘，烧坏电流互感器。

2) 电流互感器的铁壳和副边绕组都要可靠接地。

3) 电流互感器的副边绕组中串入的阻抗值不能超过有关标准。即不能串联太多的电流表，否则会降低测量精度。

(3) 钳形电流表

钳形电流表就是电流互感器和电流表的组合，只是其中电流互感器只有副绕组而没有原绕组。使用时，将被测的导线套入铁芯中，被测的导线实际上变成了原绕组，如图 2-18 所示。从图中可看出，测量某根导线的电流时，不用断开电路，只要将活动钳形铁芯张开，套入被测导线即可。使用它测量低压系统 0～1000A 交流电流是比较方便的。

使用钳形电流表应注意的事项为：

1) 应该把被测导线置于铁芯窗口的中心，而且应使钳口（铁芯）紧密闭合，读数才比较准确。

2）如果不能估计出待测电流的大小，应使量程处于测最大电流的位置上，再逐渐减小量程，直到能准确读出数值为止。

3）如果被测电流较小，读数不易准确，可将被测导线多绕 $N$ 匝，再套进钳形铁芯中进行测量。这时，从电流表读出的数值就是实际电流的 $N$（匝数）倍。

（4）自耦变压器

普通双绕组变压器的原、副绕组之间互相绝缘，它们之间只有磁的耦合，没有直接电的联系。自耦变压器没有独立的副绕组，而是把原绕组的一部分作为副绕组，如图 2-19 所示。

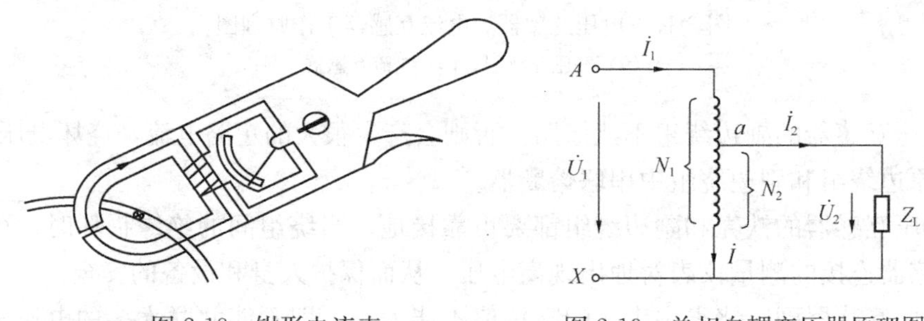


图 2-18　钳形电流表　　图 2-19　单相自耦变压器原理图

由于作为副绕组的这部分绕组是原边和副边的公共部分，所以原、副绕组之间既有磁的联系，又有电的联系，这是自耦变压器的结构特点。

与普通双绕组变压器的关系一样，可得

$$U_1/U_2=N_1/N_2=K$$

$$I_1/I_2=N_2/N_1=1/K$$

只要选用不同的匝数 $N_2$，就可以在副边得到所需要的电压。如果把自耦变压器的中间抽头作为能沿着整个线圈滑动的活动触头，则副边电压就可以在一定范围内连续调节。这种变压器又称为调压器，常用于实验室。

在原绕组中，通过两种方式将输入功率（$P_i=U_1 I_1$）传到副绕组。一种是如普通的变压器一样，通过电磁感应。另一种则是从自耦变压器的原、副绕组有电的联系直接传递过去，这部分传递的功率占绝大多数。自耦变压器所传递的功率，只有很少一部分利用了变压器的励磁电流。这一点与双绕组的变压器不同，也正是因为如此，自耦变压器所用的铁芯截面积比相同容量的双绕组变压器要小，所用的导线和硅钢片少得多，因此结构简单，体积较小。其缺点是原、副绕组之间有电的直接联系，一旦副绕组断开时，高压电将串入低压一侧，容易发生意外。为此，建筑工地用的行灯变压器（包括 36V、24V、12V 等）均禁止采用自耦变压器，只能采用双绕组的变压器。自耦变压器也分单相和三相，三相自耦变压器具有三个铁芯柱，并套装三个绕组。三个绕组一般都接成星形。三相自耦变压器一般用于大型异步电动机的降压启动。

**【例 2-14】** 在一台容量为 15kVA 的自耦变压器中，已知 $U_1=220$V，$N_1=500$ 匝。如果要想使输出电压 $U_2=209$V，应该在线圈的什么地方抽出线头？满载时额定电流等于多少？

【解】(1) 由 $U_1/U_2=N_1/N_2$，可知道抽头处的匝数应为：

$$N_2=(U_2/U_1)\cdot N_1=(209/220)\times 500=475 \text{ 匝}$$

即：在线圈 475 匝处抽出一个线头，可以得到输出电压 $U_2=209V$

(2) 自耦变压器的效率很高，可以认为：

$$U_{1N}\cdot I_{1N}=U_{2N}\cdot I_{2N}=15\times 10^3 VA$$

所以满载电流为：

$$I_{1N}=15\times 10^3/220=68.2A$$

$$I_{2N}=15\times 10^3/209=71.8A$$

在例 2-14 中，可以算出原、副边共同部分的电流 $I=71.8-68.2=3.6A$。可见自耦变压器原、副边共同部分的电流比普通变压器副线圈在相应情况下的电流小得多。

2. 电焊变压器

交流电弧焊机也称为交流电焊机，在建筑工地上应用广泛。它的主要组成部分是一台特殊的变压器，即电焊变压器。为了保证焊接质量，电焊变压器应满足如下要求：

空载时具有足够的点弧电压，为 60～80V，足以使电弧点燃。负载时要有迅速下降的外特性，在额定焊接电流时，焊接电压 30～40V，短路（焊条与工件接触）时，短路电流 $I_{sc}$ 不应过大。电焊变压器的外特性如图 2-20 所示，具有陡降的特性。电焊变压器原理图如图 2-21 所示。

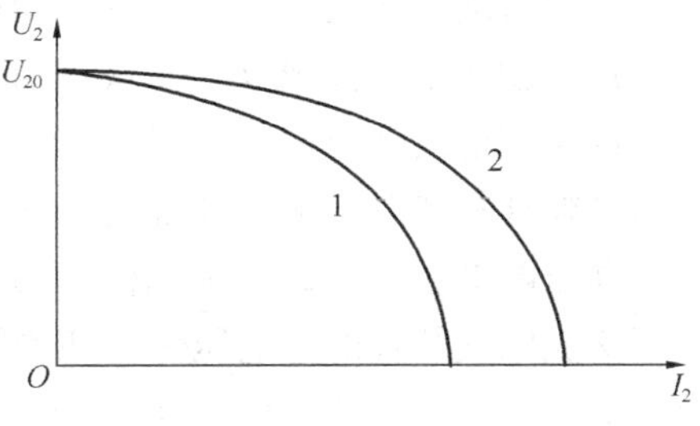

图 2-20　电焊变压器的外特性

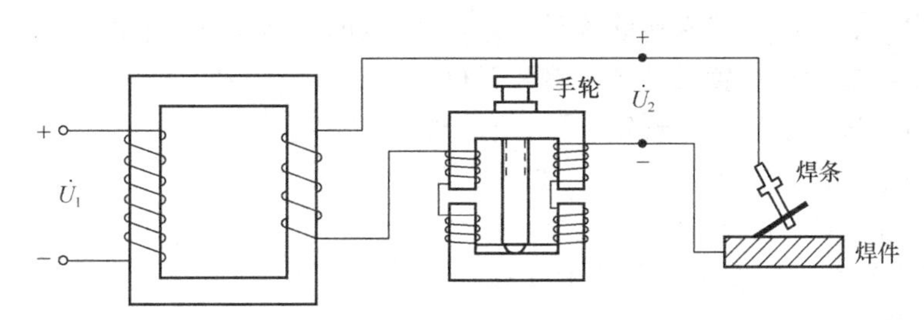

图 2-21　电焊变压器原理图

## 2.3　变配电工程图识读

用某小区的变配电工程作为实例来了解现代建筑的变配电工程概况，同时也可以了解建筑电气工程的基本情况。由于篇幅有限，只能进行局部介绍，施工图见二维码数字资源。

### 2.3.1　总论

1. 某项目变配电工程图

1. 设计依据

(1) 某项目（建设单位）提供的设计委托书及相关负荷资料。

(2) 某市供电公司供电方案答复单。

(3) 某电力工程设计有限公司、某项目（建设单位）等有关人员对该工程现场勘查确定的方案。

（4）某市供电公司对某小区（建设单位）高压客户受电工程初步设计文件审查意见单。

2. 主要设计标准、规程规范

《电能质量　供电电压偏差》GB/T 12325—2008

《电能质量　三相电压不平衡》GB/T 15543—2008

《供配电系统设计规范》GB 50052—2009

《20kV 及以下变电所设计规范》GB 50053—2013

《电力装置的继电保护和自动装置设计规范》GB 50062—2008

《继电保护和安全自动装置技术规程》GB/T 14285—2006

《电力工程电缆设计规范》GB 50217—2016

《三相配电变压器能效限定值及能效等级》GB 20052—2013

《火灾自动报警系统设计规范》GB 50116—2013

《建筑物防雷设计规范》GB 50057—2010

《低压配电设计规范》GB 50054—2011

《电能计量装置技术管理规程》DL/T 448—2000

《高压配电装置设计技术规程》DL/T 5352—2006

《交流电气装置的过电压保护和绝缘配合》DL/T 620—1997

《交流电气装置的接地》DL/T 621—1997

《电能计量装置安装接线规则》DL/T 825—2002

《火力发电厂、变电站二次接线设计技术规程》DL/T 5136—2012

《电测量及电能计量装置设计技术规程》DL/T 5137—2001

《导体和电器选择设计技术规定》DL/T 5222—2005

《民用建筑电气设计规范》JGJ/T 16—2008

3. 主要设备技术标准

所有设备应符合国家有关设备技术标准。

4. 设计范围

具体设计内容如下：

（1）10/0.4kV 变、配电部分；

（2）居民住户“一户一表”集中表箱的所有供电设施；

（3）防雷、接地、照明、消防火灾报警部分；

（4）配套建设上述部分相应的控制、保护、计量等二次设施以及与电气设备相关的建筑物、构筑物、通风排水设施等。

**2.3.2　电气一次部分**

1. 工程概况

随着某市城镇化的发展，某棚户区由于改造用电需要建设该用电工程。

某小区处某县重要位置，项目总占地面积 150 亩，约 10 万 $m^2$，项目总建筑面积为 298636.52$m^2$，其中地上建筑面积为 251907$m^2$，地下建筑面积为 46473.05$m^2$，本工程分为 A 区和 B 区的住宅照明、附属的临街商铺、公用附属基础设施。

A 区建设 10 栋住宅楼。其中 1 号、5 号、6 号、7 号、8 号、11 号、12 号楼均为 6 层，2 号楼为 11 层，3 号、4 号楼均为 16 层。本区共有 610 户，建筑住宅面积 $120m^2$ 及以下的住宅有 598 户，基本配置容量每户均为 8kVA；建筑住宅面积 120～$150m^2$ 的住宅有 12 户，基本配置容量每户均为 12kVA。

B 区建设 6 栋住宅楼。其中 1 号、2 号、3 号、4 号、5 号、6 号楼均为 16 层；本区共有 610 户，建筑住宅面积 $120m^2$ 及以下的住宅有 446 户，基本配置容量每户均为 8kVA；建筑住宅面积 120～$150m^2$ 的住宅有 144 户，基本配置容量每户均为 12kVA。

依据用户提供的负荷资料以及供电方案，本项目申请供电容量为 5800kVA，用户另行考虑装设柴油发电机一台作为自备应急电源，确保与主变 0.4kV 进线之间进行切换，与电网电源之间应装设安全可靠的电气或机械闭锁装置，防止向电网倒送电。

2. 供电电源接入方式

本期工程接入单回供电电源，作为主供电源。

主供电源：本小区 B 区居民中心配电室 10kV 电源取某 10kV 开闭所；A 区居民分配电室 10kV 电源取自 B 区居民中心配电室；10kV 公用附属设施箱变 10kV 电源取自 B 区居民中心配电室，供电总容量为 5800kVA。

3. 低压供电系统

本供配电系统采用放射式和树干式相结合的供电方式。高压配电系统及动力负荷采用放射式供电，居民住宅采用树干式供电。

低压配电系统接地保护方式采用 TN-C-S 系统，中性线绝缘水平应与相线相同，各接地系统共用基础钢筋网络作为接地体。

（1）小区低压主干线供电半径原则上控制在 250m 以内。

（2）0.4kV 单元接户线采用铜芯阻燃电缆。

（3）0.4kV 低压线路采用三相四线制，各相负载电流不平衡度应小于 15%。

4. “一户一表”集中表箱

（1）箱体分三个区：单元配电箱区、计量配电箱区、出线开关区，均装设于每层的电气竖井内（A 区 6 层除外）。

单元配电箱区装设 1 只单相自动空气开关，计量配电箱区安装智能电能表，出线开关区装设空气开关。

每个单元集中表箱应单独设置保护接地，与安全接地网连接。表箱前，应将零线与保护接地线分开，分开后零线不得再设置重复接地。居民用电表箱均加装明锁。

（2）表箱内的电器元件应按国家有关规定通过强制认证（3C 认证书）。

（3）含有金属材料表箱的安装，必须符合相应的接地要求。

（4）表箱内应预留一只集抄终端和楼梯电灯表的位置。

（5）表箱内色标为：火线为黄绿红三色、零线为淡蓝色、PE 为黄绿双色。

（6）居民用户照明电表箱与底商计量电表箱应分表计量。

（7）居民用户照明电表箱选用单相多表位表箱；底商计量电表箱选用三相多表位表箱。

（8）大于 60A 的表计必须经互感器接入式计量，并加装联合接线盒。

（9）表箱安装：表箱底部距地面 1.5m。

（10）表箱的内部接线见表箱接线图。

5. 负荷性质

根据某供电营销【2010】35号“关于印发执行《住宅小区配电工程建设技术规范（试行）》的通知”和《国家电网公司业扩供电方案编制导则（试行）》规定，负荷最高性质为二级负荷。

（1）二级负荷：消防电梯、应急照明、潜污泵、正压风机等，均采用双回路供电，其中备供回路均由柴油发电机接带。

（2）其他为三级负荷。

6. 自备电源

依据“某供电公司供电方案答复单”和国家电监委印发【2008】43号文“关于加强重要电力用户供电电源及自备应急电源配置监督管理的意见”的要求，自备应急电源配置容量标准应达到保安负荷的120%，自备应急电源启动时间应满足安全要求，应将自备应急发电机作为本工程动力负荷第二电源，并与箱变进线柜开关设有可靠的电气及机械闭锁装置。

选择柴油发电机作为自备应急电源，容量为800kW。

7. 供电规模

依据建筑设计院的电气设计图纸中的负荷资料以及供电方案答复单，本项目供电容量为5800kVA，变压器安装规模为5×1000kVA+1×800kVA，需要建设2座10kV配电室、一座10kV箱式变电站。

（1）中心配电室

变压器安装规模为3×1000kVA，担负B区住宅楼的居民照明负荷及商铺用电负荷。

（2）A区分配电室

变压器安装规模为2×1000kVA，担负A区住宅楼的居民照明负荷及商铺用电负荷。

（3）公用附属设施

变压器安装规模为1×800kVA，位于A区和B区间相应合理位置，担负A区和B区住宅楼内电梯、消防用电、生活水泵等的主供动力负荷。

8. 电气主接线

（1）中心总配电室

10kV母线采用单母线接线方式，0.4kV母线均采用单母线接线方式。

（2）A区分配电室

10kV母线采用单母线接线方式，0.4kV母线采用单母线接线方式。

（3）公用附属设施箱变

10kV母线采用单母线接线方式，0.4kV母线采用单母线接线方式。

9. 主要电气设备选型

（1）电力变压器

本工程居民及商业配电变压器选用SC（B）11-1000/10kV型非包封线圈三相干式电力变压器，噪声小，低损耗。10kV侧采用电缆连接方式，0.4kV侧采用母排连接方式。

型号：SC(B)11-1000/10kV

额定容量：1000kVA

容量比：100/100

额定电压：10±5%/0.4kV

额定频率：50Hz

连接组别：D，yn11

阻抗电压：$U_k$=4.5%

本工程公用附属设施箱变选用S11-M-800/10kV型三相油浸式电力变压器，噪声小，低损耗。10kV侧采用电缆连接方式，0.4kV侧采用母排连接方式。

型号：S11-800/10kV

额定容量：800kVA

容量比：100/100

额定电压：10±5%/0.4kV

额定频率：50Hz

连接组别：D，yn11

阻抗电压：$U_k$=4.5%

(2) 10kV电气设备

1) 10kV开关柜选用KYN28-12型固定式交流金属封闭开关柜，开关柜必须满足五防闭锁要求，柜体内铜母排应全部绝缘封包。开关柜尺寸均为（面对开关柜正面，宽度×深度×高度，单位：mm)：800×1500×2300。

2) 柜内主要设备

① 断路器选用VS1-12/630(1250)25kA型真空断路器。

② 电流互感器选用LZZBJ9-12型电流互感器。

③ 母线电压互感器选用JDZX-10型电压互感器，额定电压比：$\frac{10}{\sqrt{3}}/\frac{0.1}{\sqrt{3}}/\frac{0.1}{\sqrt{3}}/\frac{0.1}{3}$。为防止铁磁谐振过电压，电压互感器一次侧中性点装设LXQ-10型消谐器，要求采用全绝缘。

④计量专用电压互感器选用JDZ-10型电压互感器，参数为10/0.1kV，准确级为0.2级，配置RN2-10/0.5A型熔断器。

⑤操作用电压互感器选用JDZR-10型电压互感器，参数为10/0.22kV，准确级为3级，配置RN2-10/0.5A型熔断器。

⑥每段母线上及进出线开关柜内均装设一组HY5WZ-17/45型氧化锌避雷器。

10kV开关柜上均应设有GSN-10带电显示装置，出线均配置LH-120型零序电流互感器，母线采用矩形铜导体，规格为TMY-80×8。

(3) 0.4kV电气设备

1) B区居民中心配电室、A区居民分配电室和公用附属设施箱变的0.4kV开关柜均选用GGD加强绝缘型固定柜。开关柜尺寸为（面对开关柜正面，宽度×深度×高度，单位：mm)：1000×600×2200。

2) 柜内主要设备

① 采用HD13BX型隔离开关。

② 进线柜断路器采用DW45型万能式断路器；出线柜断路器采用CDM1型塑壳式断路器。

③ 进线柜内均加装一套浪涌保护器，用以限制雷电和操作引起的过电压。

④ 电流互感器采用LMZ2-0.66型电流互感器，准确度为0.5级，考核用电流互感器准确度为0.5S级。

1000kVA变压器低压母线采用矩形铜导体，规格为TMY-3×(120×10)+1×(80×8)

3）0.4kV无功补偿装置

变压器均采用低压侧集中补偿方式，每台变压器低压侧分别装设一套能自动投切的无功补偿装置，补偿容量应为配变的20%～30%，补偿后功率因数应≥0.95。

800kVA补偿容量为240kvar，1000kVA补偿容量为300kvar。

无功补偿控制器应具备三相共补、三相分补和三相混合补偿功能，电容器投切应遵循"合适优先、三相优先、先投先切、均衡使用"的原则。

电容器投切开关应采用CPU控制的二次电子开关与一次机电开关组合的新型复合开关，应具备过零投切、过电流、过电压保护、失压失流等保护功能。

10. 电气总平面布置

根据建设单位要求，本期新建配电室两座和公用附属设施箱变一座，均位于小区内。

（1）中心配电室

本配电室位于该小区B区西南部，长×宽=13.5m×9.7m（墙内壁距离），层高4m。

其中10kV配电装置、3×1000kVA变压器及其附属0.4kV配电装置均位于变配电室内。

10kV开关柜采用单排布置方式：一进五出。0.4kV开关柜采用单排布置方式。三台变压器分别与配套的低压开关柜通过空气绝缘母线槽连接布置。

（2）A区分配电室

本配电室位于该小区A区北部，长×宽=11.8m×7.2m（墙内壁距离），层高4m。

其中10kV配电装置、2×1000kVA变压器及其附属0.4kV配电装置均位于变配电室内。

10kV开关柜采用单排布置方式：一进二出。0.4kV开关柜采用单排布置方式。两台变压器分别与配套的低压开关柜通过空气绝缘母线槽连接布置。

（3）公用附属设施箱变

本箱变位于该小区B区，长×宽=4.4m×3.5m（壳体内壁距离）。

其中10kV配电装置、1×800kVA变压器及其附属0.4kV配电装置均位于箱式壳体内，采用品字形布置。

10kV开关柜采用单排布置方式：一进一出。0.4kV开关柜采用单排布置方式。

11. 防雷、接地、照明、火灾报警

（1）防雷

经现场勘测及核实，变配电室（箱变）均位于小区高层建筑物旁，防雷设计由建筑设计院统一考虑，所以变配电室的防雷部分本次工程不做设计。

（2）接地

整个配电室（箱变）主接地网由垂直接地体∠75×75×5，$L$=2500mm与水平接地干线 60×6 扁钢焊接而成，埋设于冻土层之下。敷设方式为沿配电室四周外沿 2m 处用 60×6 扁钢作一环形主地网，每隔 5m 用∠75×75×5，$L$＝2500mm 的角钢打一接地极，并与主地网可靠焊接。

明敷接地线沿墙四周敷设，高出地面 200mm，每隔 1m 设一个接地支持卡。过门处等无法敷设在墙内的地方，可埋入抹面层下。

高压电缆进线钢管、低压封闭母线桥应与接地网可靠连接。

电缆沟内支架采用沟壁土建预埋通长扁钢与地网可靠连接，接地点每 20m 不少于两点。

各配电屏柜底的预埋槽钢应与主地网连接。

变压器、避雷器等主设备必须不少于两点与主地网不同点连接；所有的开关柜内的电缆头均要通过 PE 母线进行可靠的接地。

接地装置材料选用 60×6 热镀锌扁钢，需热镀锌处理，外露部分需刷黑漆。

(3) 照明

在低压室设照明动力配电箱 1 个，安装高度 1.5m，电源引自相应的预留回路；配电箱采用 TN－S 系统接线方式，采用穿 PVC 管沿顶、沿地板或沿墙暗敷导线；高、低压配电室巡视通道设双管日光灯，安装需根据本工程设备布置尺寸进行，避开设备顶部，安装于柜前，安装方式为悬挂式；高、低压配电柜后设置壁灯照明，并且设置插座。

(4) 火灾报警

按照规范要求，变配电室应设置性能良好的感烟感温探测器、火灾声光警报器，对轴流风机实行消防联动控制。

当配电室发生火灾时，感光感烟探测器应及时自动报警，使轴流风机及时启动，采用强排风措施，在消防控制室组织疏散及灭火，避免人身伤亡及火势蔓延。

(5) 消防、通风、环境保护及其他

消防：配电室采用化学灭火方式。

通风：配电室宜采用自然通风，应设置事故排风装置，每小时通风次数不少于 6 次，土建基础设计应充分考虑防潮措施。

环保：配电室噪声对周围环境的影响应符合《声环境质量标准》GB 3096—2008 的规定和要求。

供暖：设备间内的散热器宜采用光面排管，管道为焊接，且不应有法兰、螺纹连接和阀门。

其他：根据国家有关规范要求，禁止与本配电室无关的管道穿过设备配电室。

12. 电缆部分

(1) 10kV 电缆

本工程由 110kV 某县变电站出线的 10kV 开闭所新建一条专线给用户中心配电室供电。

中心配电室采用电缆穿管直埋敷设至 A 区分配电室供电；中心配电室采用电缆通过穿管直埋敷设至 10kV 箱式变电站供电。

(2) 0.4kV 电缆

本工程小区住宅及商铺照明电源均取自 A 区与 B 区 10kV 居民配电室，低压配电均采用阻燃铜芯电缆，采用树干式供电方式；公建设施用电电源均取自10kV公用附属设施箱变，低压配电均采用阻燃铜芯电缆，采用放射式供电方式。

A区配电室、B区配电室、公用附属设施箱变低压电缆采用排管出线至电缆井，均沿小区内部绿化带电缆井，采用电缆排管的方式敷设，敷设于每栋楼就近布置的相应的电缆井，通过电缆井穿管敷设至主楼负一层配电间，小区内部电缆井应满足供电局的后期电缆检修及维护要求，小区内部电缆井类型有直线井、转角井、三通井、四通井。

A区配电室低压电缆供电情况：

1）1号楼有2个单元住宅，每个单元负一层均放置一面低压π接箱AT1、AT2，AT1照明电源引自A区配电室；AT2照明电源引自AT1，π接箱采用下进下出方式，出线均采用穿管暗敷方式引至每层的住宅电表箱供电。

2）2号楼（3号楼、4号楼）有1个单元住宅，负一层均放置一面低压照明配电柜，照明电源引自A区配电室，照明配电柜采用下进下出方式，电缆沿内墙壁采用电缆桥架引上至单元电气竖井内低压分线箱，再由低压分线箱引至每层的住宅电表箱供电。

3）5号楼有2个单元住宅，每个单元负一层均放置一面低压π接箱AT1、AT2，AT1照明电源引自A区配电室；AT2照明电源引自AT1，π接箱采用下进下出方式，出线均采用穿管暗敷方式引至每层的住宅电表箱供电。

4）6号楼（7号楼）有4个单元住宅，每个单元负一层均放置一面低压π接箱AT1、AT2、AT3、AT4。AT1（AT3）照明电源引自A区配电室；AT2照明电源引自AT1，AT4照明电源引自AT3，π接箱采用下进下出方式，出线均采用穿管暗敷方式引至每层的住宅电表箱供电。

5）8号楼有3个单元住宅，每个单元负一层均放置一面低压π接箱AT1、AT2、AT3。AT1照明电源引自A区配电室；AT2、AT3照明电源引自AT1，π接箱采用下进下出方式，出线均采用穿管暗敷方式引至每层的住宅电表箱供电。

6）11号楼有4个单元住宅，每个单元负一层均放置一面低压π接箱AT1、AT2、AT2-1、AT2-2、AT3。AT2照明电源引自A区配电室；AT2-1、AT2-2照明电源引自AT2，AT1、AT3照明电源引自AT2，π接箱采用下进下出方式，出线均采用穿管暗敷方式引至每层的住宅电表箱供电。

7）12号楼有3个单元住宅，每个单元负一层均放置一面低压π接箱AT1、AT2、AT3。AT1照明电源引自A区配电室；AT2、AT3照明电源引自AT1。

B区配电室低压电缆供电情况：

1）1号楼有3个单元住宅，负一层配电间放置一面低压照明配电柜，照明电源引自B区配电室，利用主楼就近的电缆井穿管敷设引入主楼配电间；照明配电柜采用下进下出方式，电缆出线沿内墙壁采用电缆桥架引上至单元电气竖井内低压分线箱，再由低压分线箱引至每层的住宅电表箱供电。

2）2号楼有3个单元住宅，负一层配电间放置一面低压照明配电柜，照明电源引自B区配电室，利用主楼就近的电缆井穿管敷设引入主楼配电间；照明配电柜采用下进下出方式，电缆出线沿内墙壁采用电缆桥架引上至单元电气竖井内低压分线箱，再由低压分线箱引至每层的住宅电表箱供电。

3）3号楼有3个单元住宅，负一层配电间放置一面低压照明配电柜，照明电源引自

B 区配电室，利用主楼就近的电缆井穿管敷设引入主楼配电间；照明配电柜采用下进下出方式，电缆出线沿内墙壁采用电缆桥架引上至单元电气竖井内低压分线箱，再由低压分线箱引至每层的住宅电表箱供电。

4）4 号楼有 2 个单元住宅，负一层配电间放置一面低压照明配电柜，照明电源引自 B 区配电室，利用 1 号主楼就近的电缆井穿管敷设引入地下负一层，向东再采用电缆桥架敷设引入 4 号主楼配电间；照明配电柜采用下进下出方式，电缆出线沿内墙壁采用电缆桥架引至单元电气竖井内低压分线箱，再由低压分线箱引至每层的住宅电表箱供电。

5）5 号楼有 3 个单元住宅，负一层配电间放置一面低压照明配电柜，照明电源引自 B 区配电室，利用 2 号主楼就近的电缆井穿管敷设引入地下负一层，向东再采用电缆桥架敷设引入 5 号主楼配电间；照明配电柜采用下进下出方式，电缆出线沿内墙壁采用电缆桥架引至单元电气竖井内低压分线箱，再由低压分线箱引至每层的住宅电表箱供电。

6）6 号楼有 2 个单元住宅，负一层配电间放置一面低压照明配电柜，照明电源引自 B 区配电室，利用 3 号主楼就近的电缆井穿管敷设引入地下负一层，向东再采用电缆桥架敷设引入 6 号主楼配电间；照明配电柜采用下进下出方式，电缆出线沿内墙壁采用电缆桥架引至单元电气竖井内低压分线箱，再由低压分线箱引至每层的住宅电表箱供电。

公用附属设施箱变低压电缆供电情况：

1）本工程属于高层住宅，负荷性质为二类负荷，采用双回路供电，主供回路采用公用附属设施箱变供电，备用回路采用用户自备的柴油发电机供电，并且要求双电源必须采用电气及机械闭锁，防止发生倒送电事故。

2）小区每个楼座相应的负一层均设置一座配电间，居民用配电柜与物业用配电柜均放置于该配电间，低压电缆均通过箱变低压引出沿小区内部绿化带电缆井，采用电缆排管的方式敷设于每栋楼就近布置的相应电缆井，通过电缆井穿管敷设至主楼负一层配电间入口处，沿着配电间采用电缆桥架沿墙敷设至室内电缆沟，再由动力柜分别为每个消防设备控制箱提供电源。

（3）电缆敷设时需满足的要求

电缆采用波纹管敷设方式，过路部分需穿钢管，电缆路径按甲方红线敷设，埋深冻土层 1.0m 以下。上下电杆需穿钢管，采用 $\Phi$150 钢管，长度 6m，钢管口用防火泥进行封堵。

电缆沿道路两边绿化带穿管直埋敷设，过路部分需用穿钢管。同一通道中的电缆数量较多时，宜用排管。

电缆及其管、沟穿过不同区域之间的墙、板孔洞处，应以非燃性材料严密堵塞。

在有行人通过的地坪、堤坝、桥面、地下商业设施的路面或通行的隧洞中，电缆不得敞露于地坪上或楼梯走道上。

保护管管径与穿过电缆数量的选择，应符合下列规定：每管宜只穿 1 根电缆。管的内径，不宜小于电缆外径或多根电缆包络外径的 1.5 倍。排管的管孔内径不宜小于 75mm。

单根保护管使用时，应符合下列规定：每根管路中不宜超过 4 个弯头；直角弯不宜大于 3 个。地中埋管时，距地面深度不宜小于 0.5m；距排水沟底不宜小于 0.5m。并列管之间宜有不小于 20mm 的空隙。使用排管时，应符合下列规定：管孔数宜按发展预留适当备用。缆芯工作温度相差大的电缆，宜分别配置适当间距的排管组。管路顶部土壤覆盖厚度不宜小于0.5m。管路应置于经整平夯实土层且有足以保持连续平直的垫块上；纵向排水坡度不宜小于0.2%。管路纵向连接处的弯曲度，应符合牵引电缆时不致损伤的要求。管孔端口应有不小于0.1%的排水坡度。电缆管连接时，管孔应对准，接缝严密，不得有地下水和泥浆渗入。在电缆敷设路径适当位置需装设标志桩。

13. 对侧部分

(1) 本期需要从某10kV开闭所Ⅰ段母线新建一个10kV间隔，采用电缆出线。

(2) 10kV配电装置属于户内布置：新增一面出线柜，选用XGN66-12型高压开关柜，应与该现状一致。

## 单 元 小 结

本教学单元主要包括：变配电工程、电力变压器、变配电工程图识读等内容。其中变配电工程主要内容为：(1) 变配电工程基本组成，负荷等级划分，不同负荷等级对供电的要求，变配电系统运行的基本要求；(2) 变配电系统中的变配电设备（高、低压设备），变配电系统的主接线；(3) 配电导线与保护装置的选择；(4) 负荷计算的概念，电力负荷计算的方法，重点介绍采用需要系数法确定计算负荷的计算方法。电力变压器介绍了变压器用途和工作原理及特殊变压器。变配电工程识读用某小区的变配电工程实例进行介绍。

## 思 考 与 练 习 题

2-1 低压配电系统配电方式有哪几种？

2-2 只有一台变压器的变电所，其变压器的容量一般不应大于多少？

2-3 固定式配电柜的型号有哪几种？

2-4 抽出式配电柜的常见型号有哪几种？

2-5 常见的干式变压器有哪几种类型？

2-6 电力负荷分为几级？一级负荷对供电有什么要求？二级负荷对供电有什么要求？

2-7 高压隔离开关的作用是什么？画出高压隔离开关的图形符号并标注文字符号。

2-8 高压断路器的作用是什么？画出高压断路器的图形符号并标注文字符号。

2-9 变压器能否用来变换直流电压？为什么？如果把一台220/36V的变压器接至220V的直流电源，会产生什么后果？

2-10 一台三相变压器作Y，d连接，各相电压的变压比$K=25$，若原边施加10kV线电压，则副边线电压是多少？如果副边线电流为173A，问原边线电流是多少？

2-11 变配电系统设计的基本要求是什么？

2-12 变配电工程图识读中高压电缆选用的型号是什么？

2-13 变配电工程图识读中对小区的低压系统计量有什么要求？

2-14 变配电工程图识读中对小区的低压电缆敷设有什么要求？

# 教学单元3　电气照明技术

**【教学目标】**

1. 了解照明的基本概念和我国的照度标准。
2. 熟悉照明的方式和种类。
3. 掌握常用电光源、灯具的分类和选择方法。
4. 熟悉灯具布置方法和照度计算。
5. 能够识读建筑电气照明配电设计施工图纸。
6. 熟悉常用照明装置的安装方法。
7. 了解照明节能的意义和措施及绿色照明的概念。

## 3.1　电气照明基本知识

在人们的生产和生活中，照明有着十分重要的意义。电气照明的首要任务就是在缺乏自然光的工作场所或工作区域内，创造一个适宜进行视觉工作的环境。人们通过视觉从外界获得必要的休息，才能正常的生活和生产。在进行照明工程设计之前，首先要了解照明的基本概念；能根据使用的场所确定照明的方式和照明的种类；并能根据房间的功能确定合理的照度值。

### 3.1.1　照明技术的基本概念

1. 光的基本概念

光是电磁波谱中的一部分，它具有的能量是许多辐射能形式的一种。辐射能按波长或频率的一定顺序排列成的图形称为电磁波的波谱。

电磁波的波长范围宽广，波长小于380nm的电磁辐射称为紫外线；波长大于780nm的电磁辐射称为红外线。紫外线和红外线均不能引起人的视觉。人的视觉能力只能感觉到波长为380～780nm的电磁波产生的辐射能，故称电磁波的波长380～780nm之间的光为可见光。紫外线、红外线和可见光统称为光。

2. 光的基本度量单位

在照明工程中对光的定量分析是非常重要的。我们不仅对光源产生的光要进行度量，也要对光的辐射（光照）效果进行度量。常见的光学度量单位有：光通量、发光强度、照度和亮度。

（1）光通量

光源在单位时间内，向周围空间辐射出的、使人眼产生光感觉的能量，称为光通量，用符号$\Phi$表示，单位为流明（1m）。由于人眼对不同波长的可见光具有不同的灵敏度，所以不能直接用光源的辐射功率这个客观量来衡量光能量，而要用人眼对光的感觉为基准的基本量——光通量来衡量。在实际的照明工程中，通常用光通量的大小来衡量某种光源的发光能力。例如：单相交流 220V 40W 的荧光灯发出的光通量是 2200lm 左右，同样 40W 的白炽灯发出的光通量是 260lm 左右，所以我们感觉到 40W 的荧光灯比 40W 的白炽灯要亮。

（2）发光强度

发光强度是表征光源（物体）发光能力大小的物理量。

光源在指定方向上单位立体角内发出的光通量，也称为光通量的立体角密度。由于发光体形状不同，它在空间的不同范围内所辐射的光通量也不一定相同，为了表示发光体发出的光通量在空间分布的情况，通常用发光强度来定量地描述。用符号 $I$ 表示，单位为坎德拉（cd）。

发光强度这一概念仅应用于点光源。但当光源的最大尺寸与研究该光源性质时所距离的比值甚小时，该光源即可视为点光源。

（3）照度

对被照物体表面而言，它单位面积上所接受的光通量，称为该被照面的照度。照度用符号 $E$ 表示，其单位为勒克斯（lx）。

被光均匀照射的平面照度为：

$$E=\frac{\Phi}{S} \tag{3-1}$$

式中 $S$——被照面的面积（$m^2$）；

$\Phi$——被照面 $S$ 上接收到的总光通量（lm）；

$E$——照度（lx）。

光通量和发光强度主要用来表征光源或发光体发射光的强弱，而照度用来表征被照面上接收光的强弱。表 3-1 给出了各种环境下被照面的照度。

**各种环境条件下被照面的照度　　表 3-1**

| 被照物体表面 | 照度值（lx） | 被照物体表面 | 照度值（lx） |
|---|---|---|---|
| 无月夜晚的地面上 | 0.002 | 夏日中午太阳直射的地面 | 100000 |
| 月夜里的地面上 | 0.2 | 晴天室外太阳散光下的地面 | 1000 |
| 读数时所需最低照度 | >30 | 晴天采光良好的室内 | 100～500 |

（4）亮度

通常把发光面发光的强弱或反光面反光的强弱称为亮度。亮度用符号 $L$ 表示，其单位为坎（德拉）/平方米（cd/m）。一般来讲，亮度是描述发光物体表面发光强弱程度的物理量。物体的亮度越大，人们就会感到它越亮。如在房间内的同一位置放上黑白两色的两个物体，尽管它们的照度相同，但在人们眼中却引起不同的视觉感觉，看起来白色的物体要亮得多。

### 3.1.2　照明方式及种类

1. 照明方式

（1）照明方式的划分

照明的方式是指照明灯具按其布局方式或使用功能而构成的基本形式。不同的场所，具有不同功能上的要求，对照度的要求也有所不同。室内照明方式可分为五种：一般照明、分区一般照明、局部照明、混合照明和重点照明。

1）一般照明：为照亮整个场所而设置的均匀照明。

2）分区一般照明：为照亮工作场所中某一特定区域而设置的均匀照明。

3）局部照明：特定视觉工作用的、为照亮某个局部而设置的照明。

4）混合照明：由一般照明与局部照明组成的照明。

5）重点照明：为了提高指定区域或目标的照度，使其比周围区域突出的照明。

（2）照明方式的确定

照明方式的确定应符合以下规定：

1）工作场所应设置一般照明。

2）当同一场所内的不同区域有不同照度要求时，为节约能源，应采用分区一般照明。

3）对于部分作业面照度要求较高，但作业面密度又不大的场所，若只采用一般照明，会大大增加安装功率。只采用一般照明不合理的场所，宜采用混合照明。

4）在一个工作场所内不应只采用局部照明，这样会造成亮度分布不均匀，从而影响视觉作业。

5）在商场建筑、博物馆建筑、美术馆建筑等一些场所，当需要提高特定区域或目标的照度时，宜采用重点照明。

2. 照明种类

（1）照明种类的划分

1）正常照明：在正常情况下使用的照明。

2）应急照明：因正常照明的电源失效而启用的照明。应急照明包括疏散照明、安全照明、备用照明。

① 疏散照明：用于确保疏散通道被有效辨认和使用的应急照明。

② 安全照明：用于确保处于潜在危险之中的人员安全的应急照明。

③ 备用照明：用于确保正常活动继续或暂时继续进行的应急照明。

3）值班照明：非工作时间，为值班所设置的照明。

4）警卫照明：用于警戒而安装的照明。

5）障碍照明：在可能危及航行安全的建筑物或构筑物上安装的标识照明。

（2）照明种类的确定

照明种类的确定应符合下列规定：

1）室内工作及相关辅助场所，均应设置正常照明。

2）当下列场所正常照明电源失效时，应设置应急照明。

① 需确保正常工作或活动继续进行的场所，应设置备用照明；如正常照明电源失效后，可能会造成爆炸、火灾和人身伤亡等严重事故的场所，或停止工作将造成很大影响或经济损失的场所，或发生火灾时为了保证消防工作能正常进行而设置的照明。

② 需确保处于潜在危险之中的人员安全的场所，应设置安全照明。如使用圆盘锯等作业的场所。

③ 需确保人员安全疏散的出口和通道，应设置疏散照明。如在出口和通道设置的指示出口位置及方向的疏散标志灯和为照亮通道而设置的照明。

3）需在夜间非工作时间值守或巡视的场所应设置值班照明；它对照度的要求不高，

可以利用工作照明中能单独控制的一部分，也可利用应急照明，对其电源没有特殊要求。

4）在重要的厂区、库区等有警戒任务的场所，为了防范的需要，应根据警戒范围的要求设置警卫照明。

5）在危及航行安全的建筑物、构筑物上，应根据相关部门的规定设置障碍照明。

### 3.1.3 电气照明的基本要求

1. 照度标准

照度值是衡量照明质量的一个非常重要的光学技术指标。为了保证工作、生产所必需的人工照明，使物件具有一定的亮度，必须对工作面规定某一照度标准。照度标准就是指工作面应有合适的最低照度值。

《建筑照明设计标准》GB 50034—2013 给出的各类建筑的照度标准如表 3-2～表 3-4 所示。在一般情况下，设计照度值与照度标准值相比较，可有±10%的偏差。

在照度标准使用时应注意被照工作面高度的规定。在现行照度标准中规定的被照工作面高度一般情况下为 0.75m。有时被照工作面是地面，例如大厅、电梯间的前室等；有时是根据实际情况确定了某一个高度，在使用时一定要加以注意。

居住建筑照明的照度标准值　　表 3-2

| 房间或场所 | | 参考平面及其高度 | 照度标准值（lx） | Ra |
|---|---|---|---|---|
| 起居室 | 一般活动 | 0.75m 水平面 | 100 | 80 |
| | 书写、阅读 | | 300* | |
| 卧室 | 一般活动 | 0.75m 水平面 | 75 | 80 |
| | 床头、阅读 | | 150* | |
| 餐厅 | | 0.75m 餐桌面 | 150 | 80 |
| 厨房 | 一般活动 | 0.75m 水平面 | 100 | 80 |
| | 操作台 | 台面 | 150* | |
| 卫　生　间 | | 0.75m 水平面 | 100 | 80 |
| 电梯前厅 | | 地面 | 100 | 60 |
| 走道、楼梯间 | | 地面 | 50 | 60 |
| 车库 | | 地面 | 30 | 60 |

注：“*”宜使用混合照明。

办公建筑照明的照度标准值　　表 3-3

| 房间或场所 | 参考平面及其高度 | 照度标准值（lx） | UGR | Ra |
|---|---|---|---|---|
| 普通办公室 | 0.75m 水平面 | 300 | 19 | 80 |
| 高档办公室 | 0.75m 水平面 | 500 | 19 | 80 |
| 会议室 | 0.75m 水平面 | 300 | 19 | 80 |
| 视频会议室 | 0.75m 水平面 | 750 | 19 | 80 |
| 接待室、前台 | 0.75m 水平面 | 200 | — | 80 |
| 服务大厅、营业厅 | 0.75m 水平面 | 300 | 22 | 80 |
| 设计室 | 实际工作面 | 500 | 19 | 80 |
| 文件整理、复印、发行室 | 0.75m 水平面 | 300 | — | 80 |
| 资料、档案存放室 | 0.75m 水平面 | 200 | — | 80 |

注：此表适用于所有类型建筑的办公室和类似用途场所的照明。

**教育建筑照明的照度标准值　　表 3-4**

| 房间或场所 | 参考平面及其高度 | 照度标准值（lx） | *UGR* | *Ra* |
|---|---|---|---|---|
| 教室、阅览室 | 课桌面 | 300 | 19 | 80 |
| 实验室 | 实验桌面 | 300 | 19 | 80 |
| 美术教室 | 桌面 | 500 | 19 | 90 |
| 多媒体教室 | 0.75m 水平面 | 300 | 19 | 80 |
| 电子信息机房 | 0.75m 水平面 | 500 | 19 | 80 |
| 计算机教室、电子阅览室 | 0.75m 水平面 | 500 | 19 | 80 |
| 楼梯间 | 地面 | 100 | 22 | 90 |
| 教师黑板 | 黑板面 | 500* | — | 80 |
| 学生宿舍 | 地面 | 150 | 22 | 80 |

注："*"指混合照明照度。

表 3-3、表 3-4 中的 *UGR* 为统一眩光值，它是度量处于视觉环境中的照度装置发出的光对人眼引起不适感主观反应的心理参数，其值可按 *CIE* 统一眩光值公式计算。

2. 照明的质量

良好、舒适的光环境，是靠高质量的照明效果达到的。而高质量的照明效果又必须是对受照环境中的照度、亮度、眩光、阴影、显色性、稳定性等因素全面正确地处理才能实现。

照度是决定被照物明亮程度的间接指标，因此常将照度水平作为衡量照明质量最基本的技术指标之一。由于在影响视力的因素方面，最重要的是被观察物的大小和它同背景亮度的对比程度，所以在确定被照环境所需照度水平时，还必须考虑被观察物的尺寸大小。要使电气照明达到良好的质量，必须处理好影响照明质量的几个主要因素。

（1）照度均匀与稳定性

工作面上照度均匀可使视力不易疲劳。为此，必须采用合适的灯具布置，以使工作面上最大照度与平均照度之差不大于平均照度的 1/6；最小照度与平均照度之差不小于平均照度的 1/6。

工作面的照度稳定是提高工作效率、保护视力的重要保证。为此，应使照明电源的电压稳定，并且在照明设计时应保证使用过程中照度不低于标准值。

（2）适当的亮度分布

视野内存在明显不同的亮度，就迫使眼睛去适应它而很快疲劳。为了使工作场所的亮度均匀，除了应有合理的灯具布置外，还必须采用必要的灯具保护角及降低灯具表面亮度等措施。

（3）限制眩光和减弱阴影

如在设计中采用了过大的采光面和过亮的电光源，使在视环境中超过了合适的亮度比，很容易形成眩光源，产生眩光效应，从而使眼睛失去视觉功能。

（4）光源的显色性

在需要正确辨色的场所，应采用显色指数高的光源，如白炽灯、日光色荧光灯、日光色镝灯等。由于目前生产的高压汞灯及高压钠灯的显色性不能令人满意，为了改善光色，也可采用两种光源混合使用的办法。为了考虑灯光与建筑物色彩的和谐性，利用光源冷暖两种截然不同的光色，来调剂人们对室内光色的感觉。

3. 照明的经济性

在照明设计中既要保证足够的照度，又要注意节约电能。一方面选择发光效率较高的光源从而降低光源的电功率；另一方面应选择功率因数较高的光源从而减低光源的无功损耗。

## 3.2 建筑电气照明装置

建筑电气照明设备包括电光源、照明器（又称灯具或控照器）及其附件和各类专用材料等。本小节主要介绍建筑照明工程中所用的电光源及照明器的性能、参数及其选择。

### 3.2.1 电光源的分类及参数

1. 电光源的分类

根据发光原理，电光源可分为热辐射光源、气体放电光源和固体发光光源三大类。

（1）热辐射光源

利用电能使物体加热到白炽程度而发光的光源称为热辐射光源，如白炽灯、卤钨灯。

（2）气体放电光源

利用气体或蒸气的放电而发光的电光源称为气体放电光源。按气体（或蒸气）压力高低分为低压气体放电光源和高压气体放电光源（HID 光源）。低压气体放电灯有荧光灯、低压钠灯；高压气体放电光源有高压汞灯、高压钠灯、金属卤化物灯、氙灯等。

（3）固体发光光源

利用适当的固体与电场相互作用而发光的光源称为固体发光光源，即电致发光光源。它包括场致发光灯（EL）和半导体发光二极管（LED）。LED 照明产品就是利用 LED 作为光源制造出来的照明器具。随着电子技术的发展，目前这种光源在交通、汽车、建筑领域的应用也越来越广泛。

2. 电光源的参数

电光源的性能指标包括光学性能指标和电学性能指标，统称为电光源的光电参数。

（1）光学性能指标

1）光通量

它是衡量光源发光能力的重要指标，通常用额定光通量表示。额定光通量指电光源在额定工作条件下，无约束发光工作环境下的光通量。额定光通量分为两种计量情况：初始光通量（如卤钨灯）和 100h 后的光通量（如荧光灯）。

2）发光效率（简称“额定光效”）

发光效率指电光源在额定的状态下消耗 1W 电功率发出的光通量，单位为“1m/W”，是表征光源经济效果的重要参数。在设计中应优先选用光效高的光源。

3）寿命

寿命是衡量电光源可使用时间长短的重要指标。寿命又分三种：

① 全寿命：某光源从第一次点燃到不能使用的时间。

② 平均寿命：平均寿命是测定出来的。同时点燃同一规格型号的一组光源，当有

50%损坏时所测定的时间即平均寿命。

③ 有效寿命：指保证光通量和发光效率额定值的损耗不低于20%～30%的时间。

④ 色表与色温

光源表面颜色的程度称为光源的色表。不同颜色光源所发出的光或者在物体表面反射的光，会直接影响人们的视觉效果。如红、橙、黄、绿、棕色光给人以温暖的感觉，称为暖色光；蓝、青、绿、紫色光给人以寒冷的感觉，称为冷色光。

为了定量分析色表的程度，常用色温来表示。它的单位为绝对温度K，读作开尔文。一般情况下，色温小于3300K的光源称为暖光源，色温大于5300K的光源称为冷光源，而色温在3300～5300K之间的光源称为中间光源。

4）显色性

不同光谱的光源照射在同一颜色的物体上时所呈现的颜色是不同的，这一特性称为光源的显色性。它是衡量光对物体真实颜色显示的一个指标，用显色指数 $Ra$ 表示。例如我们在商场够买衣服时，常常还要到室外日光下再看一看它的颜色，实际上就是在检验商场光源的显色性。也就是说，任何物体在太阳光的照射下，该物体具有最真实的颜色。因此，发光体（太阳光）的显色性 $Ra=100$。指数越高显色性越好。表3-5给出了常用电光源的一般显色指数 $Ra$。

**常用电光源的一般显色指数 *Ra*** **表3-5**

| 光源 | 显色指数 $Ra$ | 光源 | 显色指数 $Ra$ |
|---|---|---|---|
| 白炽灯 | 97 | 高压汞灯 | 22～51 |
| 日光色荧光灯 | 80～94 | 高压钠灯 | 20～30 |
| 白色荧光灯 | 75～85 | 金属卤化物灯 | 60～65 |
| 暖白色荧光灯 | 80～90 | 钠—铊—铟灯 | 60～65 |
| 卤钨灯 | 95～99 | 镝灯 | 85以上 |

（2）电学性能指标

1）额定电压 $U_N$：规定电光源的正常工作电压。

2）额定功率 $P_N$：光源在额定电压下工作时所具有的有功功率的值（单位：W）。对于气体放电光源，额定功率不包含附加的消耗功率，如镇流器的功率。

### 3.2.2 常用电光源

1. 热辐射光源

（1）白炽灯

1）结构和种类

白炽灯就是普通灯泡，它的原理是电流将钨丝加热到白炽状态而发光的。如图3-1所示，它包括玻璃外壳、灯丝、灯丝的支架、与电源相连的引线及灯头。常用的灯头有螺口式和插口式两种，如图3-2所示。

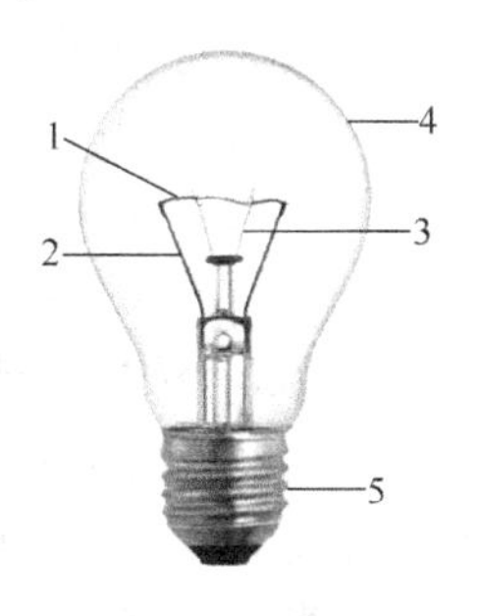

图3-1 白炽灯的结构

1—灯丝；2—引线；3—支架；4—玻璃外壳；5—灯头

2）特点

① 优点：有高度的集光性，启动时间短，适用于频繁开关的场所，点燃和熄灭对灯的寿命影响小，辐射光谱连续，显色性较好，

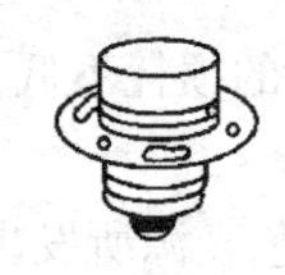


图 3-2　几种白炽灯灯头的外形

价格便宜，便于控光。

② 缺点：使用时放热，光效较低，寿命短。

为了促进中国照明电器行业健康发展，获得良好的节能减排效果，国家发展和改革委员会等部门 2011 年发布的“中国逐步淘汰白炽灯路线图”要求在照明设计中，建筑室内照明一般场所不应采用普通照明白炽灯，应采用其他高效光源代替。

（2）卤钨灯

1）结构和种类

卤钨灯是在耐高温的石英玻璃或高硅氧玻璃的长直玻璃管内，设置螺旋状长直钨丝。为了防止灯丝断裂，管内采用圆片状石英支架支撑。由于灯在点燃时温度很高，两端引线采用稳定性很高的钼箔制成。其结构如图 3-3 所示。

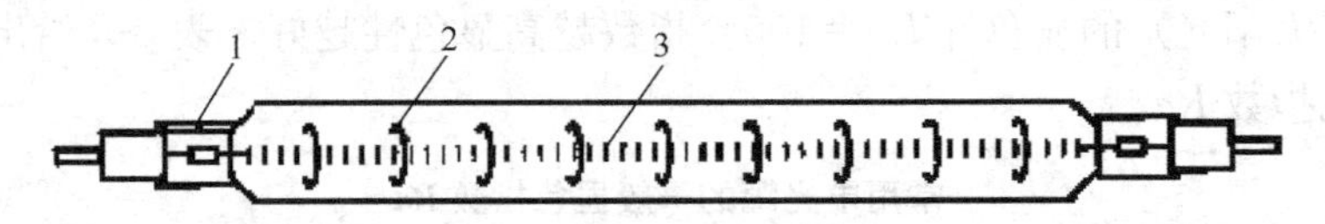


图 3-3　管型卤钨灯的结构

1—钼箔；2—支架；3—灯丝

卤钨灯在灯泡内充入惰性气体和少量卤族元素或相应的化合物。发热时钨丝蒸发出来的钨和卤族元素的化合物不断分解，使挥发的钨能重新回到灯丝上。这样，灯丝的温度就可以比白炽灯高，光效更高，寿命也更长。

卤钨灯分为两端引出和单端引出两种。两端引出的灯管用于普通照明；单端引出的灯管用于照明、电视、电影和摄影等场所。

2）特点

① 优点：与白炽灯相比，卤钨灯体积小、寿命长、发光效率高、工作温度高、光色得到改善、显色性好。

② 缺点：价格高、耐震性能差、玻璃壳温度高。

2. 气体放电光源

（1）荧光灯

1）荧光灯的结构和种类

荧光灯俗称日光灯，是由玻璃管、管内的钨丝电极所组成，管内壁均匀涂有一层荧光粉，管内抽成真空后充入少量汞和惰性气体氖，主要作用是减小阴极的蒸发和帮助灯管启动。荧光灯的结构如图 3-4 所示。

荧光灯管有：直管形、环形、U 形、D 形和双 D 形等多种形式。当灯管内壁涂不同性质的荧光粉时，将有不同颜色的光发出，常见的有日光色（RR）、暖光色（RN）、冷光色（RL）和三基色（YZS）（三基色是指篮、绿和红色混合的白光）。

2）荧光灯的特点

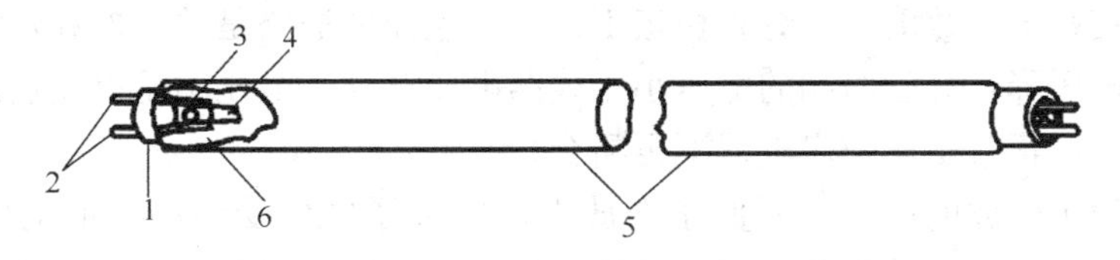


图 3-4 荧光灯管的结构

1—灯头；2—灯角；3—玻璃芯柱；4—灯丝（钨丝电极）；
5—玻管（内壁涂覆荧光粉，管内充惰性气体）；6—汞（少量）

荧光灯因具有发光效率高、光线柔和、光色接近于日光、使用寿命长等特点而广泛应用。传统的荧光灯缺点是有频闪效应，附件多，不宜频繁开关。采用电子镇流器的新型日光灯取代了老式的铁心线圈镇流器和启辉器，使荧光灯无频闪、启动电压宽、节电、灯管寿命长。

3）荧光灯的工作原理

荧光灯需要镇流器和启辉器才能正常工作。启辉器和镇流器分为电感式（也称线圈式）和电子式两种形式。电感式镇流器的启辉器和镇流器各是独立结构；电子式的是将启辉器、镇流器和电容器的功能用电子元件组合成一个电路，这样就可以将其制造成一个组合的整体结构。

镇流器的形式不同，接线的方式也不同，如图 3-5 所示，但是它们的工作原理基本相同。

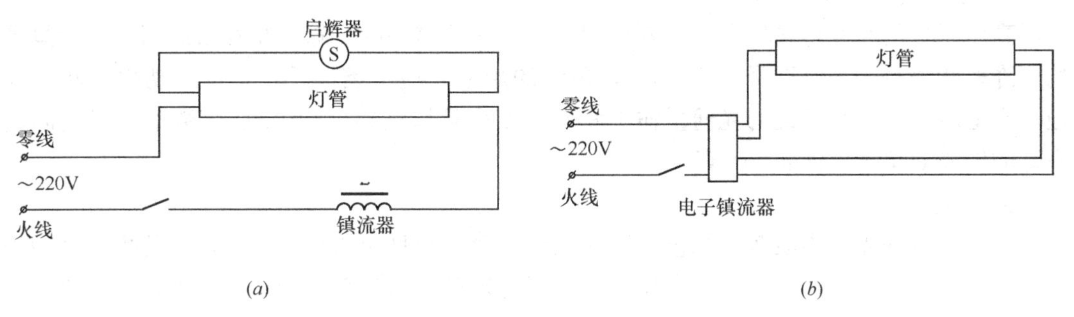


图 3-5 荧光灯的接线图

(*a*) 电感式镇流器；(*b*) 电子式镇流器

以电感式镇流器荧光灯为例，如图 3-5（*a*）所示，当合上电源开关时，线路电压加在启辉器的两个电极上。启辉器电极间距很小，在线路电压作用下产生辉光放电。辉光放电使启辉器电极受到离子的轰击而发热。U 形双金属电极由膨胀系数不同的两种金属构成，受热后因两种金属有不同的膨胀而张开，与杆形固定电极接触，从而接通电路。此时电流的通路是镇流器、灯丝和启辉器的电极。电流的大小决定于镇流器的阻抗，一般比荧光灯的正常工作的工作电流大，称为启动电流。灯丝在启动电流下加热，温度迅速升高，可高达 800～1000℃，同时产生大量的发射电子。启辉器电极接通后，辉光放电消失，电极很快冷却，双金属电极由于冷却而恢复原状，与杆状固定电极分开。这样，当启辉器突然切断灯丝的加热回路时，镇流器产生很高的自感电动势，因灯管电极已发射大量电子，又受到高电压脉冲的作用，所以灯管迅速被击穿而形成放电。放电后由于镇流器的限流作用，使电流稳定在某一数值上。灯管稳定工作后，电流的通路是镇流器和灯管。在镇流器上产生较大的电压降，灯管两端的电压小于线路电压，这个电压不足以使启辉器产生辉光放电，所以荧光灯正常工作中启辉器不再闭合。

在建立了稳定的放电以后，汞原子在放电的等离子区中受到高动能的电子碰撞而激发，产生紫外线辐射，紫外线照射到荧光质上而产生可见光辐射，如此形成可见光。

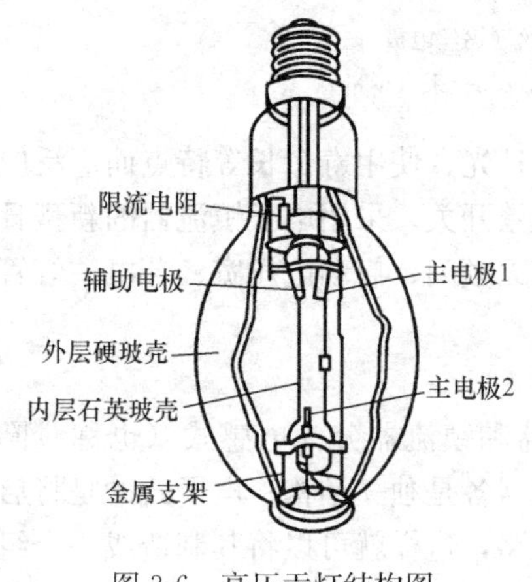

图 3-6　高压汞灯结构图

（2）高压汞灯

1）高压汞灯的结构与工作过程

高压汞灯又名高压水银灯，它是靠高压汞气放电而发光。高压汞灯启动过程需要 4～8 分钟，才进入高压汞蒸气放电的稳定工作状态。在灯管内气化的汞蒸气压力较高，达 2～6 个大气压，所以称高压汞灯。高压汞灯结构如图 3-6 所示。

高压汞灯接通电源后，主电极 1 与辅助电极之间产生辉光放电，同时产生大量的热电子和离子。由于热电子和离子的扩散，使主电极 1 和 2 之间产生弧光放电，石英放电管起燃、辐射紫外线，灯泡内壁的荧光粉受紫外线激发而发出可见光。

2）高压汞灯的工作特性

① 光通量输出和发光效率

高压汞灯的光通量输出和发光效率随点燃时间的增加而下降，在寿命期间，光通量平均下降率约为每千小时下降 2%～3%，随灯的功率和使用条件而定，灯的功率越小，光通量衰退越快。一般所说的光通量输出和发光效率是指点燃 100h 以后的数值。目前高压汞灯的发光效率为 40～60lm/W。

② 光色

高压汞灯的光色为淡蓝—绿色，缺乏红色成分。与日光的差别较大，显色指数平均为 20～30，可见显色性较差。荧光高压汞灯由于外玻璃泡内涂有荧光粉，其光色有所改善。

③ 寿命

高压汞灯寿命较高。其有效寿命（按光通量输出衰退至 70%时算）可达 5000h 左右。

在使用中影响寿命的因素主要有：

A. 启动次数。启动次数多时灯的寿命减少。启动一次对寿命的影响相当于点燃 5～10h。灯泡的寿命一般是按每启动一次点燃 5h 计算的。

B. 启动电流和工作电流受线路电压的影响很大，电压越高其值越大，启动电流和工作电流大时缩短灯泡的寿命。

3）高压汞灯的特点

高压汞灯省电、耐振、发光效率高，使用寿命长，亮度高并接近日光且成本相对较低。缺点是启动慢、显色性差，不能用于事故照明和频繁开关的场所。适用于广场、道路照明、室内外工业照明、商业照明、施工场所的室外照明。

（3）高压钠灯

1）高压钠灯的结构和工作原理

高压钠灯的结构如图 3-7 所示。高压钠灯的电路原理简图如图 3-8 所示。工作过程是：当灯接入电源后，电流经过镇流器、热电阻、双金属片常闭触点（热继电器）而形成通路。此时放电管内无电流。过一会儿，热电阻发热，使热继电器双金属片断开，在断开的一瞬间镇流器线包产生很高的自感电势，它和电源电压合在一起加在放电管两端，首先使管内钠电离放电，继而温度升高，使钠变为蒸气而放电，使管内温度进一步升高，最后使钠变为蒸气状态，也开始放电而发射出较强的可见光。

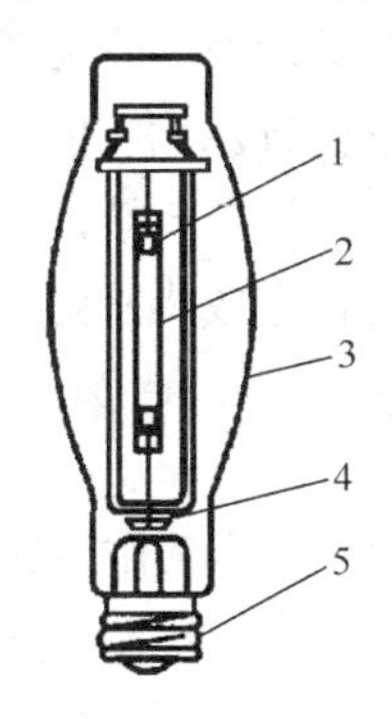


图 3-7 高压钠灯结构图

1—主电极；2—半透明陶瓷管放电管（内充钠、汞及氙或氖氩混合气体）；3—外玻璃壳（内壁涂荧光粉，内外壳间充氮）；4—消气剂；5—灯头

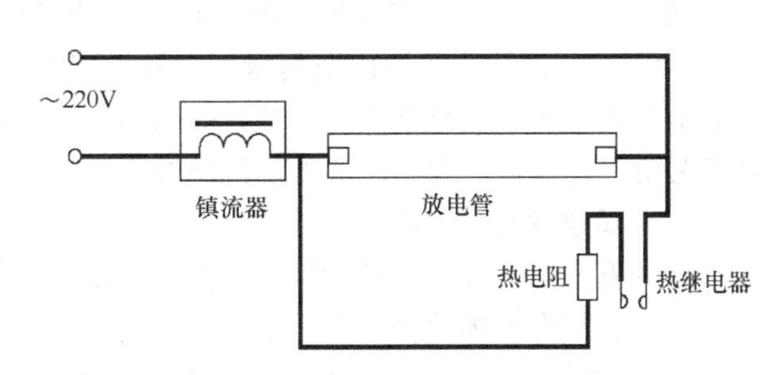


图 3-8 高压钠灯电路原理图

为了有一定的钠蒸气气压，放电管表面要维持一定的温度（250～300℃），所以管芯外边还有一个玻璃外壳，在两层中间抽真空，以减少环境的影响。钠灯在工作中，双金属片继电器处在受热状态，所以是断开的，电流只通过放电管。

2）钠灯的特点

高压钠灯发光效率高、使用寿命长（约 10000h）、透雾性强，但显色性较差，可用于辨色要求不高的场所，如锻工车间、炼铁车间、材料库、成品库等，也可用于车站、广场、城市道路照明。

（4）金属卤化物灯

1）金属卤化物灯的工作原理

金属卤化物灯是在高压汞灯的基础上，在放电管中加入了各种不同的金属卤化物而制成的。它依靠这些金属原子的辐射，提高灯管内金属蒸气的压力，有利于发光效率的提高，从而获得比高压汞灯更高的光效和显色性。

金属卤化物灯管中也充入汞，其作用是使灯管更容易起燃，这时金属卤化物灯就如高压汞灯，起燃后金属卤化物被蒸发，放电辐射的主导地位转移到金属离子辐射。因此，金属卤化物灯的启动过程较长，在这个过程中灯的各个参数均发生变化。从启动到参数基本稳定要 4min 左右，而达到安全稳定要 15min 左右。金属卤化物灯在关闭或熄灭后，需等待 10min 左右才能再启动，这是由于灯工作时温度很高，放电管气压很高，启动电压升高，只有待冷却到一定程度之后才能再启动。采用特殊的高频引燃设备可以使灯能够迅速再启动，但接入电路很复杂。

2）金属卤化物灯的特点

金属卤化物灯具有体积小、寿命长、光效高、显色性好、抗电压波动稳定性较高等优点，因而得到普遍应用，可适用于工业照明、城市亮化工程照明、商业照明、车站码头和体育场馆照明及道路照明等。

3. 其他照明光源

(1) LED 光源

LED 即发光二极管，是一种半导体固体发光器件。利用固体半导体芯片作为发光材料，在半导体中通过载流子发生复合放出过剩的能量而引起光子发射，直接发出红黄蓝绿青橙紫白色的光。近年来半导体照明技术迅速发展，《建筑照明设计标准》GB 50034—2013 中，对于办公室等室内空间暂不将发光二极管灯作为推荐使用光源。但由于发光二极管具有寿命长、可靠性高、节能、无噪声等优点，因此普遍制作成指示灯、显示器、交通信号灯、汽车灯、舞台剧光灯、红外线灯等。

(2) 场致发光灯（屏）

场致发光灯（屏）是利用场致发光现象制成的发光灯（屏）。其工作原理是在电场的作用下，自由电子加速到很高的能量，从而激发发光层，使之发光。场致发光灯（屏）可以通过分割做成各种图案与文字，用在指示照明、广告、计算机显示屏等照度要求不高的场所。

4. 电光源的选择

选择光源时，应满足显色性、启动时间等要求，并应根据光源、灯具及镇流器等的效率或效能、寿命等在进行综合技术经济分析比较后确定。其次，应根据识别颜色要求和场所的特点，选用相应显示指数的光源。照明设计应按下列条件选择光源：

(1) 灯具安装高度较低的房间宜采用细管（≤26mm）直管形三基色荧光灯，该光源光效高、寿命长、显色性较好，适用于灯具安装高度低于 8m 的房间，如办公室、教室、会议室、诊室等房间，以及轻工、纺织、电子、仪表灯生产场所。

(2) 商店营业厅的一般照明宜采用细管（≤26mm）直管形三基色荧光灯、小功率陶瓷金属卤化物灯；重点照明宜采用小功率陶瓷金属卤化物灯、发光二极管。

(3) 灯具安装高度较高的场所（通常情况灯具安装高度大于 8m）应按使用要求，采用金属卤化物灯、高压钠灯或高频大功率细管直管荧光灯。

(4) 旅馆建筑的客房宜采用发光二极管灯或紧凑型荧光灯，可获得较好的节能效果。

(5) 照明设计不应采用普通照明白炽灯。对电磁干扰有严格要求，且其他光源无法满足要求时，应采用 60W 以下的白炽灯。

(6) 应急照明应选用能快速点亮的光源，如荧光灯、发光二极管灯等。

### 3.2.3 灯具

灯具又称照明器或控照器，是指能透光、分配和改变光源光分布的器具。其主要作用是使光源发出的光通量按需要方向照射，提高光源的利用率，减少眩光，保护光源免受机械损伤；产生一定的照明装饰效果等。照明器是否合理，将直接影响照明质量的好坏，影响人们正常的生活和工作，从整体上讲会影响建筑物的整体美观效果。

1. 灯具的特性

灯具的光学特性包括光强的空间分布（配光曲线）、亮度分布、保护角（遮光角）和灯具效率等，这些特性都会影响照明的质量。

（1）配光曲线

同样的电光源配以不同的灯具时，光源在空间各个方向产生的发光强度是不同的。描述灯具在空间各个方向光强的分布曲线称为配光曲线，配光曲线是衡量灯具光学特性的重要指标，是进行照度计算和决定灯具布置方案的重要依据。配光曲线有三种表示方法：极坐标表示法、直角坐标表示法、等光强曲线表示法。

1）极坐标表示法

假定一个经过光源中心的平面作为测光面，在通过光源中心的测光平面上，测出灯具在不同角度的光强值。从某一方向起，以角度为函数，将各角度的光强用矢量标注出来，连接矢量顶端就是照明灯具极坐标配光曲线。如果灯具有旋转对称轴，则只需用通过轴线的一个测光面上的光强分布曲线说明其光强在空间的分布，如图 3-9 所示。如果灯具在空间的光分布是不对称的，则需要若干测光平面的光强分布曲线才能说明其光强的空间分布状况。

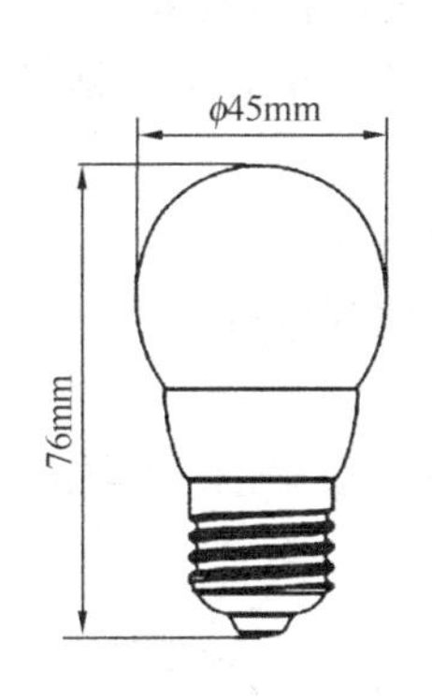

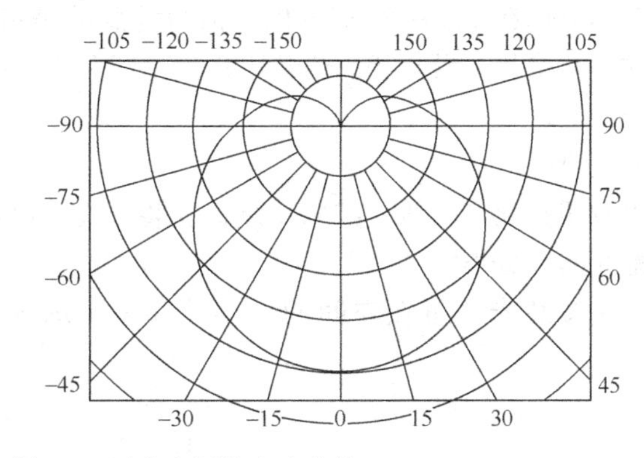


图 3-9　对称光源的配光曲线

2）直角坐标表示法

对于聚光型灯具，由于光束集中在十分狭小的空间立体角内，很难用极坐标来表达其光强度的空间分布状况，就采用直角坐标表示法。如图 3-10 所示，纵坐标表示光强，横坐标表示垂直角。这种表示方法的配光曲线在垂直方向上的光强值比极坐标表示法要准确一些，但是极坐标表示法比较形象。

3）等光强曲线表示法

在一个以光源为球心，将光源射向四周的光强相同位置的各方向的点，构成的曲面，称为等光强曲线。等光强表示法比较复杂，工程中采用的较少，这里不作详细介绍。

（2）光效率

电光源装入灯具后，它输出的光通量会受到限制，同时灯具

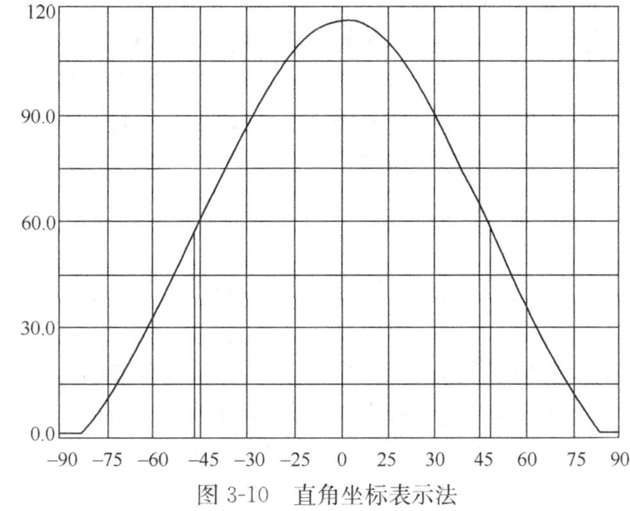


图 3-10　直角坐标表示法

也会吸收部分电能。因此，从灯具输出的光通量 $\Phi$ 小于光源输出的光通量 $\Phi_S$，两者的比值称为灯具的光效率，记作 $\eta$。通常灯具的效率为 0.5～0.9，与灯罩材料、形状及光学中心位置有关。

$$\eta=\frac{\Phi}{\Phi_S} \tag{3-2}$$

(3) 保护角

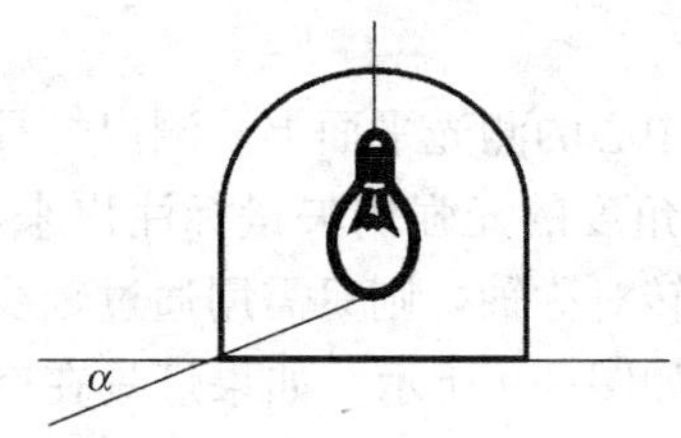


图 3-11　灯具的保护角

保护角又称遮光角，是指光源最外沿一点到灯具下沿连线与水平线之间的夹角，记为 $\alpha$，如图 3-11 所示。保护角可以遮住一定范围的直射光，达到限制眩光，保护视力的目的。

遮光角愈大，光分布愈窄，效率愈低；遮光角愈小，光分布愈宽，效率愈高，但克服眩光的作用减弱。一般灯具的保护角范围应选在 15°～30°范围内。值得注意的是格栅式灯具保护角和一般灯具不同，它是用在一片格片上沿与相邻格片下沿的连线和水平线的夹角表示。格栅灯具的保护角范围为 25°～45°。

2. 灯具的分类

灯具可以按照其配光曲线、结构特点、安装方式、距高比等进行分类。

(1) 按配光曲线分类

灯具通常是按总光通量在空间的上半球和下半球的分配比例来分类的，如图 3-12 所示。

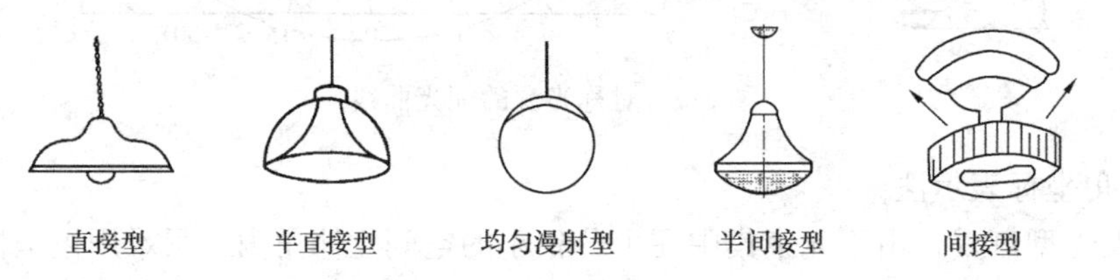


图 3-12　灯具按配光曲线分类

1) 直接型灯具

是指 90%～100%的光通量直接向下半球照射的灯具，常用反光性能良好的不透明材料做成，如工厂灯、镜面深照型灯、暗装顶棚顶灯等均属此类。

直接型灯具具有效率较高，容易在工作面上形成高照度等优点，缺点是由于灯具的上半球几乎没有光线，顶棚很暗，它与明亮的灯具开口极易形成严重的对比眩光，而且光线的方向性强，容易造成阴影。

2) 半直接型灯具

为了改善室内的亮度分布，消除灯具与顶棚亮度之间的强烈对比，常采用半透明材料作灯罩，或在灯罩的上方开少许缝隙，使光的一部分能透射出去，这样就形成半直接型配光。如常用的乳白玻璃菱形灯罩、上方开口玻璃灯罩等均属此类。

这一类型灯具既有直接型灯具的优点，能把较多的光线集中照射到工作面上，又使空间环境得到适当照明，改善了建筑物内的亮度比。

3) 均匀漫射型灯具

均匀漫射型灯具是用漫射透光材料做成的任何形状的封闭灯罩，如乳白玻璃圆球吊灯。这类灯具在空间每个方向上的发光强度几乎相等，光线柔和，室内能得到优良的亮度分布，可达到无眩光。其缺点是因工作面光线不集中，只可作建筑物内一般照明，多用于楼梯间、过道等场所。

4）半间接型灯具

这类灯具的上半部是透明的，下半部用漫射透光材料制作，因增加了反射光的比例，可使房间的光线更柔和均匀。其缺点是，在使用过程中因上部透明部分容易积尘，而使灯具的效率很快下降，清扫也较困难。

5）间接型灯具

灯具的全部光线都从顶棚反射到整个房间内，光线柔和而均匀，避免了灯具本身亮度高而形成的眩光。但由于有用的光线全部来自间接的反射光，其利用率比直接型低得多，在照度要求高的场所不适用，而且容易积尘而降低使用效率，要求顶棚的反射率高。一般只用于公共建筑照明，如医院、展览厅等。

（2）按安装方式分类

1）悬吊式

它是最普及的灯具之一，可以有线吊、链吊、管吊等多种形式，将灯具悬吊起来，以达到不同的照明要求。如白炽灯的软线吊式、日光灯的链吊式、工厂车间内配照型灯具的管吊式等。这种悬吊式安装方式可用在各种场合。

2）吸顶式

将灯具吸附在顶棚上，如半圆球形吸顶安装的走廊灯，它适合于室内层高较低的场所。

3）壁装式

将灯具安装在墙上或柱上等，适用于作局部照明或装饰照明用。

其他还有：落地式、台式、嵌入式等，不论是何种照明灯具都应根据使用环境需求、照明要求及装饰要求等进行合理选择确定，如图 3-13 所示。

（3）按灯具结构分类

1）开启型：光源裸露在灯具的外面，即灯具是敞口的，这种灯具的效率一般比较高。

2）闭合型：透光罩将光源包围起来，内外空气可以自由流通，但透光罩内容易进入灰尘。

3）密闭型：这种灯具透光罩内外空气不能流通，一般用于浴室、厨房或有水蒸气的厂房内。

4）防爆型：这种灯具结构坚实，一般用在有爆炸危险的场所。

5）防腐型：这种灯具外壳用耐腐蚀材料制成，密封性好，一般用在有腐蚀性气体的场所。

（4）按防触电保护分类

灯具按防触电保护可分为 4 类：0 类、Ⅰ类、Ⅱ类、Ⅲ类。

1）0 类灯具：依赖基本绝缘作为防触电保护的灯具。其特点是灯具的易触及导电部件不连接到保护线，一旦基本绝缘失效，就只能依靠环境条件提供保护。

2）Ⅰ类灯具：除基本绝缘外，易触及的部分和外壳有接地装置，一旦基本绝缘失效

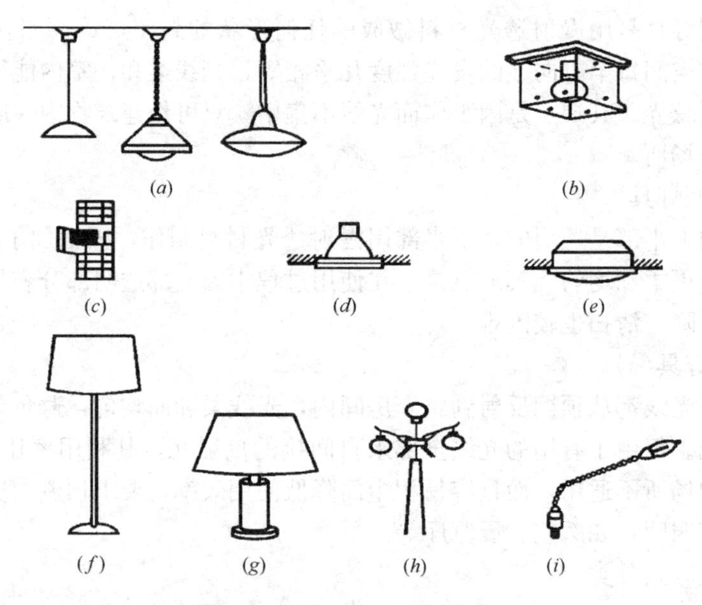

图 3-13　照明灯具按安装式分类

(a) 悬吊式；(b) 吸顶式；(c) 壁装式；(d) 嵌入式；(e) 半嵌入式；
(f) 落地式；(g) 台式；(h) 庭院式；(i) 道路广场式

时，不致有危险。

3）Ⅱ类灯具：防触电保护不仅依靠基本绝缘，而且具有附加的安全措施，例如双重绝缘或加强绝缘，没有保护接地措施，也不依赖安装条件。Ⅱ类灯具绝缘性好，安全程度高，适用于环境差、人经常触摸的照明器，如台灯、手提灯等。

4）Ⅲ类灯具：防触电保护依靠电源电压为安全特低电压（SELV），且不会产生高于SELV电压的灯具。Ⅲ类灯具安全程度最高，可用于恶劣环境，如机床工作灯等。

从2009年1月1日起，现行国家标准《灯具第1部分：一般要求与试验》GB 7000.1—2007强制性国标开始正式实施，0类灯具已停止使用。因为这种灯具仅依靠基本绝缘来防护直接接触的电击，而不能绝缘失效，使灯具外露可导电部分带电，导致间接接触的电击。在实际工程中，用得最多的是Ⅰ类灯具，Ⅱ类灯具和Ⅲ类灯具则使用得较少。

3. 灯具的选择

灯具的选择很重要，选择不当会使能耗增加，装置费用提高，甚至影响安全生产与生活。灯具选择应符合下列规定：

（1）选择的照明灯具应通过国家强制性产品认证；

（2）在满足眩光限制和配光要求条件下，应选用效率或效能高的灯具；

（3）各种场所严禁采用触电防护类别为0类的灯具；

（4）特别潮湿场所，应采用具有相应防护措施的灯具；

（5）有腐蚀性气体或蒸气场所，应采用具有相应防腐蚀要求的灯具；

（6）高温场所，宜采用散热性能好、耐高温的灯具；

（7）多尘埃的场所，应采用防护等级不低于IP5X的灯具；

（8）在室外的场所，应采用防护等级不低于IP54的灯具；

（9）装有锻锤、大型桥式吊车等振动、摆动较大场所应有防振和防脱落措施；

(10) 易受机械损伤、光源自行脱落可能造成人员伤害或财物损失场所应有防护措施；

(11) 有爆炸或火灾危险场所应符合国家现行有关标准的规定；

(12) 有洁净度要求的场所，应采用不易积尘、易于擦拭的洁净灯具，并应满足洁净场所的相关要求；

(13) 需防止紫外线照射的场所，应采用隔紫外线灯具或无紫外线光源。

除上面的规定外，还要考虑其他因素，例如根据场所的安装条件选择管吊灯、链吊灯、壁灯、吸顶灯等。此外，还应配合建筑物的结构及房间的形式等方面考虑选择适合的灯具。总之，要综合考虑，全面衡量。

## 3.3 照 明 设 计

在正确选择电光源和灯具（照明器）之后，就可以进行照明设计。在本节中，主要介绍灯具的布置方法以及平均照度的计算方法。

### 3.3.1 灯具的布置

灯具的布置就是确定灯具在房间的空间位置，即确定灯具与灯具之间、灯具与顶棚、墙面之间的距离。对室内灯具的布置除了要求保证最低的照度条件外，还应使工作面照度均匀，光线的射向适当，无眩光阴影，维护方便，使用安全，布置上整齐美观，并与建筑空间相协调。灯具的布置方式有均匀布置和选择布置。

1. 几种高度的具体规定

图 3-14 给出了与灯具布置有关的高度参数，各名称如下：

(1) 灯具的安装高度 $h_1$：灯具的中心至地面的距离；

(2) 工作面高度 $h_2$：被照面至地面的距离；

(3) 灯具的悬挂高度 $h_3$：固定灯具位置至灯具中心的距离；

(4) 灯具的计算高度 $H$：灯具的中心高度至工作面的距离；

(5) 房间高度 $h$：固定灯具的位置至地面的距离。

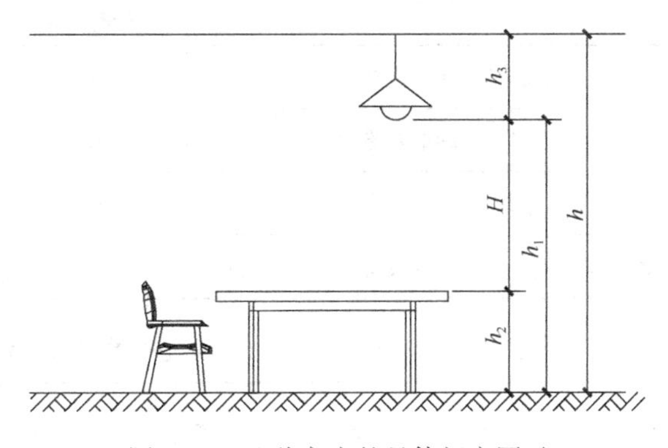

图 3-14 几种高度的具体规定图示

2. 均匀布置

灯具有规律地对称排列，以便使整个房间内的照度分布比较均匀。均匀布灯有正方形布置、矩形布置、菱形布置三种主要形式，如图 3-15 所示。均匀布置适用于室内灯具的布置。

如图 3-15 所示，$L_1$、$L_2$分别为矩形的行之间和列之间的距离或菱形的两边对角线间的距离，$L$ 为灯具的等效距离。灯具的间距 $L$ 和计算高度 $H$ 的比值称为距高比，用 $L/H$ 表示。

均匀布置是否合理主要取决于距高比是否恰当。距高比小，照度均匀度好，但经济性差；距高比过大，布灯稀少，则照度的均匀度不够。各种灯具都有其最大的允许距高比，

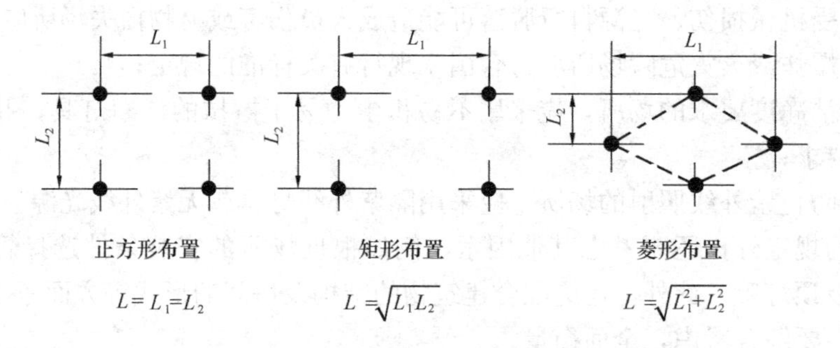


图 3-15　照明器的几种均匀布置方式

即实际距高比应小于等于最大允许距高比。保证其距高比的值，就基本能保证照度的均匀性。各种灯具最有利的 $L/H$ 值见表 3-6，荧光灯的最大允许距高比值见表 3-7。

灯具中心到墙边的距离 $L_q$ 可按照式（3-3）来确定：

$$L_q = (1/5 \sim 1/2)L \tag{3-3}$$

靠墙无工作面，可取(1/3～1/2)$L$；靠墙有工作面，可取(1/4～1/3)$L$；若为非对称光源照明器，如荧光灯，在其灯长方向（B 方向），即荧光灯的端部距墙边的距离取 300～600mm。

**灯具最有利的距高比值**　　**表 3-6**

| 灯具类型 | 多列布置时的 $L/H$ | | 单列布置时的 $L/H$ | |
|---|---|---|---|---|
| | 最有利值 | 最大允许值 | 最有利值 | 最大允许值 |
| 圆球灯、防水防尘灯 | 2.3 | 3.2 | 1.9 | 2.5 |
| 无罩、磨砂罩万能型灯 | 1.8 | 2.5 | 1.8 | 2.0 |
| 深罩型灯、塔型灯 | 1.5 | 1.8 | 1.5 | 1.7 |
| 镜面深照型灯、下部有玻璃隔栅的荧光灯 | 1.2 | 1.4 | 1.2 | 1.4 |

**荧光灯的最大允许距高比值**　　**表 3-7**

| 名称 | 功率（W） | 型号 | 效率（%） | 光通量（lm） | 距高比 | |
|---|---|---|---|---|---|---|
| | | | | | A-A | B-B |
| 筒式荧光灯 | 1×40 | YG1-1 | 81 | 2400 | 1.62 | 1.22 |
| | 1×40 | YG2-1 | 88 | 2400 | 1.46 | 1.28 |
| | 2×40 | YG2-2 | 97 | 2×2400 | 1.33 | 1.28 |
| 封闭型 | 1×40 | YG4-1 | 84 | 1×2400 | 1.52 | 1.27 |
| 封闭型 | 2×40 | YG4-2 | 80 | 2×2400 | 1.41 | 1.26 |
| 吸顶式 | 2×40 | YG6-2 | 86 | 2×2400 | 1.48 | 1.22 |
| 吸顶式 | 3×40 | YG6-3 | 86 | 3×2400 | 1.50 | 1.26 |
| 塑料隔栅嵌入式 | 3×40 | YG15-3 | 45 | 3×2400 | 1.07 | 1.05 |
| 铝隔栅嵌入式 | 2×40 | YG15-2 | 63 | 2×2400 | 1.28 | 1.20 |

注：A-A 指沿灯管横向，B-B 指沿灯管纵向。

**【例 3-1】**某办公室空间高度为 3.5m，灯具悬挂高度为 3m，工作面高度为 0.75m，选用 YG2-1 简式荧光灯，灯长 1.2m。要求用正方形布置方案，请确定灯的间距及与墙的距离。

**【解】**（1）确定计算高度

$$H=3-0.75=2.25\text{m}$$

（2）确定与照明器有关的数据

查表 3-7：A-A 方向的距高比 $L_{A\text{-}A}/H\leqslant1.46$；B-B 方向的距高比 $L_{B\text{-}B}/H\leqslant1.28$m。

（3）确定照明器之间的距离

A-A 方向：$L_{A\text{-}A}\leqslant1.46\times2.25=3.28$m，初步取值为 3m；

B-B 方向：$L_{B\text{-}B}\leqslant=1.28\times2.25=2.88$m，初步取值为 2.8m。

（4）确定照明器距墙边的距离

A-A 方向：$L_{Aq}=(1/4\sim1/3)\,L_{A\text{-}A}=0.8\sim1.1$m，初步取值为 1m；

B-B 方向：取值为 0.6m。

在一般的照明工程中的取值是要经过多次实验最后确定。本书中受篇幅的限制，不进行反复的确定。

3. 选择布置

为适应生产要求和设备布置，加强局部工作面上的照度及防止工作面上出现阴影，而采用灯具位置随工作表面安排的方式，称为选择布置。选择布置适用于有特殊照明要求的场所。

### 3.3.2 照度计算

照明灯具的布置和照度计算是照明设计的重要组成部分。照度计算是在灯具布置的基础上进行的。而照度计算的初步结果又可用于对灯具布置进行调整，以便获得合理的布置，最后确定光源的功率。

1. 照度计算的目的和方法

照度计算的目的：一是可以根据房间特点、灯具的布置形式、电光源的数量及容量来计算房间工作面的均匀照度值；二是可以根据房间的特点、规定的照度标准值、灯具的布置形式来确定电光源的容量或数量。

照度计算的方法主要有逐点法和平均法。逐点照度计算法可以用来计算任何指定点上的照度。这种计算方法适用于局部照明等需要准确计算照度的场合。平均照度计算方法有利用系数法、单位容量法等。在施工图设计阶段主要采用利用系数法；在方案设计阶段和初步设计阶段大多采用单位容量法。

2. 利用系数法

工作面上的光通量通常是直接照射和经过室内表面发射后间接照射的光通量之和，因此在计算光通量时，要进行直接光通量与间接光通量的计算，增加了计算的难度。在实际设计时，引入利用系数的概念，使问题简化。

对于每个灯具来说，由光源发出的额定光通量与最后落到工作面上的光通量之比值称为光源光通量利用系数（简称利用系数），记为 $U$。

（1）平均照度的基本公式

室内平均照度可根据式（3-4）进行计算。

$$E_{av} = \frac{\Phi_S NUK}{A} \tag{3-4}$$

式中　$E_{av}$——工作面平均照度（lx）；

$N$——灯具数量；

$\Phi_S$——每个灯具中光源的额定总光通量（lm）；

$A$——被照面积（$m^2$）；

$U$——照明器的光通量利用系数；

$K$——维护系数。

（2）室内空间的表示方法

室形指数、室空间比是计算利用系数的主要参数。

1）室形指数 $RI$：用来表示房间的几何特征。

对于矩形房间：
$$RI = \frac{LW}{H(L+W)} \tag{3-5}$$

式中　$L$——房间的长度（m）；

$W$——房间的宽度（m）；

$H$——灯具开口平面至工作面的距离（m）。

为便于计算，一般将室形指数划分为 0.6、0.8、1.0、1.25、1.5、2.0、2.5、3.0、4.0、5.0 共 10 个等级。

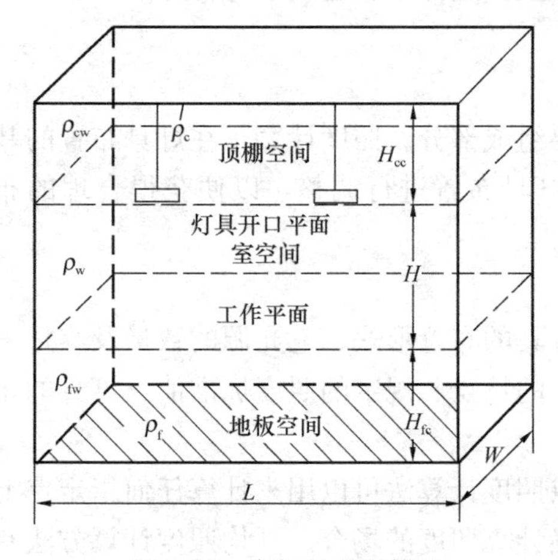

图 3-16　房间的空间特征

2）室空间比

室空间比同样适用于利用系数计算。如图 3-16 所示，为了表示房间的空间特征，可以将房间分为 3 个部分：

顶棚空间：灯具开口平面到顶棚之间的空间；

室空间：灯具开口平面到工作面之间的空间；

地板空间：工作面到地面之间的空间。

顶棚空间比：
$$CCR = \frac{5H_{cc}(L+W)}{LW} \tag{3-6}$$

室空间比：
$$RCR = \frac{5H(L+W)}{LW} \tag{3-7}$$

地板空间比：
$$FCR = \frac{5H_{fc}(L+W)}{LW} \tag{3-8}$$

式中　$L$——房间的长度（m）；

$W$——房间的宽度（m）；

$H$——室空间高度（m）；

$H_{cc}$——顶棚空间高度（m）；

$H_{fc}$——灯具的计算高度（m）。

在这三个参数中 $RCR$ 最重要，是确定利用系数的依据。$RCR$ 共有 10 个等级，分别为 1、2、3、4、5、6、7、8、9、10。室空间比的值越大，利用系数越低。

（3）有效空间反射比

灯具开口平面的上方空间中，一部分光被吸收，还有一部分光线经过多次反射从灯具开口平面射出。利用系数还与各表面的反射比有关。

墙面平均反射比：

$$\rho_{AV} = \sum \rho_i A_i \sum \rho_i A_i / \sum A_i \tag{3-9}$$

式中 $\rho_i$——组成墙面的不同材料中第 $i$ 个材料的反射系数；

$A_i$——组成墙面的不同材料中第 $i$ 个材料的表面积。

顶棚面等效反射比：

$$\rho_j = \rho_{AV} A_0 / (A_S - \rho_{AV} A_S + \rho_{AV} A_0) \tag{3-10}$$

式中 $\rho_{AV}$——平均反射系数，其计算同式（3-9）；

$A_S$——顶棚空间内所有表面积之和（$m^2$）；

$A_0$——顶棚的表面积（$m^2$）。

（4）利用系数

在求出室内空间比 $RCR$、顶棚有效反射比 $\rho_j$、墙面平均反射比 $\rho_{AV}$ 之后，在所选的灯具的利用系数表中，即可查得利用系数 $U$。如表 3-8 为 YG1-1 型荧光灯的利用系数表。当 $RCR$ 不为整数时，且 $RCR_1 < RCR < RCR_2$（$RCR_1$、$RCR_2$ 为两个相邻的值），则查出对应的两组数（$RCR_1$，$U_1$）、（$RCR_2$，$U_2$）；然后采用内插法求出对应室内空间比 $RCR$ 的利用系数 $U$。内插法公式如下：

$$U = U_1 + \frac{U_2 - U_1}{RCR_2 - RCR_1}(RCR - RCR_1) \tag{3-11}$$

**利用系数 $U$ 表（YG1-1 型 40W 荧光灯，$s/h=1.0$）** **表 3-8**

| 有效顶棚反射比 | | 0.70 | | | | 0.50 | | | | 0.30 | | | | 0.10 | | | |
|---|---|---|---|---|---|---|---|---|---|---|---|---|---|---|---|---|---|
| 墙面平均反射比 | | 0.70 | 0.50 | 0.30 | 0.10 | 0.70 | 0.50 | 0.30 | 0.10 | 0.70 | 0.50 | 0.30 | 0.10 | 0.70 | 0.50 | 0.30 | 0.10 |
| 室空间比 $RCR$ | 1 | 0.75 | 0.71 | 0.67 | 0.63 | 0.67 | 0.63 | 0.60 | 0.57 | 0.59 | 0.56 | 0.54 | 0.52 | 0.52 | 0.50 | 0.48 | 0.46 |
| | 2 | 0.68 | 0.61 | 0.55 | 0.50 | 0.60 | 0.54 | 0.50 | 0.46 | 0.53 | 0.48 | 0.45 | 0.41 | 0.46 | 0.43 | 0.40 | 0.37 |
| | 3 | 0.61 | 0.53 | 0.46 | 0.41 | 0.54 | 0.47 | 0.42 | 0.38 | 0.47 | 0.42 | 0.38 | 0.34 | 0.41 | 0.37 | 0.34 | 0.31 |
| | 4 | 0.56 | 0.46 | 0.39 | 0.34 | 0.49 | 0.41 | 0.36 | 0.31 | 0.43 | 0.37 | 0.32 | 0.28 | 0.37 | 0.33 | 0.29 | 0.26 |
| | 5 | 0.51 | 0.41 | 0.34 | 0.29 | 0.45 | 0.37 | 0.31 | 0.26 | 0.39 | 0.33 | 0.28 | 0.24 | 0.34 | 0.29 | 0.25 | 0.22 |
| | 6 | 0.47 | 0.37 | 0.30 | 0.25 | 0.41 | 0.33 | 0.27 | 0.23 | 0.36 | 0.29 | 0.25 | 0.21 | 0.32 | 0.26 | 0.22 | 0.19 |
| | 7 | 0.43 | 0.33 | 0.26 | 0.21 | 0.38 | 0.30 | 0.24 | 0.20 | 0.33 | 0.26 | 0.22 | 0.18 | 0.29 | 0.24 | 0.20 | 0.16 |
| | 8 | 0.40 | 0.29 | 0.23 | 0.18 | 0.35 | 0.27 | 0.21 | 0.17 | 0.31 | 0.24 | 0.19 | 0.16 | 0.27 | 0.21 | 0.17 | 0.14 |
| | 9 | 0.37 | 0.27 | 0.20 | 0.16 | 0.33 | 0.24 | 0.19 | 0.15 | 0.29 | 0.22 | 0.17 | 0.14 | 0.25 | 0.19 | 0.15 | 0.12 |
| | 10 | 0.34 | 0.24 | 0.17 | 0.13 | 0.30 | 0.21 | 0.16 | 0.12 | 0.26 | 0.19 | 0.15 | 0.11 | 0.23 | 0.17 | 0.13 | 0.10 |

（5）维护系数

考虑灯具在使用过程中，因光源光通量的衰减、灯具和房间的污染而引起照度下降，在照度计算中，引入维护系数（又称减光系数），记为 $K$。具体数值见表 3-9。

**维护系数 $K$**　　　　　　　　　　　　　　　　**表 3-9**

| 环境污染特征 | 工作房间或场所 | 维护系数 | 灯具清洁次数（次/年） |
| --- | --- | --- | --- |
| 清洁 | 卧室、办公室、影院、剧场、餐厅、阅览室、教室、病房、客房、仪器仪表装配间、电子元器件装配间、检验室、商店营业厅、体育馆、体育场等 | 0.8 | 2 |
| 一般 | 机场候机厅、候车室、机械加工车间、机械装配车间、农贸车间等 | 0.7 | 2 |
| 污染严重 | 公用厨房、铸工、锻工车间、水泥车间等 | 0.6 | 3 |
| 开敞空间 | 雨篷、站台 | 0.65 | 2 |

（6）利用系数法求平均照度的步骤

1）确定房间各特征量；

2）确定顶棚空间有效反射比；

3）确定墙面的平均反射比；

4）确定利用系数；

5）确定室内平均照度。

**【例 3-2】**某教室长度为 9m；宽度为 6m；房间高度为 3m；工作面距地高为 0.75m。采用单管简式 YG1-140W 的荧光灯，每个光源的光通量为 2800lm；灯具悬挂高度 $H_{CC}=0.5$m。若要满足照度的值不低于 300lx，试确定照明器的只数（有效顶棚反射比为 0.7，墙面的平均反射比为 0.5）。

**【解】**（1）求 $RCR$

计算高度 $H_{RC}=3-0.75-0.5=1.75$m

$$RCR=\frac{5H_{RC}(L+W)}{LW}=\frac{5\times1.75\times(9+6)}{9\times6}=2.43$$

（2）求利用系数 $U$

查表 3-8 得：$(RCR_1, U_1)=(2, 0.61)$

$(RCR_2, U_2)=(3, 0.53)$

用插入法求 $U$：

$$U=U_1+\frac{U_2-U_1}{RCR_2-RCR_1}(RCR-RCR_1)$$

$$=0.61+\frac{0.53-0.61}{3-2}(2.43-2)=0.576$$

（3）求 $N$

查维护系数表得 $K=0.8$

$$N=\frac{E_{av}\cdot LW}{\Phi\cdot UK}=\frac{300\times9\times6}{2800\times0.576\times0.8}=12.5\text{ 盏}$$

取 $N=12$ 盏。

3. 单位容量法

单位容量法是根据利用系数法的基本理论，在一些前提条件下推导的简便计算公式。假定条件有：

（1）室内顶棚反射比为70%，墙面反射比为50%，地面反射比为20%。
（2）房间长度小于宽度的4倍。
（3）如果采用气体放电光源时，是以40W普通荧光灯为基准的。
（4）灯具的效率不低于50%，或灯具是直接式、半直接式。
（5）灯具的布置必须按照其距高比的要求进行均匀布置。
（6）采用灯具必须是对称或近似对称，且灯具的计算高度不超出4m。
（7）灯具的维护系数不低于0.75。

单位容量法是根据已编制好的单位面积安装功率来确定灯具的电功率。表3-10～表3-13列出了部分常用灯具的单位面积安装功率。可按式（3-12）计算出房间内照明灯具（一般照明）的总功率：

$$P = S \cdot P_s \tag{3-12}$$

式中 $P$——室内照明灯具的总功率（W）；
$S$——该房间的总面积（$m^2$）；
$P_s$——该房间单位面积安装功率（$W/m^2$）。

确定照明器的数量可用式（3-13）计算：

$$N = P/P_0 \tag{3-13}$$

式中 $N$——照明器的个数；
$P_0$——每只灯具的电功率（W）。

根据建筑物特点、建筑物功能和照明要求确定灯具形式；根据建筑物功能、房间照度标准、房间面积、计算高度确定单位面积安装功率。

**带反射罩荧光灯的单位面积安装功率** **表3-10**

| 计算高度（m） | 房间面积（$m^2$） | 室内平均照度（lx） | | | | | |
|---|---|---|---|---|---|---|---|
| | | 30 | 50 | 75 | 100 | 150 | 200 |
| 2～3 | 10～15 | 3.2 | 5.2 | 7.8 | 10.4 | 15.6 | 21 |
| | 15～25 | 2.7 | 4.5 | 6.7 | 8.9 | 13.4 | 18 |
| | 25～50 | 2.4 | 3.9 | 5.8 | 7.7 | 11.6 | 15.4 |
| | 50～150 | 2.1 | 3.4 | 5.1 | 6.8 | 10.2 | 13.6 |
| | 150～300 | 1.9 | 3.2 | 4.7 | 6.3 | 9.4 | 12.5 |
| | 300以上 | 1.8 | 3.0 | 4.5 | 5.9 | 8.9 | 11.8 |
| 3～4 | 10～15 | 4.5 | 7.5 | 11.3 | 15 | 23 | 30 |
| | 15～20 | 3.8 | 6.2 | 9.3 | 12.4 | 19 | 25 |
| | 20～30 | 3.2 | 5.3 | 8.0 | 10.6 | 15.9 | 21.2 |
| | 30～50 | 2.7 | 4.5 | 6.8 | 9 | 13.6 | 18.1 |
| | 50～120 | 2.4 | 3.9 | 5.8 | 7.7 | 11.6 | 15.4 |
| | 120～300 | 2.1 | 3.4 | 5.1 | 6.8 | 10.2 | 13.5 |
| | 300以上 | 1.9 | 3.2 | 4.8 | 6.3 | 9.5 | 12.6 |

不带反射罩荧光灯的单位面积安装功率 表 3-11

| 计算高度(m) | 房间面积($m^2$) | 室内平均照度(lx) | | | | | |
|---|---|---|---|---|---|---|---|
| | | 30 | 50 | 75 | 100 | 150 | 200 |
| 2～3 | 10～15 | 3.9 | 6.5 | 9.8 | 13.0 | 19.5 | 26.0 |
| | 15～25 | 3.4 | 5.6 | 8.4 | 11.1 | 16.7 | 22.2 |
| | 25～50 | 3.0 | 4.9 | 7.3 | 9.7 | 14.6 | 19.4 |
| | 50～150 | 2.6 | 4.2 | 6.3 | 8.4 | 12.6 | 16.8 |
| | 150～300 | 2.3 | 3.7 | 5.6 | 7.4 | 11.1 | 14.8 |
| | 300以上 | 2.0 | 3.4 | 5.1 | 6.7 | 10.1 | 13.4 |
| 3～4 | 10～15 | 5.9 | 9.8 | 14.7 | 19.6 | 29.4 | 39.2 |
| | 15～20 | 4.7 | 7.8 | 11.7 | 15.6 | 23.4 | 31.0 |
| | 20～30 | 4.0 | 6.7 | 10.0 | 13.3 | 20.0 | 26.6 |
| | 30～50 | 3.4 | 5.7 | 8.5 | 11.3 | 17.0 | 22.6 |
| | 50～120 | 3.0 | 4.9 | 7.3 | 9.7 | 14.6 | 19.4 |
| | 120～300 | 2.6 | 4.2 | 6.3 | 8.4 | 12.6 | 16.8 |
| | 300以上 | 2.3 | 3.8 | 5.7 | 7.5 | 11.2 | 14.0 |

乳白玻璃球型灯或乳白玻璃吸顶灯单位面积安装功率 表 3-12

| 计算高度(m) | 房间面积($m^2$) | 室内平均照度(lx) | | | | | |
|---|---|---|---|---|---|---|---|
| | | 5 | 10 | 15 | 20 | 30 | 50 | 75 |
| 2～3 | 10～15 | 6.5 | 11.2 | 16.2 | 22.0 | 32.0 | 49.0 | 73.0 |
| | 15～25 | 5.5 | 9.4 | 13.4 | 17.5 | 25.0 | 40.0 | 60.0 |
| | 25～50 | 4.5 | 7.8 | 10.8 | 13.5 | 19.5 | 33.0 | 50.0 |
| | 50～150 | 3.6 | 6.2 | 8.8 | 10.6 | 15.8 | 26.0 | 40.0 |
| | 150～300 | 2.9 | 5 | 6.6 | 8.6 | 13.0 | 21.0 | 32.0 |
| | 300以上 | 2.5 | 4.3 | 5.9 | 7.7 | 11.9 | 19.5 | 28.0 |
| 3～4 | 10～15 | 8.5 | 14.0 | 19.2 | 24.5 | 37.0 | 58.0 | 88.0 |
| | 15～20 | 6.9 | 11.5 | 15.6 | 21.0 | 29.0 | 47.0 | 74.0 |
| | 20～30 | 5.7 | 9.5 | 13.0 | 17.0 | 24.0 | 40.0 | 59.0 |
| | 30～50 | 4.7 | 8.0 | 10.9 | 14.5 | 20.3 | 33.0 | 49.0 |
| | 50～120 | 3.7 | 6.5 | 8.9 | 11.7 | 16.3 | 27.0 | 39.0 |
| | 120～300 | 3.0 | 5.0 | 6.9 | 8.9 | 13.0 | 21.0 | 32.0 |
| | 300以上 | 2.3 | 4.1 | 5.7 | 7.4 | 11.0 | 18.0 | 27.0 |

续表

| 计算高度（m） | 房间面积（$m^2$） | 室内平均照度（lx） | | | | | | |
|---|---|---|---|---|---|---|---|---|
| | | 5 | 10 | 15 | 20 | 30 | 50 | 75 |
| 4～6 | 25～35 | 6.2 | 11.1 | 15.5 | 20.0 | 29.0 | 45.0 | 70.0 |
| | 35～50 | 5.2 | 9.0 | 13.0 | 16.5 | 23.0 | 39.0 | 60.0 |
| | 50～80 | 4.2 | 7.4 | 10.8 | 13.8 | 19.0 | 33.0 | 49.0 |
| | 80～150 | 3.5 | 6.2 | 8.8 | 10.8 | 16.0 | 27.0 | 40.0 |
| | 150～400 | 2.7 | 4.9 | 6.8 | 8.7 | 13.0 | 22.0 | 33.0 |
| | 400以上 | 2.2 | 3.7 | 5.8 | 7.0 | 10.5 | 18.0 | 26.0 |

**广照型防水防尘灯单位面积安装功率** **表3-13**

| 计算高度（m） | 房间面积（$m^2$） | 室内平均照度（lx） | | | | | | |
|---|---|---|---|---|---|---|---|---|
| | | 5 | 10 | 15 | 20 | 30 | 50 | 75 |
| 2～3 | 10～15 | 4.8 | 8.0 | 11.0 | 13.7 | 19.5 | 32.0 | 47.0 |
| | 15～25 | 3.9 | 6.7 | 9.1 | 11.6 | 16.2 | 27.0 | 39.0 |
| | 25～50 | 3.2 | 5.9 | 7.8 | 10.3 | 13.6 | 22.0 | 32.0 |
| | 50～150 | 2.8 | 4.9 | 6.6 | 8.6 | 10.8 | 18.0 | 26.0 |
| | 150～300 | 2.3 | 4.0 | 5.6 | 7.0 | 9.0 | 15.0 | 21.0 |
| | 300以上 | 2.2 | 3.6 | 5.0 | 6.0 | 8.0 | 13.0 | 18.0 |
| 3～4 | 10～15 | 6.5 | 11.5 | 15.3 | 20.0 | 27.0 | 42.0 | 63.0 |
| | 15～20 | 5.0 | 9.3 | 12.4 | 16.0 | 20.5 | 31.0 | 47.0 |
| | 20～30 | 4.0 | 7.8 | 10.1 | 12.6 | 16.5 | 24.0 | 36.0 |
| | 30～50 | 3.2 | 6.2 | 8.1 | 10.4 | 14.1 | 21.0 | 30.0 |
| | 50～120 | 2.8 | 5.1 | 6.8 | 8.5 | 12.1 | 19.0 | 27.0 |
| | 120～300 | 2.4 | 4.2 | 5.4 | 7.0 | 10.2 | 17.0 | 24.0 |
| | 300以上 | 2.0 | 3.6 | 4.3 | 6.0 | 8.5 | 14.0 | 20.0 |

## 3.4 电气照明施工图识图

光照设计平面图是在建筑照明平面图的基础上，按建筑平面图的比例，以国际或国家规定的有关图形和文字标准绘制成的平面图。其主要作用是用来说明建筑电气工程中照明系统的构成和功能，在照明平面图上，应该标出配电箱、开关、灯具等照明设备的平面位置及照明配线的平面走向路径，并提供设备的安装技术数据和使用维护数据等。

### 3.4.1 图形符号和文字符号的规定

1. 图形符号

照明施工图中常用的图形符号见表 3-14。

**照明施工图中常用的图形符号　　表 3-14**

| 图例 | 名称 | 图例 | 名称 | 图例 | 名称 |
|---|---|---|---|---|---|
|  | 灯具一般符号 | 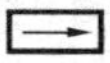  | 疏散指示灯 |   | 单相三极暗装插座 |
|  | 顶棚灯 |   | 疏散指示灯 |  K | 空调插座 |
|   | 壁灯 | 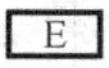 E | 出口标志灯 |  3P | 三相插座 |
|   | 单管荧光灯 |  | 四联暗装开关 |   | 密闭（防水）插座 |
|   | 双管荧光灯 |  t | 延时开关 |   | 安全型暗装插座 |
|   | 三管荧光灯 |   | 单联单控暗装开关 | 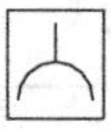  | 插座箱 |
|  | 防水防尘灯 |   | 单联单控防水开关 | 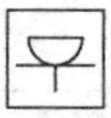  | 地面插座盒 |
|  | 防爆灯 | 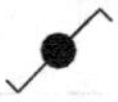  | 单联双控暗装开关 | 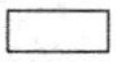  | 屏、台、箱、柜一般符号 |
|  | 墙上座灯 |   | 双联单控暗装开关 |  | 明装配电箱 |
| 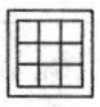  | 嵌入式方格栅顶灯 | 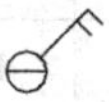  | 双联单控防水开关 |   | 事故照明配电箱 |
|   | 花灯 |   | 三联单控暗装开关 |   | 动力照明配电箱 |
|  | 应急照明灯 |  | 吊扇调速开关 | 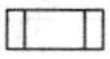  | 电度表箱 |

2. 文字符号

照明灯具的一般标注方法为：$a-b\frac{c\times d\times L}{e}f$

式中　$a$——同类照明器数量；

$b$——照明器型号；

$c$——照明器中光源数量；

$d$——每只光源的电功率（W）；

$e$——照明器的安装高度（m），吸顶安装时可用“—”表示；

$f$——照明器的安装方式（表 3-15）；

*L*——光源种类。

照明器安装方式的代号　　　　表 3-15

| 代号 | 照明器的安装方式 | 代号 | 照明器的安装方式 |
| --- | --- | --- | --- |
| CP | 线吊式 | T | 台上安装 |
| CP1 | 固定线吊式 | SP | 支架上安装 |
| CP2 | 防水线吊式 | CL | 柱上安装 |
| CP3 | 吊线器式 | HM | 座灯头 |
| W | 壁装式 | R | 嵌入式安装 |
| WR | 墙壁内安装 | S 或 C | 吸顶式安装 |
| P | 吊管式 | | |

例如，照明灯具标注为：

$$10-\mathrm{YG2\text{-}1}\frac{2\times40}{2.8}\mathrm{CP}$$

则表示这个房间或某个区域安装 10 套型号为 YG2-1 的照明器。每只照明器中有两只光源，每只光源的电功率是 40W，照明器的安装方式为线吊式安装，安装高度为 2.8m。

### 3.4.2 电气照明基本线路

照明平面图采用单线制绘制，一条线中导线的具体根数用直线加斜线和数字表示。照明灯具一般是单相负荷，根据其控制方式的不同，敷设管路中导线的连接各不相同，但其接线一般满足一下要求：相线（L）必须经过开关再接于灯具，中性线（N）直接进灯具，接地保护线（PE）直接与灯具的不应带电的金属外壳连接。

如图 3-17 所示，照明控制线路采用一只开关控制一盏灯，如采用管配线暗敷设，电源与灯座的导线为三根，一根为直接接于灯座的中性线（N），一根为经过灯座的相线，一根为接于灯具外壳的接地保护线；灯座与开关之间的导线为两根，一根为接进开关的相线，一根为从开关接出的受控线，再接灯具。图 3-18 的原理与图 3-17 类似。由以上分析可见，在阅读照明平面图的配线时，应结合灯具、开关、插座的实际接线图对照平面图进行分析。

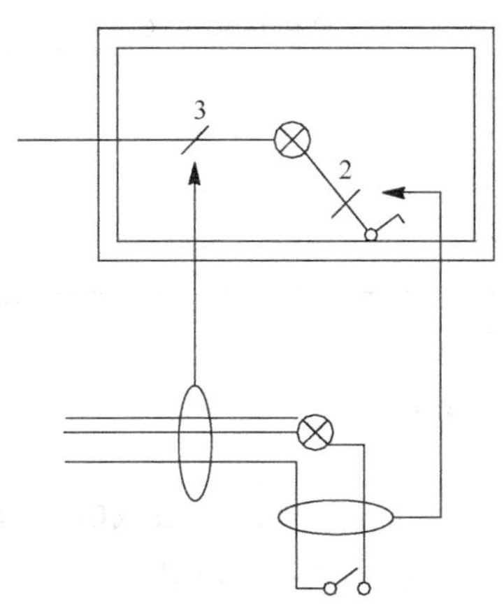


图 3-17　一个开关控制一盏灯的平面图及实际接线图

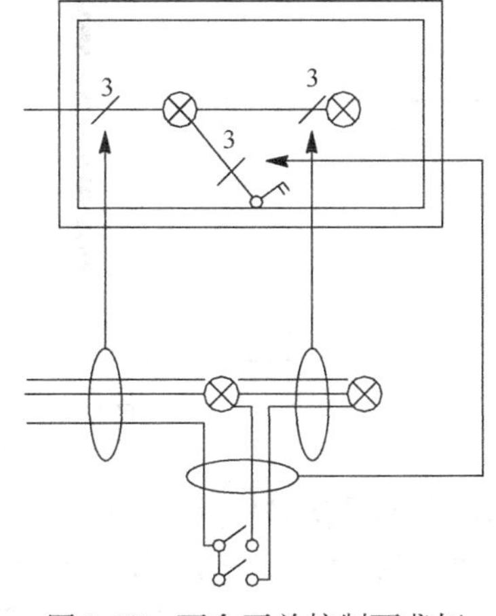


图 3-18　两个开关控制两盏灯的平面图及实际接线图

### 3.4.3 电气照明施工图的组成及图纸的识读

实践中，照明施工图的阅读一般按设计说明、照明系统图、照明平面图、设备材料表和图例并进的程序进行。其中，照明系统图、照明平面图的阅读顺序一般又按电流入户方向依次阅读。如图 3-19、图 3-20 所示为某层教学楼照明平面局部图及系统图，在平面图中表示的内容有：

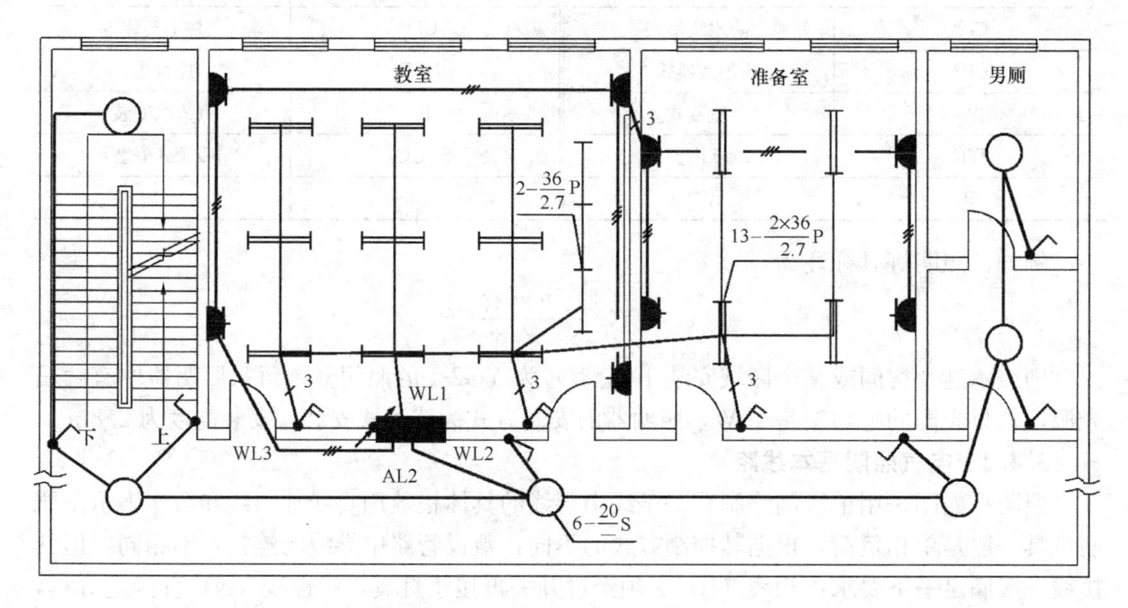


图 3-19 某层照明平面局部图

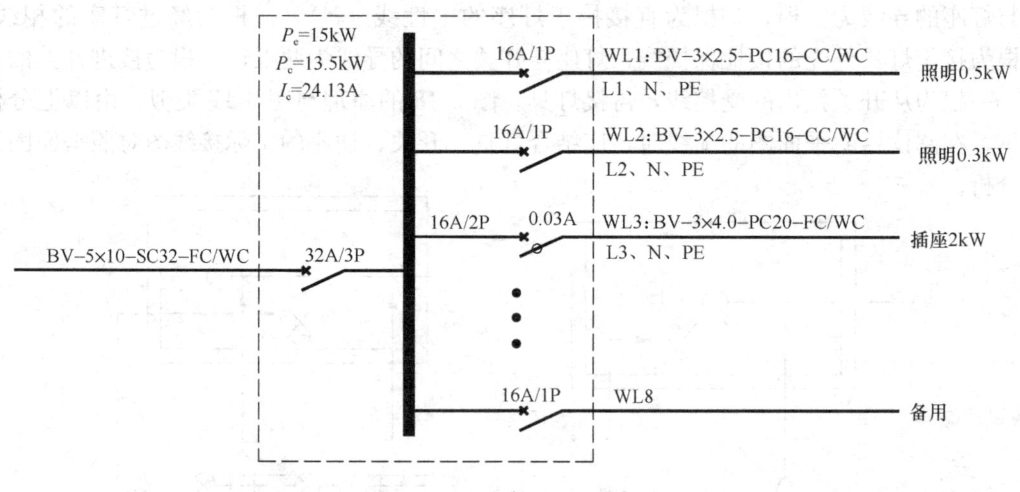


图 3-20 配电箱 AL2 系统图

（1）该楼层配电箱 AL2 的进线引自下层，进线为三相，采用 5 根截面积为 10mm$^2$ 的铜芯塑料绝缘导线，穿管径为 32mm 的水煤气管，暗敷设在地面和墙内。

（2）该平面 13 只双管荧光灯，每只照明器有 2 只 36W 的光源，管吊式安装，安装高度为 2.7m，另外，该平面内还有 2 只单管荧光灯，每只照明器的有 1 只 36W 的光源，管吊式安装，安装高度为2.7m。教室采用两个双联开关控制，控制方式为按列控制，准备室采用1个双联开关，控制方式也为按列控制。教室及准备室的灯具接于配电箱AL2的WL1回路，结合AL2配电箱系统图可知，该回路采用截面积为2.5mm$^2$的铜芯塑料绝缘导线，在导线根数不大于3根时，穿管径为16mm的硬质塑料管，暗敷设在地面和墙内。

(3) 该平面有6只圆形吸顶灯，每只照明器有1只22W的光源，吸顶式安装。分别安装于厕所、走廊和楼梯间，这6盏吸顶灯接于配电箱AL2的WL2回路，结合AL2配电箱系统图可知，该回路采用截面积为2.5mm$^2$的铜芯塑料绝缘导线，在导线根数不大于3根时，穿管径为16mm的硬质塑料管，暗敷设在地面和墙内。

(4) 该平面有8个单相三极暗装插座，接于配电箱AL2的WL3回路，结合AL2配电箱系统图可知，插座回路采用截面积为4mm$^2$的铜芯塑料绝缘导线，两插座间的导线根数均为3根，穿管径为20mm的硬质塑料管，暗敷设在地面和墙内。

## 3.5 常用照明装置的安装

在进行照明装置安装之前，土建工程应具有如下条件：

(1) 对灯具安装有妨碍的模板、脚手架应拆除；

(2) 顶棚、墙面等的抹灰工作及表面装饰工作已完成，并结束场地清理工作。

照明装置安装施工中使用的电器设备及器材，均应符合国家或行业的现行技术标准，并具有合格证件，设备应有铭牌。所有电气设备和器材到达现场后，应仔细检查验收，不合格或有损坏的均不能用于安装。

### 3.5.1 照明灯具安装

1. 安装要求

(1) 安装的灯具应配件齐全，灯罩无损坏。

(2) 螺口灯头接线时必须将相线接在中心端子上，零线接在螺纹的端子上；灯头外壳不能有破损和漏电。

(3) 照明灯具使用的导线最小线芯截面应符合有关规定。

(4) 灯具安装高度：室内一般不低于2.5m，室外不低于3m。一般生产车间、办公室、商店、住房等220V灯具安装高度应不低于2m，并应在线路中设专用保护PE线，如果灯具安装高度不能满足最低高度要求，而且又无安全措施，应采用36V安全电压。

(5) 地下建筑内的照明装置，应有防潮措施，灯具低于2.0m时，灯具应安装在人不易碰到的地方，否则应采用36V及以下的安全电压。

(6) 嵌入顶棚内的装饰灯具应固定在专设的框架上，电源线不应贴近灯具外壳，灯线应留有裕量，固定灯罩的框架边缘应紧贴在顶棚上，嵌入式日光灯管组合的开启式灯具、灯管应排列整齐，金属间隔片不应有弯曲扭斜等缺陷。

(7) 配电盘及母线的正上方不得安装灯具，事故照明灯具应有特殊标志。

2. 吊灯安装

安装吊灯需要吊线盒和木台两种配件。木台规格根据吊线盒或灯具法兰大小选择，要选择合适，否则影响美观。当木台直径大于75mm时，应用两只螺栓将木台固定，在砖墙或混凝土结构上固定木台时，应预埋木砖或膨胀螺栓。在木结构上固定时，可用木螺丝直接拧牢。装在室外或潮湿场所的木台应涂防腐漆，装木台时，应先将木台的出线孔钻好，锯好进线槽，然后将电线从木台出线孔穿出，将木台固定好。木台固定好后，在木台上装吊线盒，从吊线盒的接线螺丝上引出软线。

软线的另一端接到灯座上。由于吊线盒和灯座的接线螺丝不能承受灯的重量，所以软线在吊线盒和灯座内应打线结。

软线吊灯重量限于1kg以下，灯具重量超过1kg时应采用吊链或钢管吊灯具。采用吊链时，灯线宜与吊链编叉在一起；采用钢管吊灯时，钢管内径一般不小于10mm；当吊灯灯具重量超过3kg时，应预埋吊钩或螺栓。固定花灯的吊钩，其圆钢直径不应小于灯具吊挂销钉的直径，且不得小于6mm。

3. 吸顶灯安装

吸顶灯安装一般可直接将木台固定在顶棚的预埋木砖上或用预埋的螺栓固定，然后再把灯具固定在木台上。若灯泡和木台距离太近（如半扁灯罩），应在灯泡与木台间放置隔热层（石棉板或石棉布等）。

4. 壁灯安装

壁灯可以安装在墙上或柱子上。当安装在墙上时，一般在砌墙时应预埋木砖，禁止用木楔代替木砖；当安装在柱子上时，一般应在柱子上预埋金属构件或用抱箍将金属构件固定在柱子上，然后固定灯具。

5. 荧光灯安装

荧光灯（日光灯）的安装方式有吸顶、吊链和吊管三种。安装时应按电路图正确接线；开关应装在镇流器侧；镇流器、启辉器、电容器要相互匹配，灯具要固定牢固。

6. 高压汞灯安装

高压汞灯安装要按产品要求进行，要注意分清带镇流器还是不带镇流器。不带镇流器的高压汞灯，一定要使镇流器与灯泡相匹配，否则会烧坏灯泡。安装方式一般为垂直安装。

7. 碘钨灯的安装

碘钨灯的安装，必须使灯具保持水平位置，倾斜角一般不能大于4°，否则将影响灯的寿命。碘钨灯正常工作时，管壁温度很高，所以安装时不能与易燃物接近。碘钨灯耐振性差，不能安装在振动大的场所，更不能作为移动光源使用。碘钨灯安装时应按产品要求及电路图正确接线和安装。

### 3.5.2 照明配电箱安装

照明配电箱有标准和非标准型两种。标准配电箱可向生产厂家直接订购或在市场上直接购买，非标准配电箱可自行制作。照明配电箱的安装方式有明装、嵌入式暗装、落地式暗装三种方式。要求较高的场所一般采用嵌入式暗装的方式，要求不高的场所或由于配电箱体积较大不便暗装时可采用明装方式，容量、体积较大的照明总配电箱则采用落地式暗装方式。下面就配电箱安装的要求及三种安装方法的实施作简单介绍。

1. 照明配电箱安装的技术要求

（1）在配电箱内，有交、直流或不同电压时，应有明显的标志或分设在单独的板面上。

（2）导线引出板面，均应套设绝缘管。

(3) 配电箱安装垂直偏差不应大于 3mm。暗设时，其面板四周边缘应紧贴墙面，箱体与建筑物接触的部分应刷防腐漆。

(4) 照明配电箱安装高度，底边距地面一般为 1.5m；配电板安装高度，底边距地面不应小于 1.8m。

(5) 三相四线制供电的照明工程，其各相负荷应均匀分配。

(6) 配电箱内装设的螺旋式熔断器 ($RL_1$)，其电源线应接在中间触点的端子上，负荷线接在螺纹的端子上。

(7) 配电箱上应标明用电回路名称。

2. 悬挂式配电箱的安装

悬挂式配电箱可安装在墙上或柱子上。直接安装在墙上时，应先埋设固定螺栓，固定螺栓的规格和间距应根据配电箱的型号和重量以及安装尺寸确定。螺栓长度应为埋设深度（一般为 120～150mm）加箱壁厚度以及螺帽和垫圈的厚度，再加上 3～5 扣螺纹的余量长度。

施工时，先量好配电箱安装孔尺寸，在墙上画好孔位，然后打洞，埋设螺栓（或用金属膨胀螺栓）。待填充的混凝土牢固后，即可安装配电箱。安装配电箱时，要用水平尺校正其水平度，同时要校正其安装的垂直度。

配电箱安装在支架上时，应先将支架加工好，然后将支架埋设固定在墙上，或用抱箍固定在柱子上，再用螺栓将配电箱安装在支架上，并调整水平度和垂直度。

配电箱安装高度与施工图纸要求一致。配电箱上回路名称按设计图纸标明。

3. 嵌入式暗装配电箱的安装

嵌入式暗装配电箱安装，通常是按设计指定的位置，在土建砌墙时先把与配电箱尺寸和厚度相等的木框架嵌在墙内，使墙上留出配电箱安装的孔洞，待土建结束，配线管预埋工作结束，敲去木框架将配电箱嵌入墙内，校正垂直和水平，垫好垫片将配电箱固定好，并做好线管与箱体的连接固定，然后在箱体四周填入水泥砂浆。

当墙壁的厚度不能满足嵌入式要求时，可采用半嵌入式安装，使配电箱的箱体一半在墙面外，一半嵌入墙内，其安装方法与嵌入式相同。

4. 配电箱的落地式安装

配电箱落地安装时，在安装前先要预制一个高出地面一定高度的混凝土空心台，这样可使进出线方便，不易进水，保证运行安全。进入配电箱的钢管应排列整齐，管口高出基础面 50mm 以上。

### 3.5.3 开关、插座安装

开关的作用是接通或断开照明灯具电源的器件。根据安装形式分为明装式和暗装式两种。明装式有拉线开关、扳把开关等；暗装式多采用扳把开关（跷板式开关）。

插座的作用是为移动式电器和设备提供电源。有单相三极三孔插座、三相四极四孔插座等种类。开关、插座安装必须牢固，接线要正确，容量要合适。它们是电路的重要设备，直接关系到安全用电和供电。

1. 开关安装的要求

(1) 同一场所开关的切断位置应一致，操作应灵活可靠，接点应接触良好。

(2) 开关安装位置应便于操作，安装高度应符合下列要求：

1）拉线开关距地面一般为2～3m，距门框为0.15～0.2m。

2）其他各种开关距地面一般为1.3m，距门框为0.15～0.2m。

3）成排安装的开关高度应一致，高低差不大于2mm；拉线开关相邻间距一般不小于20mm。

4）电器、灯具的相线应经开关控制，民用住宅禁止装设床头开关。

5）跷板开关的盖板应端正严密，紧贴墙面。

6）在多尘、潮湿场所和户外应用防水拉线开关或加装保护箱。

7）在易燃、易爆场所，开关一般应装在其他场所，或采用防爆型开关。

8）明装开关应安装在符合规格的圆木或方木上。明装时，应先在定位处预埋木榫或膨胀螺栓以固定木台（方木或圆木），然后在木台上安装开关。

9）暗装时，应设有专用接线盒，一般是先行预埋，再用水泥砂浆填充抹平，接线盒口应与墙面粉刷层平齐，等穿线完毕后再安装开关或插座，其盖板或面板应端正，紧贴墙面。

10）所有开关均应串接在电源的相线上。各跷板开关的通断位置应一致（跷板上面凸出为开灯）。

2. 插座安装要求

(1) 交、直流或不同电压的插座应分别采用不同的形式，并有明显标志，且其插头与插座均不能互相插入。

(2) 单相电源一般应用单相三极三孔插座，三相电源应用三相四极四孔插座，在室内不导电地面可用两孔或三孔插座，禁止使用等边的圆孔插座。

(3) 插座的安装高度应符合下列要求：

1）一般距地面高度为1.3m，在托儿所、幼儿园、住宅及小学等场所不应低于1.8m，同一场所安装的插座高度应尽量一致。

2）车间及试验室的明、暗插座一般距地面高度不低于0.3m，特殊场所暗装插座一般不应低于0.15m，同一室内安装的插座高低差不应大于5mm，成排安装的插座不应大于2mm。

3）舞台上的落地插座应有保护盖板。

4）在特别潮湿、有易燃易爆气体和粉尘较多的场所，不应装设插座。

5）明装插座应安装在符合规格的圆木或方木上。

6）插座的额定容量应与用电负荷相适应。

7）单相二孔插座接线时，面对插座左孔接工作零线，右孔接相线；单相三孔插座接线时，面对插座左孔接工作零线，右孔接相线，上孔接保护零线或接地线，严禁将上孔与左孔用导线相连接；三相四孔插座接线时，面对插座左、下、右三孔分别接A、B、C相线，上孔接保护零线或接地线。

8）明装插座的相线上容量较大时，一般应串接熔断器。

9）暗装的插座应有专用盒，盖板应端正、紧贴墙面。

**3.5.4 照明节能**

1. 绿色照明的概念

强调有效、充分利用能源以保护环境，是工程设计的重要内容。在建筑工程设计中节能是评选优秀设计的基本条件之一，因此从有利于推动照明节能的角度出发，应采用节能与开发并举、节能优先的原则，同时还须打破传统的不适应技术发展的设计观念。

所谓的绿色照明是在照明工程中倡导节约能源、减少污染、保护环境、提高工作和生活质量的一种标志性称谓。它是建立在以节约照明用电、优质高效、安全舒适、有益环境、改善照明质量和保护身心健康为目的的一项全面计划。

国际照明委员会（CIE）对16个发达国家的技术统计资料表明，虽然照明用电量所占总用电量比例在下降，但是照明用电量的绝对值却在迅速增长。而照明能效的变化，20世纪60年代仅为26lm/W，而到2000年已提高到65lm/W，这表明照明的能效是呈上升趋势的。当前，无频闪、无电磁辐射、光效高的直流荧光灯的问世以及太阳能照明的应用，再一次说明节约照明用电不仅有巨大潜力，而且为合理照明节能设计、保护生态环境——实施绿色照明计划，提供了良好条件。

我国的绿色照明工程计划预期目标是：

（1）节约电力；

（2）减少环境污染；

（3）大力提高节电照明器具的产品质量，完善质量标准和设计体系。

2. 节能的评价指标

在照明节能中，采用一般照明的功率密度值（LPD）作为评价指标。照明功率密度（LPD）是指建筑的房间或场所内单位面积的照明安装功率（含镇流器、变压器的功耗），单位为“$W/m^2$”。《建筑照明设计标准》GB 50034—2013规定了各类建筑常用的房间或场所的LPD值。LPD限值是国家依据节能方针在宏观上的规定。因此要求照明设计中实际的LPD值应小于或等于标准规定的LPD最大限值。

在照明设计中，运用标准规定的LPD限值代替照度计算来确定灯具数量，是不正确的，违背了节能的原则。

3. 照明节能的措施

当前广泛使用的荧光灯等照明光源，虽然具有优良的发光效率，是良好的节能产品之一，但是这类光源在接通电源后不能立即全额光通量输出且含有污染环境的汞，并不是理想的绿色照明光源。因此研发不含汞的绿色照明光源和太阳能、风能等环保能源的有效利用，是很具有发展潜力的。

照明节能措施包括的内容：

（1）根据视觉工作需要，精选照度水平；采取的优化设计与管理的措施。

（2）在所需的照度前提下，优化照明节能设计，限定照明节能指标。

（3）在满足显色性要求的基础上，采用高效光源。

（4）掌握灯具光学特性，选用无眩光的高效灯具。

（5）重视建筑环境，采用室内反射比高且不易变色和变质的材料。

（6）照明与室内装置的有效组合。

（7）充分利用天然采光。

（8）合理有效地控制照明设施。

（9）定期清扫照明灯具和房间，建立更换保养制度。

（10）处理好照明装置的技术特性及其最初投资与长远运行的综合经济效益关系。减少污染，保护生态环境。充分利用天然光和太阳能等能源，采用分区控制灯光或自动控光调光等方式。

**3.5.5 应急照明的设置**

应急照明包括疏散照明、安全照明和备用照明。疏散照明是为使人员在紧急情况下能安全地从室内撤离至室外或某安全地区（如避难间）而设置的照明及疏散指示标志；备用照明是在正常照明失效时，为继续工作或暂时继续工作而设置的照明；安全照明则是在正常照明突然中断，为确保处于潜在危险区域的人员安全而设置的照明。

1. 应急照明设置场所

高层建筑应急照明的设置场所按有关规范确定为以下场所：

(1) 疏散照明及指示标志：疏散楼梯间及其前室、消防电梯前室、地下室、疏散走道、公共出口及人员密集的公共活动场所等。

(2) 备用照明：消防控制室、自备电源室（包括柴油发电站、UPS室和蓄电池室等)、变电所、消防水泵房、防排烟机房、消防电梯机房、保安监控室、BAS监控中心、通信机房、大中型电子计算机房、银行与证券公司等的营业大厅、避难层（间）以及人员密集场所，如观众厅、宴会厅、展览厅、营业厅、演播厅、多功能厅等。

(3) 安全照明：医院的手术室、急救室等。一般情况下，设置安全照明的场所必须设置疏散照明。

2. 照度水平

照度水平必须满足功能要求，否则将失去设置意义。

(1) 用于继续工作的备用照明，其照度不小于正常照度水平，例如消防控制中心、配电室、控制室等重要机房。

(2) 用于暂时继续工作的备用照明，其照度为正常照度的10%～50%，如观众厅、展览厅、营业厅等重要场所。

(3) 疏散照明的照度水平应为正常照明的10%左右，如商场的营业大厅等。疏散指示标志照度最低为0.5lx，如楼梯间、公共走道、安全出口等。

(4) 安全照明的照度应保证不低于正常照度的5%～10%。

3. 应急照明的供电

(1) 供电时间

应急照明的供电时间因其功能不同略有差异。用于继续工作的备用照明，其供电时间应保证连续性，如消防控制中心、配电室等应至少满足消防要求的8h以上。而用于暂时继续工作的备用照明则应保证1h以上。疏散照明和安全照明应保证不少于20min供电，高度超过100m的建筑则不应少于30min。

(2) 供电系统

应急照明的供电应按其负荷等级要求来确定。应急照明在一类防火等级的高层建筑中为一级负荷，在二类高层建筑中为二级负荷。因此应急照明应由专用的双电源回路供电，并采用专用的应急照明配电箱（双电源自动切换箱）。

1) 应急照明配电箱的设置

由于高层建筑楼层面积大、楼层多，因而应设置多个应急照明配电箱，可按下列原则确定：

① 一个应急配电箱供电区域主要考虑回路电压降的大小，电压偏移范围为10%，因为通常情况下应急照明的安装负荷较小。

② 考虑管理上的方便，通常可与正常照明配电箱设在同一处。

③ 若每层面积不大（不超过1000m²），且负荷较小，也可多层应急照明设一个配电箱，如每2～3层设一个。配电箱设在中间层，并向上、下两邻近层供电，以减少配电箱的数量。

④ 对于特别场所，应单独设置配电箱以提高其可靠性和管理上的方便。如变电所、消防控制中心、BAS监控中心、保安监控中心等。此时，本房间内的配电箱除了保证照明供电外，还可向各自系统的控制器等用电设备供电。

⑤ 考虑建筑防火分区的划分，以满足联动控制系统的要求。

2）供电方式

应急照明配电箱的供电方式常用下列三种形式：

① 链式供电，如图3-21所示。链式供电是最常用的供电形式。

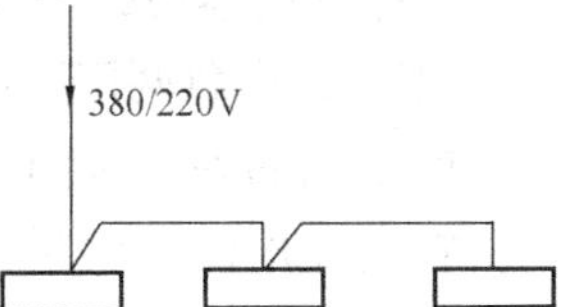


图3-21 应急电源的链式供电

在这种方式中，可以将每一层的多个配电箱连起来，也可将多层的配电箱连起来。配电箱连接的数量不宜过大，否则可靠性下降，另外总的负荷太大导致导线截面太大而敷设困难。一般情况下连接的数量不宜超过6个。

② 放射式供电。这种方式主要用在特别重要的变电所、柴油发电站、消防控制中心等处的配电箱。若大楼内每个配电箱都采用这种形式，则大大增加了配电柜内馈出回路的数量，这是不可取的。

③ 树干式供电。这是在超高层建筑中采用的一种方式，由于干线线路长、楼层多、负荷也大，因而可采用双条封闭母线作树干的树干式供电方式。

在一栋建筑中，可采用上述三种方式相结合的混合方式，这是非常有利的。

3）备用电源的选用

应急照明的备用电源可按负荷等级、供电时间要求等选择下列相应的电源：

① 柴油发电站低压配电回路；

② 变电所不同低压母线段专用配电回路（无柴油发电站时）；

③ 蓄电池组。

对于一类高层建筑，应设置柴油发电站，同时对于疏散指示标志灯还应选带蓄电池（30min供电时间以上）的专用灯具。

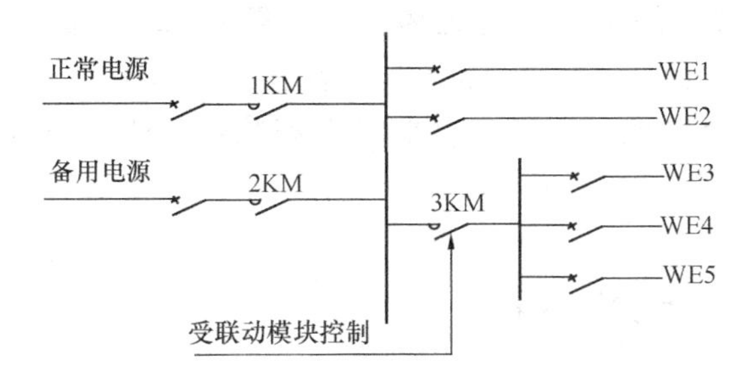


图3-22 应急照明配电箱系统图

4. 应急照明与消防联动控制

应急照明系统在火灾发生后应立即投入运行工作，确保其功能的实现，因此应急照明配电箱受消防联动系统的控制，即采用联动控制模块单元的触点来控制配电箱供电回路的闭合，配电箱系统的基本形式如图3-22所示。

图中交流接触器1KM、2KM为保证

双电源自动切换使用，3KM 则受联动模块的触点控制。回路 WE1、WE2 始终处于闭合通电状态，为平时需点燃的应急灯供电（如疏散指示标志与安全出口等），回路 WE3～WE5 为平时不需点燃的应急灯供电。在火灾时，联动控制模块的触点闭合使 3KM 线圈通电，因而 3KM 常开触点闭合，回路开始供电，应急照明灯点燃。

联动模块（或控制单元）的触点是否可直接接入配电箱 3KM 线圈的控制回路中，这要考虑触点的电流容量。若触点的容量较小而不能直接接入，则需加中间继电器控制，否则将使模块触点被烧坏。

若将应急照明作为正常照明的一部分而设置，平时就点燃时，则不需 3KM。这也是目前常采用的方式，以使控制简单，同时也减少了联动控制点。应急灯应设玻璃或其他不燃烧材料制作保护用。应急配电箱的主低压断路器应选四极型，避免不同电源系统中性线合用。分路断路器应采用双极型。

5. 正常、应急两用照明装置

目前常用的是一种内部装有小型密闭蓄电池、充放电转换装置及电光源的应急照明灯具。在交流电源正常供电时，光源可被正常点燃作为工作照明灯具，并且亮灭可控，而蓄电池被缓慢充电。当交流电源因故中断时，蓄电池通过转换电路自动向光源提供电能，使该灯具能继续工作，为应急操作、人员疏散和信号指示提供一定的照度。由于该灯具使用方便灵活，不用敷设备用线路，应急点燃时与外电路没有任何关系，因此大量采用。它的适用范围非常广。它的光源可以是荧光灯、白炽灯和卤钨灯，如果是荧光灯，装置内还应有逆变器，其价格稍高一些。在使用这种应急灯时应注意以下几个方面：

(1) 与普通灯具不同，该灯具有三根引出线，色标为红、黄、黑。红色线为电源相线，它直接引到配电盘上，作用是正常时给蓄电池充电，而在交流电源中断时发出应急照明的指令，转入应急照明的状态。黄色线为正常点燃的相线，它可通过开关来实现灯具的亮灭控制。黑色线为电源的零线。

(2) 在使用过程中如长时间未遇到应急点燃的情况，应利用灯具上装有的模拟停电开关定期进行放电点燃试验。

(3) 为确保应急灯可靠工作，对所有的应急灯每三年至少作一次大检查。

(4) 要求应急灯点燃时间不小于 30min，启动时间不大于 3s。

(5) 如果点燃时间达不到要求，应对充电回路进行全面检查，必要时应更换蓄电池。更换蓄电池时，应按电池厂家提供的产品说明书要求进行，对蓄电池进行预充电后，方可放入灯具。

(6) 应急照明装置中的蓄电池为密封镉镍蓄电池，该电池体积小、容量大、寿命长，充放电循环可达 200 次以上。该装置内具有限流环节，可以使充电电流在 60～100mA 内，使蓄电池可以长期处在浮充电状态下，不会出现过充电，故平时不需维护，使用非常方便。

## 3.6 照明系统的监控

智能照明控制系统是利用先进电磁调压及电子感应技术，对供电进行实时监控与跟踪，自动平滑地调节电路的电压和电流幅度，改善照明电路中不平衡负荷所带来的额外功耗，提高功率因数，降低灯具和线路的工作温度，达到优化供电目的。现代智能建筑中的照明不仅要求为人们的工作、学习提供良好的视觉条件，而且应能够利用灯具造型和光色协调营造出具有一定风格和美感的室内环境，以满足人们的心理和生理要求。然而，一个真正设计合理的现代照明系统，除能满足以上条件外，还必须做到充分利用、节约能源。现代办公大楼巨型化，工作时间弹性化，人类物质文化生活多样化，都需要营造快乐、便捷、安全、高效的照明环境和气氛，因而照明控制系统向高效节能和智能化方向的发展得到了有力促进。

智能照明控制系统在确保灯具能够正常工作的条件下，给灯具输出一个最佳的照明功率，既可减少由于过压所造成的照明眩光，使灯光所发出的光线更加柔和，照明分布更加均匀，又可大幅度节省电能，智能照明控制系统节电率可达20%～40%。智能照明控制系统可在照明及混合电路中使用，适应性强，能在各种恶劣的电网环境和复杂的负载情况下连续稳定地工作，同时还能有效延长灯具寿命和减少维护成本。光源产品结构也发生了根本性的转变，紧凑型荧光灯、细管径荧光灯、金属卤化钨灯、电子镇流器的产量和质量不断上升。但就目前而言，我国对照明控制系统的开发和应用仍然处于起步阶段。

1. 智能照明控制系统的优点

(1) 良好的节能效果

采用智能照明控制系统的主要目的是节约能源。智能照明控制系统借助各种不同的预设置控制方式和控制元器件，能够对不同时间、不同环境的光照度进行精确设置和合理管理，从而实现节能。这种自动调节照度的方式，充分利用室外的自然光，只有当必需时才把灯点亮并控制到要求的亮度，保证利用最少的能源达到所要求的照度水平，其节电效果十分明显，一般可达30%以上。此外，智能照明控制系统中对荧光灯等进行调光控制，由于荧光灯采用了应用有源滤波技术的可调光电子镇流器，降低了谐波的含量，提高了功率因数，从而降低了低压无功损耗。

(2) 延长光源的寿命

延长光源寿命不仅可以节省大量资金，而且可以大大减少更换灯管的工作量，降低照明系统的运行费用，管理维护也会变得简单。

无论是热辐射光源，还是气体放电光源，电网电压的波动是光源损坏的一个主要原因，因此有效地抑制电网电压的波动可以延长光源的寿命。

智能照明控制系统能成功地抑制电网的浪涌电压，同时还具备电压限定和扼流滤波等功能，避免过电压和欠电压对光源的损害。采用软启动和软关断技术，避免了冲击电流对光源的损害。通过上述方法，光源的寿命通常可延长2～4倍。

(3) 改善工作环境，提高工作效率

良好的工作环境是提高工作效率的一个重要条件。良好的设计，合理地选用光源、灯具及优良的照明控制系统，都能提高照明质量。智能照明控制系统以调光模块控制面板代替传统的平开关控制灯具，可以有效地控制各房间内整体的照度值，从而提高照度均匀性。同时，这种控制方式所采用的电气元器件也解决了频闪效应，不会使人产生头昏脑涨、眼睛疲劳的感觉。

(4) 实现多种照明效果

多种照明控制方式，可以使同一建筑物具备多种艺术效果，为建筑增色不少。现代智能建筑中，照明不单纯是为满足人们视觉上的明暗效果，更应具备多种控制方案，使建筑物更加生动，艺术性更强，给人丰富的视觉效果和美感。

(5) 管理维护方便

智能照明控制系统对照明的控制是以模块式的自动控制为主，手动控制为辅，这些信息的设置和更换十分方便，使大楼的照明管理和设备维护变得更加简单。

(6) 有较高的经济回报率

若仅从节电和省灯估算，用3～5年的时间，业主就可基本收回智能照明控制系统所增加的全部费用。而智能照明控制系统可改善环境，提高工作效率以及减少维修和管理费用等，也可为业主节省一笔可观的费用。

2. 智能照明控制系统的功能

智能照明控制系统仅仅是智能楼宇控制系统中的一个部分。如果要将各个控制系统都集中到控制中心，那么各个控制系统就必须具备标准的通信接口和协议文本。虽然这样的系统集成在理论上可行，真正实行起来却十分困难。因而在工程中，楼宇设备自动化系统采用了分布式、集散型控制方式，即各个控制子系统相对独立，自成一体，实施具体的控制，楼宇管理信息系统对各控制子系统只起信号收集和监测的作用。

目前，智能照明控制系统按网络的拓扑结构分大致有以下两种形式，即总线式和以星形结构为主的混合式。这两种形式各有特色，总线式灵活性较强一些，易于扩充，控制相对独立，成本较低；混合式可靠性较高一些，故障的诊断和排除简单，存取协议简单，传输速率较高。

(1) 基本结构

智能照明控制主系统应是一个由集中管理器、主干线和信息接口等组件构成，对各区域实施相同的控制和信号采样的网络；其子系统应是一个由各类调光模块、控制面板、照度动态检测器及动静探测器等组件构成的，对各区域分别实施不同的具体控制的网络。主系统和子系统之间通过信息接口等连接，实现数据的传输。

(2) 照明控制系统的性能

1) 以单回路的照明控制为基本性能，不同地方的控制终端均可控制同一单元的灯。

2) 单个开关可同时控制多路照明回路的点灯、熄灯、调光状态，并根据设定的场面选择相应开关。在任何一个地方的控制终端均可控制不同单元的灯。

3) 根据工作（作息）时间的前后、休息、打扫等时间段，执行按时间程序的照明控制，还可设定日间、周间、月间、年间的时间程序来控制照明。在每个控制面板上，均可观察到所有单元灯的亮灭状态。

4) 适当的照度控制。照明器具的使用寿命随着燃点灯亮度的提高而下降，其照度随器具污染而逐步降低。在设计照明照度时，应预先估计出保养率；新器具开始使用时，其亮度会高出设计照度的20%～30%，应通过减光调节到设计照度。以后随着使用时间进行调光，使其维持在设计的照度水平，以达到节电的目的。若停电，来电后所有的灯保持熄灭状态。影响灯具寿命的主要因素有过电压使用和冷态冲击，它们使灯具寿命大大降低。智能调光器具有输出限压保护功能：即当电网电压超过额定电压220V后调光器自动调节输出在220V以内。灯泡冷态接电瞬间会产生额定电流5～10倍的冲击电流，大大影响灯具寿命。智能调光控制系统采用缓开启及淡入淡出调光控制，可避免对灯具的冷态冲击，延长灯具寿命。系统可延长灯泡寿命2～4倍，节省大量灯泡，减少更换灯泡的工作量。

5）利用昼光的窗际照明控制。充分利用来自门窗的自然光（日光）来节约人工照明，根据日光的强弱进行连续多段调光控制，一般使用电子调光器时可采用0～100%或25%～100%两种方式的调光，预先在操作盘内记忆检知的昼光量，根据记忆的数据进行相适应的调光控制。采用照度传感器，可以达到室内的光线保持恒定。例如：在学校的教室，要求靠窗与靠墙光强度基本相同，可在靠窗与靠墙处分别加装传感器，当室外光线强时系统会自动将靠窗的灯光减弱或关闭及根据靠墙传感器调整靠墙的灯光亮度；当室外光线变弱时，传感器会根据感应信号调整灯的亮度到预先设置的光照度值。新灯具会随着使用时间发光效率逐渐降低，新办公楼随着使用时间墙面的反射率将衰减，这样新旧会产生照度的不一致性，通过智能调光器系统的控制可调节照度达到相对的稳定，且可节约能源。

6）人体传感器的控制。厕所、电话亭等小的空间，不特定的短时间利用的区域，应配有人体传感器，以检测人的有无，来自动控制通、断，减少了因忘记关灯造成的浪费。采用亮度传感器，自动调节灯光强弱，达到节能效果。采用移动传感器，当人进入传感器感应区域后渐升光，当人走出感应区域后灯光渐渐减低或熄灭，使一些走廊、楼道的“长明灯”得到控制，达到节能的目的。例如：某饭店为了节电，将全部走廊灯换为5W节能灯，以减少能耗，但带来的问题是节能灯光照舒适度很差，照度降低，使饭店档次降低。建议采用移动传感器控制。

7）路灯控制。对一般的智能楼宇，有一定的绿化空间，草坪、道路的照明均要定点、定时控制。

8）泛光照明控制。智能楼宇是城市的标志性建筑，晚间艺术照明会给城市增添几分亮丽。但是还要考虑节能，因此，应在时间上、亮度变化上进行控制。

3. 照明控制系统的主要控制内容

(1) 时钟控制

通过时钟管理器等电气元器件，实现对各区域内用于正常工作状态的照明灯具在时间上的不同控制。

(2) 照度自动调节控制

通过每个调光模块和照度动态检测器等电气元器件，实现在正常状态下对各区域内用于正常工作状态的照明灯具的自动调光控制，使该区域内的照度不会随日照等外界因素的变化而改变，始终维护在照度预设值左右。

(3) 区域场景控制

通过每个调光模块和控制面板等电气元器件，实现在正常状态下对各区域内用于正常工作状态照明灯具的场景切换控制。

(4) 动静探测控制

通过每个调光模块和动静探测器等电气元器件，实现在正常状态下对各区域内用于正常工作状态的照明灯具的自动开关控制。

(5) 虚急状态减量控制

通过每个对正常照明控制的调光模块等电气元器件，实现在应急状态下对各区域内用于正常工作状态的照明灯具的减免数量和放弃调光等控制。

(6) 手动遥控器

通过红外线遥控器，实现在正常状态下对各区域内用于正常工作状态的照明灯具的手动控制和区域场景控制。

(7) 应急照明的控制

这里的控制主要是指智能照明控制系统对特殊区域内的应急照明所执行的控制，包含以下两项控制：

1) 正常状态下的照度自动调节和区域场景控制，同调节正常工作照明灯具的控制方式相同。

2) 应急状态下的自动解除调光控制，实现在应急状态下对各区域内用于应急工作状态的照明灯具放弃调光等控制，使处于事故状态的应急照明达到100%。

4. 办公室照明系统监控

办公室照明主要要求照明质量高，减轻人们的视觉疲劳，使人们能够在舒爽愉悦的环境中工作。办公室照明的一个显著特点是白天工作时间长，因此，办公室照明要把自然光和人工照明协调配合起来，达到节约电能的目的。当自然光较弱时，应根据照度监测信号或预先设定的时间调节，增强人工光的强度；当自然光较强时，应减少人工光的强度，使自然光线与人工光线始终动态地补偿。照明调光系统通常是由调光模块和控制模块组成。调光模块安装在配电箱附近，控制模块安装在便于操作的地方。

调光模块是一种数字式调光器，具有限制电压波动和软启动开关的作用。开关模块有开关作用，是一种继电输出。调光方法可分为照度平衡型和亮度平衡型。照度平衡是使离窗口近处的工作区域上的照度达到平衡，尽可能均匀一致；而亮度平衡型使室内人工照明亮度与窗口处的亮度比例达到平衡，消除物体的影像。因此，在实际工程中，应根据对照明空间的照明质量要求和实测的室内自然光照度分布曲线来确定调光方式和控制方案。

5. 楼梯、走廊等照明监控

以节约电能为原则，防止长明灯，在下班以后，一般走廊、楼梯照明灯应及时关闭。因此照明系统的直接数字控制器监控装置应依据预先设定的时间程序自动地切断或打开照明配电盘中的相应开关。

6. 障碍照明监控

高空障碍灯的装设应根据该地区有关航空部门的要求来决定，一般装设在建筑物或构筑物凸起的顶端，采用单独的供电回路，同时还要设置备用电源，利用光电感应器件通过障碍灯控制器进行自动控制障碍灯的开启和关闭，并设置开关状态显示与故障报警。

7. 建筑物立面照明监控

大型的楼、堂、馆、所等建筑物，常需要设置供夜间观赏的立面照明（景观照明）。目前立面照明通常选用投光灯，根据建筑物的功能和特点，通过光线的协调配合，充分表现出建筑物的风格与艺术构思，体现出建筑物的动感和立体感，给人以美的享受。投光灯的开启与关闭由预先编制的时间程序进行自动控制，并监视开关状态，故障时能自动报警。

8. 应急照明的启/停控制

当正常电网停电或发生火灾等事故时，事故照明、疏散指示照明等应能自动投入工作。监控器可自动切断或接通应急照明，并监视工作状态，在发生故障时报警。

## 单 元 小 结

本教学单元主要内容包括：电气照明基本知识、建筑电气照明装置、照明设计、电气照明施工图识图、常用照明装置的安装、照明系统的监控。电气照明基本知识主要包括：(1) 照明技术的基本概念：光通量、发光强度、照度和亮度；(2) 照明方式及种类及其选择的方法；(3) 电气照明的基本要求。建筑电气照明装置主要包括：(1) 电光源的分类：热辐射光源、气体放电光源和固体发光光源及电光源的参数（光通量、发光效率、有效寿命、色表与色温、显色性、额定电压 $U_N$、额定功率 $P_N$）；(2) 常用电光源：如白炽灯、卤钨灯、荧光灯、高压汞灯、高压钠灯、金属卤化物灯、LED 灯的特点及电光源的选择方法；(3) 灯具的作用及灯具的分类和选择。照明设计主要包括：(1) 灯具的布置方式（均匀布置和选择布置）；(2) 采用利用系数法和单位容量法计算照度。电气照明施工图识图主要包括：(1) 电气照明基本线路组成；(2) 照明平面图识图方法。常用照明装置的安装主要包括：(1) 照明灯具、照明配电箱、开关、插座的安装方法；(2) 照明节能的基本概念及应急照明的设置方式。

### 思 考 与 练 习 题

3-1 光的度量单位有哪些？它们的物理意义及单位分别是什么？

3-2 照明的方式和照明的种类有哪些？

3-3 常用的照明电光源分几类？各包含了什么灯具？各种电光源分别适用于哪些场所？对于高大的工业厂房应选择什么类型的光源？

3-4 光源的光学性能指标有哪几项？

3-5 常用的镇流器有哪几种？

3-6 灯具有什么作用？按光通量在空间分布情况，灯具可分哪几类？

3-7 灯具按触电防护等级分为哪几类？如何选用？

3-8 什么是配光曲线？它有几种形式？

3-9 什么是利用系数？如何采用利用系数求平均照度？

3-10 维护系数与哪些因素有关？

3-11 长 30m、宽 15m、高 5m 的车间，灯具安装高度为 4.2m，工作面高 0.75m，求其室形指数和室空间比。

3-12 简述采用利用系数法求照度计算的步骤。

3-13 某会议长度为 12m，宽度为 8m，房间高度为 3.3m，工作面距地高为 0.75m。采用单管简式 YG1-1 的荧光灯，每个光源的功率 40W，光通量为 3000lm；灯具悬挂高度 $h_{CC}=0.6$m。若要满足照度的值不低于 300lx，试确定照明器的只数。已知：有效顶棚反射比为 0.7，墙面的平均反射比为 0.7。

3-14 灯具的均匀布置有几种形式？均匀布置时对距高比有什么要求？

3-15 简述照明配电箱的安装方法。

3-16　简述照明灯具的安装方法。

3-17　简述开关的安装方法。

3-18　如何完成插座的接线？

3-19　什么是照明功率密度值？如何求照明功率密度值？

3-20　照明节能有哪些措施？

3-21　应急照明包括哪些内容？哪些场所需要设置应急照明？

# 教学单元4　防雷接地基本知识

**【教学目标】**

1. 了解雷电的形成、产生危害的雷电种类、建筑物防雷等级及各级防雷建筑物防雷措施；

2. 熟悉安全用电的相关知识及低压配电系统的接地形式；

3. 掌握接地电阻的概念及降低接地电阻的措施，了解接地电阻的测量方法；

4. 掌握等电位联结的作用及分类；

5. 了解漏电保护器的分类及工作原理，掌握漏电保护器的选择与应用。

## 4.1　建　筑　防　雷

### 4.1.1　雷电的基本知识

雷电是发生在大气层中的声、光、电并发的一种放电现象。这个放电的过程会产生强烈的闪电和巨大的声响，即人们常说的“电闪雷鸣”。

1. 雷电的形成及危害

(1) 雷电的形成

空气中不同的气团相遇后，凝成水滴或冰晶，形成积云。积云在运动中分离出电荷。当其积聚到足够数量时，就形成带电雷云。在带有不同电荷雷云之间，或在雷云及由其感应而生的存在于建筑物等上面不同电荷之间发生击穿放电，即为雷电。

(2) 雷电的危害

雷电产生以下几种效应，几乎同时瞬间发生，所以往往造成突然性危害。

1) 机械效应：雷电流通过建筑物时，使被击建筑物缝隙中的气体剧烈膨胀，水分充分汽化，导致被击建筑物破坏或炸裂甚至击毁，以致伤害人畜及设备。

2) 热效应：雷电流通过导体时，在极短的时间内产生大量的热能，可烧断导线，烧坏设备，引起金属融化、飞溅而造成火灾及停电事故。

3) 电气效应：雷电引起大气过电压，使得电气设备和线路的绝缘破坏，产生闪络放电，以致开关掉闸，线路停电，甚至高压窜入低压，造成人身伤亡。高压冲击波还可能与附近金属导体或建筑物间发生反击放电，产生火花，造成火灾及爆炸事故。同时雷电电流流入地下或雷电侵入波进入室内时，在相邻的金属构架或地面上产生很高的对地电压，可能直接造成接触电压和跨步电压升高，导致电击危险。

2. 雷电的特点

雷电流放电电流大，幅值高达数十 kA 至数百 kA；放电时间极短，大约只有 50～100$\mu$s；波头陡度高，可达 50kA/s，属于高频冲击波。雷电感应所产生的电压可高达 300～500kV。直击雷冲击电压高达 MV 级，放电时产生的温度达 2000K。

3. 产生危害的雷电种类

（1）直击雷：闪击直接击于建（构）筑物、其他物体、大地或外部防雷装置上，产生电效应、热效应和机械效应。

接近地面的雷云，当其附近没有带电荷的雷云时，就会在地面凸出物上感应异性电荷。当雷云同地面凸出物之间的电场强度达到空气击穿强度时，就会发生击穿放电，即雷云对地面凸出物直接击穿放电。

（2）闪电感应：闪电放电时，在附近导体上产生的闪电静电感应和闪电电磁感应，它可能使金属部件之间产生火花放电。

1）闪电静电感应：由于雷云的作用，使附近导体上感应出与雷云符号相反的电荷，雷云主放电时，先导通道中的电荷迅速中和，在导体上的感应电荷得到释放，如没有就近泄入地中就会产生很高的电位。

静电感应形成是由于雷云接近地面时，在地面凸出物顶部感应出大量异性电荷。当雷云与其他雷云或物体放电后，凸出物顶部积聚的电荷顿时失去约束，呈现出高电压，雷电流在周围空间产生迅速变化的强磁场，在附近的金属上感应出高电压。

2）闪电电磁感应：由于雷电流迅速变化在其周围空间产生瞬间变化的强电磁场，使附近导体上感应出很高的电动势。

（3）闪电电涌侵入：由于雷电对架空线路、电缆线路或者金属管道的作用，雷电波，即闪电电涌，可能沿着这些管线侵入屋内，危及人身安全或损坏设备。

4. 年平均雷暴日数和年预计雷击次数

（1）年平均雷暴日数 $T_d$

雷电的大小与多少和气象条件有关。为了统计雷电的活动频繁度，一般以“雷暴日”为单位。在一天内只要听到雷声或者看到雷闪就算一个雷暴日。由当地气象站统计的多年雷暴日的年平均值，称为年平均雷暴日数。此值不超过 15 天的地区称为少雷区；此值超过 40 天的地区称为多雷区。也有用“雷暴小时”作单位的，即在 1h 内只要听到雷声或者看到雷闪就算一个雷暴小时。我国大部分地区一个雷暴日约折合 3 个雷暴小时。

（2）年预计雷击次数

年预计雷击次数是表征建筑物可能遭受雷击的一个频繁参数，按《建筑物防雷设计规范》GB 50057—2010 规定，建筑物年预计累积次数应按下式计算：

$$N = k \cdot N_g \cdot A_e \tag{4-1}$$

式中 $N$——建筑物的年预计雷击次数（次/a）；

$k$——校正系数，详见 GB 50057—2010，在一般情况下取 1；位于河边、湖边、山坡下或山地中土壤电阻率较小处、地下水露头处、土山顶部、山谷风口处等处的建筑物，以及特别潮湿的建筑物取 1.5；金属屋面没有接地的砖木结构建筑物取 1.7；位于山顶上或旷野的孤立建筑物取 2；

$N_g$——建筑物所处地区雷击大地的年平均密度（次/$km^2$ · a）；

$A_e$——与建筑物截收相同雷击次数的等效面积（$km^2$），按 GB 50057—2010 所规定的方法计算。

5. 雷击的选择性

大量雷害事故的统计资料和实验研究证明，雷击的地点和建筑物遭受雷击的部分是有一定规律的，这些规律称为雷击的选择性。

（1）影响雷击的因素

1）与地质构造有关。即与土壤电阻率有关，土壤电阻率小的地方易受雷击，在不同电阻率土壤交界地段易受雷击。雷击经常发生在有金属矿床的地区、河岸、地下水出口处，山坡与稻田接壤的地段。

2）与地面上的设施情况有关。凡是有利于雷云与大地建立良好的放电通道者易受雷击，这是雷击选择性的重要因素。此外，建筑物的结构、内部情况对雷电的发展也有影响。金属结构的建筑物或内部有大型金属设备的厂房，或内部经常潮湿的房屋，由于具有良好的导电性能，因此容易遭到雷击。

3）从地形来看，凡是有利于雷云的形成和相遇条件的易遭受雷击。我国大部分地区山的东坡、南坡较西坡、北坡易受雷击，山中平地较峡谷易受雷击。

（2）建筑物易受雷击的部位

1）平屋面或坡度不大于 1/10 的屋面，檐角、女儿墙、屋檐为易受雷击的部位，如图 4-1（*a*）、（*b*）所示。

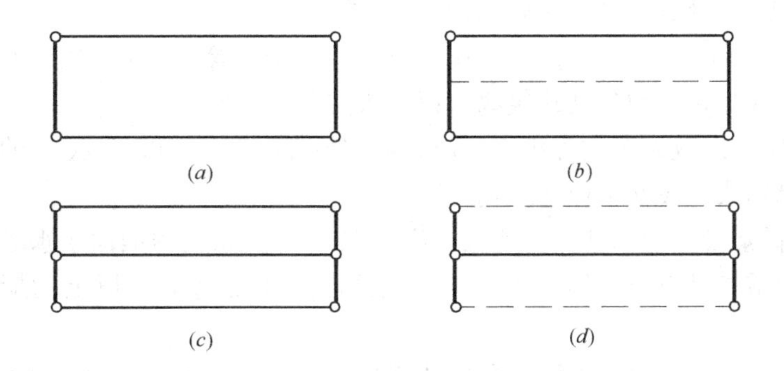


图 4-1　建筑物易受雷击部位

注：○雷击率最高部位；- - -可能遭受雷击部位；——易受雷击的部位

2）坡度大于 1/10 且小于 1/2 的屋面，屋角、屋脊、檐角、屋檐应为易受雷击的部位，如图 4-1（*c*）所示。

3）坡度不小于 1/2 的屋面，屋角、屋脊、檐角为易受雷击的部位，如图 4-1（*d*）所示。

4）如图 4-1（*c*）、（*d*）所示，在屋脊有接闪器的情况下，当屋檐处于屋脊接闪带的保护范围内时，屋檐上可不设接闪带。

**4.1.2　建筑物的防雷**

1. 建筑物防雷的分类

根据建筑物的重要性、使用性质、受雷击可能性的大小和一旦发生雷击事故可能造成的后果进行分类，依据《建筑物防雷设计规范》GB 50057—2010，建筑物的防雷等级可分为三类。在可能发生对地闪击的地区，各类防雷建筑的具体划分如下：

（1）第一类防雷建筑

凡制造、使用或贮有炸药、火药、起爆药、火工业品等大量爆炸物质的建筑物，因火花而引起爆炸，会造成巨大破坏和人身伤亡的。

(2) 第二类防雷建筑物

符合下列情况之一时，应划为第二类防雷建筑物：

1) 国家级重点文物保护的建筑物。

2) 国家级的会堂、办公建筑物、大型展览和博展建筑物、大型火车站和飞机场、国宾馆，国家级档案馆、大型城市的重要给水泵房等特别重要的建筑物（飞机场不含停放飞机的露天场所和跑道）。

3) 国家级计算中心、国家级通信枢纽等对国民经济有重要意义的建筑物。

4) 国家特级和甲级大型体育馆。

5) 预计年预计雷击次数大于 0.05 次/a 的部、省级办公建筑及其他重要或人员密集的公共建筑物以及火灾危险场所。

6) 预计年预计雷击次数大于 0.25 次/a 的住宅、办公楼等一般性民用建筑物或一般性工业建筑物。

(3) 第三类防雷建筑

符合下列情况之一时，应划为第三类防雷建筑：

1) 省级重点文物保护的建筑物及省级档案馆。

2) 预计年雷击次数大于或等于 0.01 次/a，且小于或等于 0.05 次/a 的部、省级办公楼和其他重要或人员密集的公共建筑物，以及火灾危险场所。

3) 预计年雷击次数大于或等于 0.05 次/a，且小于或等于 0.25 次/a 的住宅、办公楼等一般民用建筑物或一般性工业建筑物。

4) 在平均雷暴日大于 15d/a 的地区，高度在 15m 及以上的烟囱、水塔等孤立的高耸构筑物；在平均雷暴日小于或等于 15d/a 的地区，高度在 20m 及以上的烟囱、水塔孤立的高耸构筑物。

(4) 由重要性或使用要求不同的分区或楼层组成的综合性建筑物，且按防雷要求分别划为第二类和三类防雷建筑时，其防雷分类宜符合下列规定：

1) 当第二类防雷建筑的面积占建筑物总面积的 30%及以上时，该建筑物宜确定为第二类防雷建筑物。

2) 当第二类防雷建筑的面积，占建筑物总面积的 30%以下时，宜按各自类别采取相应的防雷措施。

2. 防雷措施

(1) 第二类防雷建筑物的防雷措施

1) 第二类防雷建筑物应采取防直击雷、防雷电波侵入和防侧击的措施。

宜采用装设在建筑物上的接闪网、接闪带或接闪杆，也可采用由接闪网、接闪带或接闪杆混合组成的接闪器。接闪网、接闪带应沿屋角、屋脊、屋檐和檐角等易受雷击的部位敷设，并应在整个屋面组成不大于 10m×10m 或 12m×8m 的网格；当建筑物高度超过 45m 时，首先应沿屋顶周边敷设接闪带，接闪带应设在外墙外表面或屋檐边垂直面上，也可设在外墙外表面或屋檐边垂直面外。接闪器之间应互相连接。

专设引下线不应少于 2 根，并应沿建筑物四周和内庭院四周均匀对称布置，其间距沿周长计算不应大于 18m。当建筑物的跨度较大，无法在跨距中间设引下线，应在跨距两端设引下线并减少其他引下线的间距，专设引下线的平均间距不应大于 18m。

外部防雷装置的接地应和防闪电感应、内部防雷装置、电气和电子系统等接地共用接地装置，并应与引入的金属管线做等电位连接。外部防雷装置的专设接地装置宜围绕建筑物敷设成环形接地体。

利用建筑物的钢筋作为防雷装置时，敷设在混凝土中作为防雷装置的钢筋或圆钢，当仅为 1 根时，其直径不应小于 10mm。作为防雷装置的混凝土构件内有箍筋连接的钢筋时，其截面积总和不应小于 1 根直径 10mm 钢筋的截面积。

2）防直击雷的措施，应符合下列规定：

① 接闪器宜采用避雷带（网）或避雷针或由其混合组成。避雷带应装设在建筑物易受雷击部位（屋角、屋脊、女儿墙及屋檐等），并应在整个屋面上装设不大于 10m×10m 或 12m×8m 的网格。

② 所有避雷针应采用避雷带相互连接。

③ 在屋面接闪器保护范围之内的物体可不装接闪器，但引出屋面的金属体应和屋面防雷装置相连。

④ 在屋面接闪器保护范围之外的非金属物体应装设接闪器，并和屋面防雷装置相连。

⑤ 当利用金属物体或金属屋面作为接闪器时，应采用镀锌圆钢或扁钢，其尺寸不小于：圆钢直径为 8mm，扁钢截面积 48mm$^2$；扁钢厚度 4mm。

⑥ 防直击雷的引下线应优先利用建筑物钢筋混凝土中的钢筋或钢结构柱。

⑦ 防直击雷装置的引下线的数量和间距应符合以下规定：

A. 专设引下线时，其根数不应少于两根，间距不应大于 18m，每根引下线的冲击接地电阻不应大于 10Ω。

B. 当利用建筑物钢筋混凝土中的钢筋或钢结构柱作为防雷装置的引下线时，其根数不做具体规定，间距不应大于 18m，但建筑外廓易受雷击的各个角上的柱子的钢筋或钢柱应被利用。每根引下线的冲击接地电阻可不作规定。

（2）第三类防雷建筑物的防雷措施

1）第三类防雷建筑物应采取防直击雷、防雷电波侵入和防侧击的措施。

宜采用装设在建筑物上的接闪网、接闪带或接闪杆，也可采用由接闪网、接闪带和接闪杆混合组成的接闪器。接闪网、接闪带沿屋角、屋脊、屋檐和檐角等易受雷击的部位敷设，并应在整个屋面组成不大于 20m×20m 或 24m×16m 的网格；当建筑物高度超过 60m 时，首先应沿屋顶周边敷设接闪带，接闪带应设在外墙外表面或屋檐边垂直面上，也可设在外墙外表面或屋檐边垂直面外。接闪器之间应互相连接。

专设引下线不应少于 2 根，并应沿建筑物四周和内庭院四周均匀对称布置，其间距沿周长计算不应大于 25m。当建筑物的跨度较大，无法在跨距中间设引下线时，应在跨距两端设引下线并减小其他引下线的间距，专设引下线的平均间距不应大于 25m。

防雷装置的接地应与电气和电子系统等接地共用接地装置，并应与引入的金属管线做等电位连接。外部防雷装置的专设接地装置宜围绕建筑物敷设成环形接地体。

2）防直击雷的措施应符合下列规定：

① 接闪器宜采用避雷带（网）或避雷针或由其混合组成。

② 避雷带应装设在屋角、屋脊、女儿墙及屋檐等建筑物易受雷击部位，并在整个屋面上装设不大于 20m×20m 或 24m×16m 的网格。

③ 平屋面的建筑物，当其宽度不大于 20m 时，可仅沿周边敷设一圈避雷带。

④ 在屋面接闪器保护范围之内的物体可不装接闪器，但引出屋面的金属体应和屋面防雷装置相连。

⑤ 在屋面接闪器保护范围以外的非金属物体应装设接闪器，并和屋面防雷装置相连。

⑥ 当利用金属物体或金属屋面作为接闪器时，应采用镀锌圆钢或扁钢，其尺寸不小于：圆钢直径为 8mm，扁钢截面积 $48mm^2$，扁钢厚度 4mm。

⑦ 防直击雷装置的引下线的数量和间距应符合以下规定：

A. 为防雷装置专设引下线时，其引下线数量不应少于两根，间距不应大于 25m，每根引下线的冲击接地电阻不宜大于 30Ω，但对规范中规定的三类防雷建筑物中，年预计雷击次数大于 0.012 次，且小于或等于 0.06 次的部、省级办公建筑及其他重要或人员密集的公共建筑物，则不宜大于 10Ω。

B. 当利用建筑物钢筋混凝土中的钢筋作为防雷装置引下线时，其引下线数量不做具体规定，间距不应大于 25m。建筑物外廓易受雷击的几个角上的柱筋宜被利用。每根引下线的冲击接地电阻值可不作规定。

3）防雷电波侵入的措施，应符合下列要求：

① 对电缆进出线，应在进出端将电缆的金属外皮、钢管等与电气设备接地相连。如架空线转换为电缆，电缆长度不宜小于 15m 并应在转换处装设避雷器。避雷器、电缆金属外皮和绝缘子铁脚、金具应连在一起接地，其冲击接地电阻不宜大于 30Ω。

② 对低压架空进出线，应在进出处装设避雷器并与绝缘子铁脚、金具连在一起，接到电气设备的接地装置上。当多回路进出线时，可仅在母线或总配电箱处装设避雷器或其他形式的电涌保护器，但绝缘子铁脚、金具仍应接到接地装置上。

③ 进出建筑物的架空金属管道，在进出处应就近接到防雷和电气设备的接地装置上或独自接地，其冲击接地电阻不宜大于 30Ω。

3. 防雷装置

防雷装置用于减少闪击击于建（构）筑物上或建（构）筑物附近造成的物质性损伤和人身伤亡，由外部防雷装置和内部防雷装置组成。外部防雷装置由接闪器、引下线和接地装置组成。内部防雷装置由防雷等电位连接和与外部防雷装置的间隔距离组成。

建筑物的外部防雷装置一般由接闪器、引下线、接地装置三个基本部分组成。

（1）接闪器

接闪器又称受雷装置，是接受雷电流的金属导体，其形式有避雷针、避雷带、避雷网三类。

1）避雷针

避雷针通常设在被保护的建筑物顶端的突出部位。有时也采用钢筋混凝土或钢架构成独立式避雷针。

避雷针一般用直径 25～40mm 的镀锌钢管或直径 16～20mm 的圆钢制成，长约 2m，顶端剔尖。高度为 20m 以内的独立避雷针通常用木杆或水泥杆支撑，更高的避雷针则采用钢结构架杆支承。

单支接闪杆的保护范围，应依据现行国家标准《建筑物防雷设计规范》GB 50057—2010 规定的“滚球法”来确定。所谓滚球法，就是选择一个半径为 $h_r$ 的球体，沿需要防护直击雷的部分滚动；如果球体只触及接闪器和地面，而不触及需要保护的部位时，则该部位就在这个接闪器的保护范围之内，如图 4-2 所示。

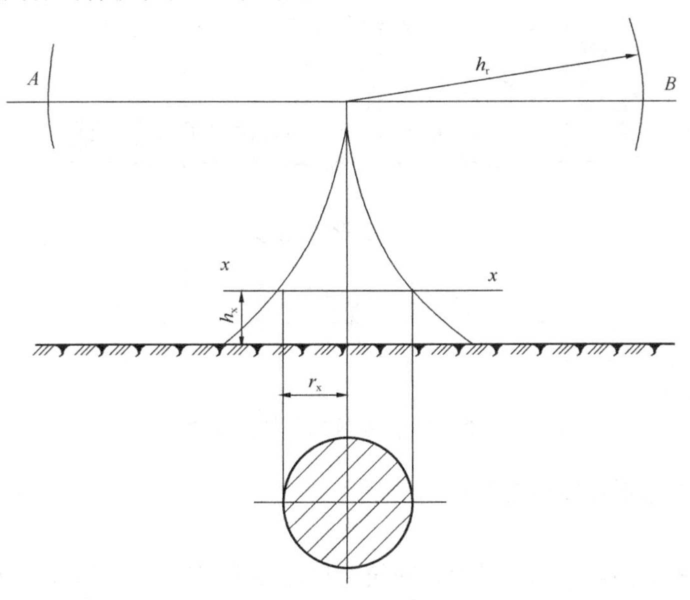


图 4-2 单支避雷针的保护范围

① 当避雷针高度 $h \leqslant h_r$ 时

A. 距地面 $h_r$ 处作一平行于地面的平行线。

B. 以避雷针的针尖为圆心，$h_r$ 为半径，作弧线交平行线于 $A$、$B$ 两点。

C. 以 $A$、$B$ 为圆心，$h_r$ 为半径作弧线，该弧线与针尖相交，并与地面相切。由此弧线到地面上的整个锥形空间就是避雷针的保护范围。

D. 避雷针在被保护物高度 $h_x$ 的 $xx$ 平面上的保护半径 $r_x$ 按下式计算：

$$r_x = \sqrt{h(2h_r - h)} - \sqrt{h_x(2h_r - h_x)}$$

式中 $h_r$ 为滚球半径，按表 4-1 确定。

**按建筑物防雷类别确定滚球半径和避雷网格尺寸** **表 4-1**

| 建筑物防雷类别 | 第一类 | 第二类 | 第三类 |
|---|---|---|---|
| 滚球半径 $h_r$（m） | 30 | 45 | 60 |
| 避雷网格尺寸（不大于）（m） | 5×5 或 6×4 | 10×10 或 12×8 | 20×20 或 24×16 |

② 当避雷针高度 $h > h_r$ 时，在避雷针上取高度为 $h_r$ 的一点代替避雷针的针尖作为圆心。其余的作法同 $h \leqslant h_r$ 时。

**【例 4-1】** 某厂一座 38m 高的水塔旁边，建有一水泵房（属三类防雷建筑物），尺寸如图 4-3 所示。水塔上面装有 2m 高的避雷针。试问此避雷针能否保护这一水泵房。

**【解】** 查表 4-1 知滚球半径 $h_r$=60m，而 $h$=30+2=32m，$h_x$=8m，因此得保护半径

$$r_x = \sqrt{32 \times (2 \times 60 - 32)} - \sqrt{8 \times (2 \times 60 - 8)} = 23.13\text{m}$$

现水泵房在 $h_x$=8m 高度上，最远一角距离避雷针的水平距离为

$$r = \sqrt{(12 + 6)^2 + 5^2} = 18.7\text{m} < r_x$$

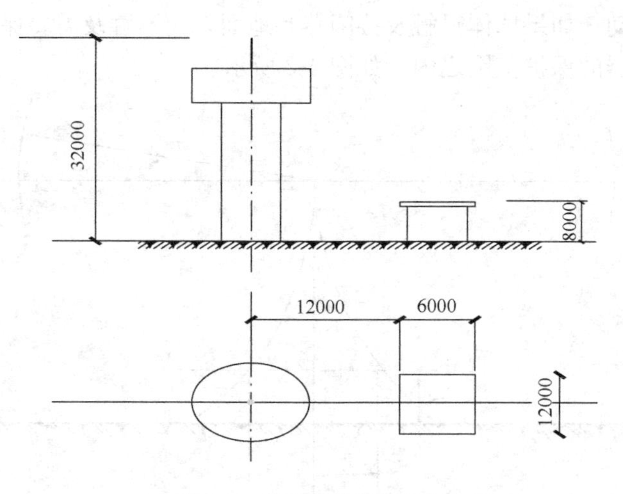


图 4-3 避雷针的保护范围

可见水塔上的避雷针完全能保护此水泵房。

2）避雷带

避雷带是一种接闪器，水平敷设在建筑物顶部突出部位，如屋脊、屋檐、女儿墙、山墙等位置，对建筑物易受雷击部位进行保护。避雷带一般采用镀锌圆钢或扁钢制成，其尺寸不小于：圆钢直径为 8mm，扁钢截面积 $48mm^2$；扁钢厚度 4mm。

避雷带安装时，每隔 1m 用支架固定在墙上或现浇在混凝土的支座上。

第三类建筑物采用避雷带时，屋面上任何一点距避雷带不应大于 10m，当有三条以上平行避雷带时，每隔 30～40m 应将平行的避雷带连接起来。

3）避雷网

这是金属导体做成网式的一种接闪器。网格不应大于 8～10m，使用的材料与避雷带相似，采用截面积不小于 $50mm^2$ 的圆钢和扁钢，交叉点必须进行焊接。避雷网宜采用暗装，其距屋面层的厚度一般不大于 20mm。通常采用明装避雷带与暗装避雷网相结合的方法，以减少接闪时在屋面层上击出小洞。避雷网又可以看成是可靠性更高的多行交错的避雷带，即接闪器，又是防感应雷害的装置，在框架结构的高层建筑中较多采用。

(2) 引下线

引下线是连接接闪器和接地装置的金属导线，它可以把接闪器上的雷电流引到接地装置上去。引下线可以用圆钢和扁钢制作。当采用圆钢时，直径不应小于 8mm。当采用扁钢时，截面积不小于 $48mm^2$，厚度不应小于 4mm。引下线既可以明装，也可以暗设。明装时，必须由接闪器绕过屋顶，沿建筑物的外边敷设。引下线在地面上 1.7m 至低于地面 0.3m 之间的一段接地线，应采用暗敷设或采用镀锌角钢、改性塑料管或橡胶管等加以保护，免受机械损伤。对于建筑艺术要求较高者，引下线可以暗敷，但其截面应加大一级。现在通常采用利用建筑物本身的钢筋混凝土柱子中的主筋直接引下的方法，非常方便又可节约投资，但必须要求将两根以上的主筋焊接直至基础钢筋网，以构成可靠的电气通路。当利用混凝土内钢筋、钢柱作为自然引下线并同时采用基础接地体时，可不设断接卡子，但利用钢筋作引下线时应在室内外的适当地点设若干连接板。当仅利用钢筋作引下线并采用埋于土壤中的人工接地体时，应在每根引下线上距地面不低于 0.3m 处设接地体连接板。采用埋于土壤中的人工接地体时应设断接卡子，其上端应与连接板或钢柱焊接。连接板处宜有明显标志。

(3) 接地线与接地极

接地线与接地极组成接地装置，接地装置是引导雷电流安全入地的导体。接地极是指与大地作良好接触的导体。接地极分垂直接地极和水平接地极两种。人工垂直接地常用长度为2.5m的角钢、圆钢或钢管制成，底部割成锥形，顶部深埋0.8～1m。各种钢材规格应不小于：圆钢直径14mm；镀锌角钢为50mm×50mm×3mm；钢管壁厚2mm。

水平接地极常采用热镀锌圆钢或扁钢制成，水平深埋不应小于0.5m，并宜敷设在当地冻土层以下，其距墙或基础不宜小于1m。钢材规格不小于：圆钢直径8mm；扁钢为25mm×4mm。

为了满足接地电阻的要求，可采用一种复合接地极。它是把多根垂直接地极用水平埋设的扁钢连接起来。扁钢规格不小于10mm×4mm，各垂直接地极之间的距离一般为5m。

连接引下线和接地极的导体称为接地线。接地线通常采用直径10mm以上的镀锌圆钢制成。当雷电流通过接地装置向大地流散时，接地点的电位仍然是很高的，人体走近接地极时会有触电危险。因此接地极应埋设在行人较少的地方，要求接地极距被保护的建筑物不小于3m。

4. 建筑物防雷平面图

对建筑物的要求，要用建筑防雷平面图来表示。建筑防雷平面图是在屋面平面图的基础上绘制的，如图4-4所示。

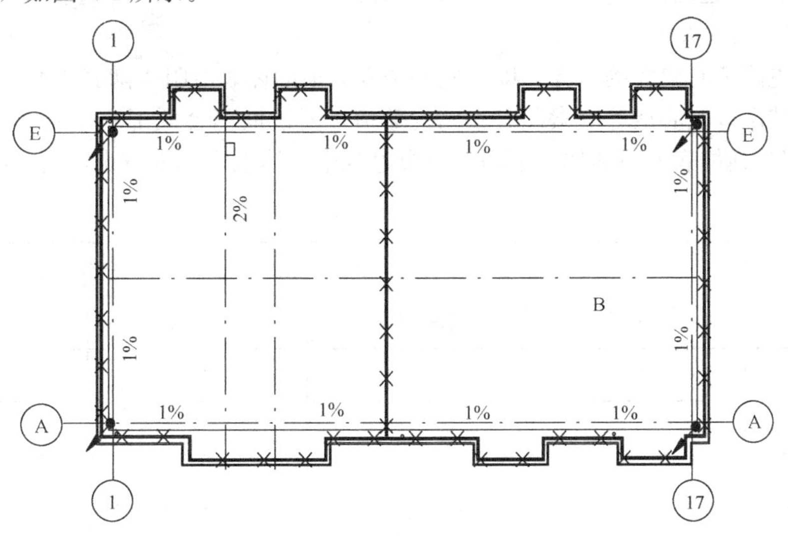


图4-4 建筑防雷平面图

图中用图例符号表示出避雷针、避雷带、引下线和接地装置的安装位置。

## 4.2 安 全 用 电

### 4.2.1 触电、急救与防护

1. 触电的原因与触电的方式

因为人体是电的导体，所以当人体接触带电体承受过高电压形成回路时，则有电流流过人体。由此而引起的局部伤害或死亡现象被称为触电。

（1）触电原因

1）违反“停电检修安全工作制度”，因误合闸造成维修人员触电；

2）违反“带电检修安全操作规程”，使操作人员触及电器的带电部分；

3）带电移动电器设备；

4）用水冲洗或用湿布擦拭电气设备；

5）随意加大保险丝的规格，失去短路保护作用，导致电器损坏；

6）对有高压电容的线路检修时未进行放电处理导致触电；

7）施工不规范，电气设备绝缘损坏、接地不良；

8）产品质量不合格；

9）偶然条件，进入高压线路的接地短路点以及遭雷击等原因。

（2）触电的危害

1）人体触电时，电流对人体会造成两种伤害：电击（内伤）和电伤（外伤）。

① 电击：触电部位感觉发热、麻木，继而神经麻痹、肌肉痉挛、呼吸困难、心脏停止跳动，最终导致死亡。

② 电伤：是指电流的热效应、化学效应或机械效应对人体造成的伤害，电灼伤、皮肤金属化、电烙印、机械损伤。

2）触电所引起的伤害程度与下列因素有关：

① 人体电阻的大小

人体的电阻值有较大的差异，即使同一个人，他的体表电阻也随着皮肤的干燥、清洁程度、健康状况以及心情等因素而有不同的数值，但最低不会低于800～1200Ω，见表4-2。人体电阻包括体表电阻和体内电阻。触电过程中人体电阻越来越小，击穿皮肤角质层。

**人体电阻大小** **表 4-2**

| 接触电压（V） | 人体电阻（Ω） | | | |
|---|---|---|---|---|
| | 皮肤干燥 | 皮肤润 | 皮肤湿 | 皮肤浸入水中 |
| 10 | 7000 | 3500 | 1200 | 600 |
| 25 | 5000 | 2500 | 1000 | 500 |
| 50 | 4000 | 2000 | 875 | 440 |
| 100 | 3000 | 1500 | 770 | 375 |
| 250 | 1500 | 1000 | 650 | 325 |

② 流过人体的电流

A. 电流大小

人体触电的危险性与通过体内的电流强弱、时间长短及电流的频率等有关。30毫安的电流流经人体即可致命，而频率为40～60Hz的交流电，比其他频率的电流更危险。通常，1mA的工频电流通过人体时，就会使人有不舒服的感觉，10mA电流流经人体时尚可摆脱，称为摆脱电流，而在 50mA 的电流通过人体时，就会有生命危险。当流过人体的电流达到 100mA 时，就足以使人死亡。

B. 电流流通路径

触电的危险性还与通过人体的生理部位有关，当触电电流经过心脏或中枢神经时最危险。表 4-3 表示电流通过人体不同部位时，心脏内流过的电流占人体触电电流的百分率。

**心脏内流过的电流占人体触电电流的百分率　　表 4-3**

| 触电部位 | 两脚触电 | 两手触电 | 右手至右脚 | 左手至右脚 |
|---|---|---|---|---|
| 通过心脏的电流百分率 | 0.4% | 3.3% | 3.7% | 6.7% |

③ 安全电压

根据上述人体电阻和安全电流的数值，再根据欧姆定律，对人体来讲，安全电压为：$U=IR_{m}=30\times10^{-3}\times$（800～1200）＝24～36V

安全电压是指人体不戴任何防护设备时，触及带电体而不受电击或电伤，这个带电体的电压就是安全电压。但是由于所处环境不同，我国规定的安全电压等级为 36V、24V、12V 等。尽管处于安全电压下，也决不允许随意或故意去触碰带电体。因为所谓安全也是相对而言的。严格地讲，安全电压是因人而异的，与触碰带电体的时间长短、与带电体接触的面积和压力等均有关系。

（3）触电方式

1）直接触电

即人体的某一部位接触电器设备的带电导体，而另一部位与大地接触引起的触电，或同时接触到两相不同的导体。此时加在人体的电压分别为相电压或线电压。

2）间接触电

人体接触到故障状态带电导体，而正常情况下该导体是不带电的。例如，电气设备的金属外壳，当发生碰壳故障时就会使金属外壳的电位升高，这时人触及金属外壳就会发生触电。人体同时触及不同电位的两点时，也会在人体加一电压，该电压称为接触电压，用 $U_{J}$ 表示。接触电压也会达到很高的数值。减少接触电压的有效方法就是等电位联结，如图 4-5（*a*）所示。

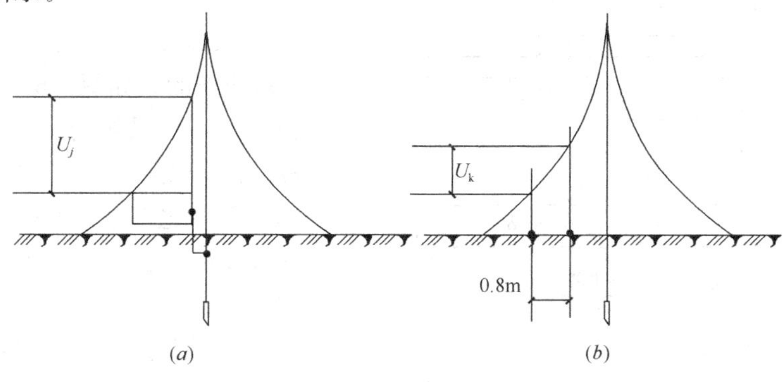


图 4-5　接触电压与跨步电压

（*a*）接触电压；（*b*）跨步电压

3）跨步电压触电

当有电流流入电网接地点或防雷接地点时，电流在接地点周围土壤中产生电压降，接地点的电位往往很高，距接地点越远，则电位逐渐下降越陡。通常把地面上 0.8m 的两处的电位差称为跨步电压，用 $U_k$ 表示，如图 4-5（*b*）所示。

当人走近接地点附近时，两脚踩在不同的电位上就会使人承受跨步电压（即两脚之间的电位差）。步距越大，跨步电压越大。跨步电压的大小还与接地电流的大小、人距离接地点远近、土壤的电阻率等有关。在雷雨时，当强大的雷电流通过接地体时，接地点的电位很高，因此在高压设备接地点周围应使用护栏围起来，这不只是防人体触及带电体，也防止人被跨步电压袭击。人体万一误入危险区，将会感到两脚发麻，这时千万不能大步跑，而应单脚跳出接地区，一般 10m 以外就没有危险了。

2. 触电的急救

当发生和发现触电事故时，必须迅速进行抢救。触电的抢救关键是快字，抢救的快慢与效果有极大的关系。

（1）脱离电源

对低压触电，若触电地点附近有电源开关或插销，可立即拉开开关或拨出插销，断开电源。当电线搭落在触电者身上或被压在身下时，可用干燥的衣服、手套、绳索、木板等绝缘物作为工具拉开触电者或挑开电线，使触电者脱离电源。对高压触电事故，应立即通知有关部门停电，或戴上绝缘手套，穿上绝缘用相应电压等级的绝缘工具拉开开关。

（2）现场急救

触电者脱离电源后需积极进行抢救，时间越快越好。若触电者失去知觉，但仍能呼吸，应立即抬到空气流通、温暖舒适的地方平卧，并解开衣服，速请医生诊治。若触电者已停止呼吸，心脏也已停止跳动，这种情况往往是假死，一般不要打强心针，而应该通过人工呼吸和胸外心脏按压的急救方法，使触电者逐渐恢复正常。

**4.2.2 低压配电系统的接地形式**

按 IEC 标准和国家标准接地形式可分为以下三种：

1. TN 系统

电力系统有一点直接接地，受电设备的外露可导电部分通过保护线与接地点连接。按照中性线与保护线组合情况，又可分为三种形式：

（1）TN-S 系统（又称五线制系统）

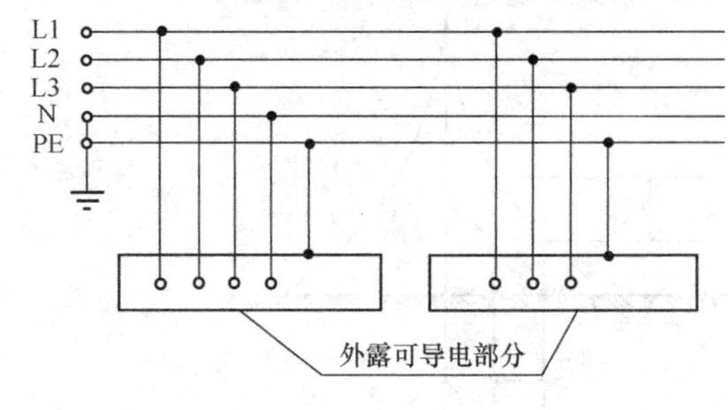


图 4-6 TN-S 系统

整个系统的中性线（N）与保护线（PE）是分开的，如图 4-6 所示。

由于 TN-S 系统可装设漏电保护开关，故适用于设有变电所的公共建筑、医院、单相负荷比较集中地场所、办公楼与科研楼以及一般住宅、商店等民用建筑电气装置。

（2）TN-C 系统（又称四线制系统）

整个系统的中性线（N）与保护线（PE）是合一的，如图 4-7 所示。

本系统的安全水平较低，例如单相回路切断 PEN 线时，设备金属外壳带 220V 对地电压，不允许断开 PEN 线检修设备，TN-C 系统可用于三相动力设备较多的系统或有专业人员维护管理的一般性工业厂房和场所，因为少配一根线，故比较经济。

(3) TN-C-S 系统（又称四线半制系统）

系统的前一部分线路的中性线（N）与保护线（PE）是合一的，而系统的后一部分线路的中性线（N）与保护线（PE）则是合一的，如图 4-8 所示。采用 TN-C-S 系统时，当保护导体与中性导体从某点分开后不应再合并，且中性导体不应再接地。

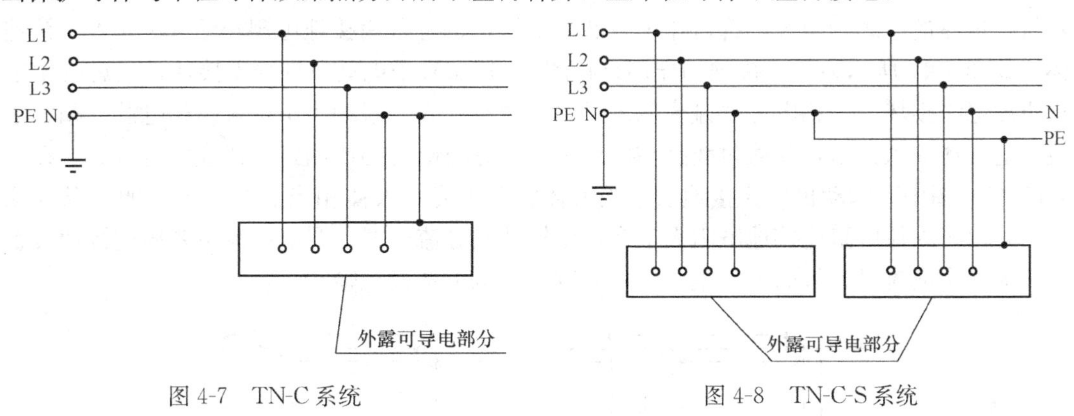


图 4-7　TN-C 系统　　图 4-8　TN-C-S 系统

TN-C-S 系统主要应用在配电线路为架空配线，用电负荷比较分散，距离又较远的系统。但要求线路在进入建筑物时，将中性线进行重复接地，同时再分出一根保护线。因为外线少配一根，比较经济。此系统适用于不附设变电所的公共建筑、医院，单相负荷比较集中地场所、办公楼与科研楼以及一般住宅、商店等民用建筑电气装置。

2. TT 系统

电力系统有一点直接接地，受电设备的外露可导电部分通过保护线接至与电力系统接地点无直接关联的接地极，如图 4-9 所示。在 TT 系统中，保护线可以各自设置，由于各自设置的保护线互不相关，因此电磁环境的适应性较好，但保护人身安全性较差，目前仅在小负荷系统中应用。

3. IT 系统

电力系统的带电部分与大地无直接连接（或有一点经足够大的阻抗接地），受电设备的外露可导电部分通过保护线接至接地极，如图 4-10 所示。

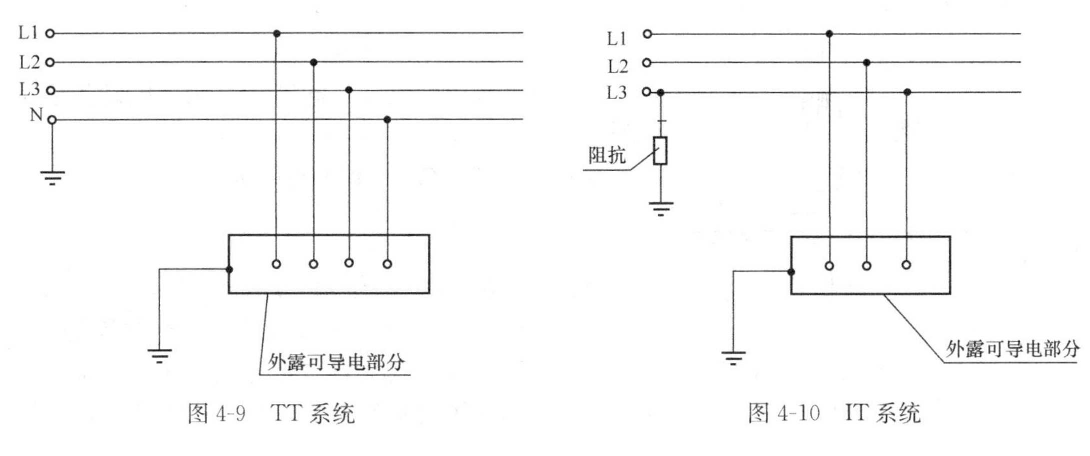


图 4-9　TT 系统　　图 4-10　IT 系统

### 4.2.3 保护接地与保护接零

1. 保护接地

保护接地将电气设备在正常情况下不带电的金属外壳用电阻很小的导线与接地体可靠地连接起来，这种接地方式称为保护接地。保护接地适用于中性点不接地的供电系统，根据规定在电压低于1000V而中性点不接地的电力网中，或电压高于1000V的电力网中均需采用保护接地。保护接地的接地体应尽量采用自然接地体，凡与大地有良好接触的金属水管、房屋的金属构架等，都可作为自然接地体，也可采用接地电阻小于4Ω的人工接地体。如图4-11所示为保护接地的作用，在图4-11（*a*）中电动机外壳不接地，当运行中电动机因绝缘损坏，一相电源线碰壳漏电时，人触及外壳，就相当于接触一相电源。漏电电流通过人体流入大地，并通过线路与大地之间的分布电容构成回路，造成触电事故，在图4-11（*b*）图中，电动机外壳接地后，当人体触及外壳，人体相当于接地装置的一条并联支路，由于人体电阻比接地电阻大很多，根据并联分流公式，漏电电流主要通过接地装置流入大地，而流过人体的电流很小，从而避免了触电造成危险。

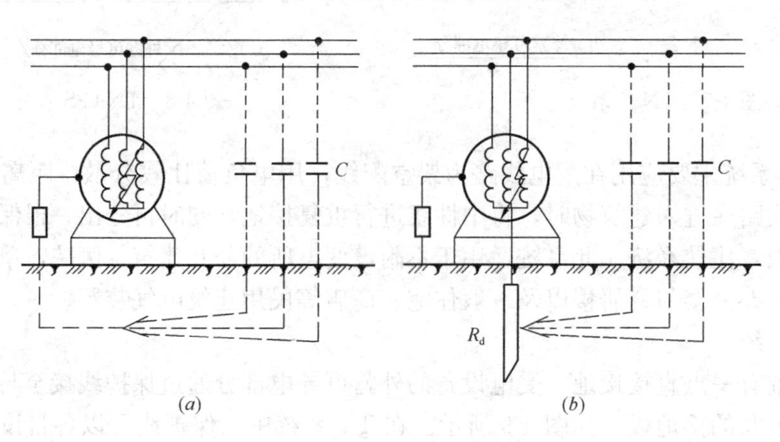


图4-11 保护接地的作用

2. 保护接零

在三相四线制中，电源中性点接地的低压供电系统，如果采用保护接地的方法，将不能有效地防止人身触电事故的发生。如图4-12所示的中性点接地系统，当采用保护接地而绝缘损坏使一相线碰壳短路时，短路电流 $I_k$ 为：

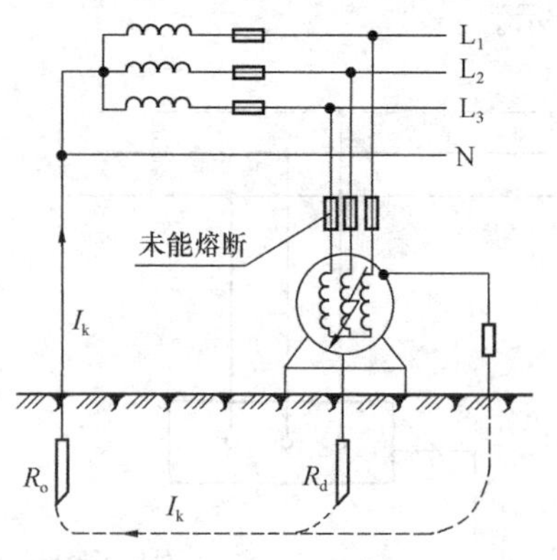


图4-12 中性点接地系统采用保护接地的情况

$$I_k = \frac{U_p}{R_o + R_d}$$

式中，$R_0$ 为系统中性点接地电阻；$R_d$ 为用电设备接地电阻。

设 $R_0$、$R_d$ 为4Ω，电源相电压为220V。

$$I_k = \frac{220}{4+4} = 27.5\text{A}$$

设备外壳对地电压为：$U = I_k R_d = 27.5 \times 4 = 110\text{V}$

所以人体将承受110V的对地电压，会非常危险。

在1000V以下电源中性点接地的三相四线制供电系统中应采用保护接零的方法，如图4-13所示，当发生某相碰壳时，就会造成该相短路而使保护装置迅速动作，切断电源，避免发生触电事故。保护接零的保护作用比保护接地更完善，但在采用保护接零时应注意，零线上决不允许装设熔断器或开关设备；连接零线的导线连接必须牢固可靠，接触良好，保护零线与工作零线一定要分开，决不允许把接在用电器上的零线直接与设备外壳连接，而且同一低压供电系统中决不允许一部分设备采用保护接地，而另一部分设备采用保护接零。

3. 重复接地

在中性点接地的供电系统中，除将电源中性点接地外，沿中线走向，每隔一定距离再次将中线接地，称为重复接地。如果没有重复接地，当中线的某处断线时，接在断线处后面的所有电气设备就会出现既没有保护接零，又没有保护接地的情况，此时一旦有相电源碰壳，所有电气设备的外壳都将通过中线带上等于相电压的对地电压，这是十分危险的，如图 4-14 所示。经过重复接地处理后，即使零线发生断裂，也能使故障程度减轻。在照明线路中，也可以避免因零线断裂三相电压不平衡而造成的某些电气设备的损坏。

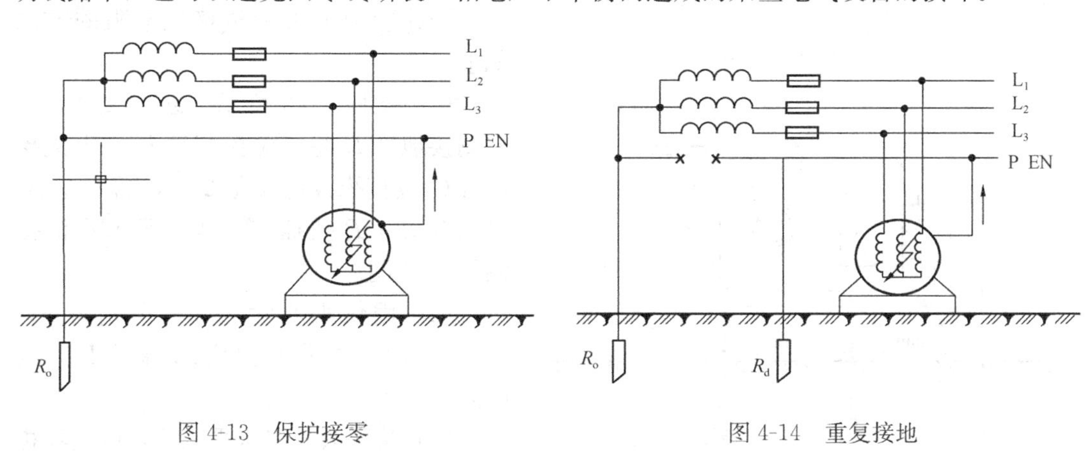


图 4-13　保护接零　　　图 4-14　重复接地

## 4.3　接地电阻的测量

无论是工作接地还是保护接地，其接地电阻必须满足规定要求，否则就不能安全可靠地起到接地作用。

接地电阻是指接地体电阻、接地线电阻和土壤流散电阻三部分之和。其中主要是土壤流散电阻。接地电阻的数值等于接地装置对地电压与通过接地体流入地中电流的比值。

### 4.3.1　接地电阻测量方法

测量接地电阻的方法很多，有电流表-电压表测量法和专用仪器测量法。

1. 用电流表-电压表测量接地电阻，如图 4-15 所示。

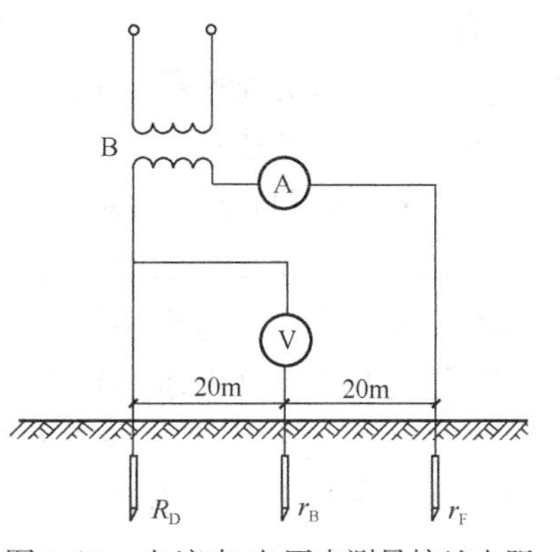


图 4-15　电流表-电压表测量接地电阻

图中 B 是测量用的变压器，$R_D$ 是被测接地体，$r_F$ 是辅助接地体，$r_B$ 是接地棒，应采用直径 25mm，长为 0.5m 的镀锌圆钢。采用高内阻的电压表，设电压表读数为 $U_V$；电流表读数为 $I_D$，则接地电阻 $R_D$可近似为

$$R_D = \frac{U_V}{I_D}$$

此种方法需要必要的准备工作，测量手续也较麻烦，但是测量范围广，测量精度高，故仍然被采用，尤其测量小电阻的接地装置。测量时要注意把三个接地体排在一条直线上或者布置成三角形。

2. 用接地电阻测量仪测量接地电阻

接地电阻测量仪又称为接地摇表。图 4-16 是 ZC-8 型接地摇表外形，其内部主要元件是手摇发电机、电流互感器，可变电阻及零指示器等，另外附接地探测针（电位探测针、电流探测针）2 支、导线 3 根（其中 1 根 5m 长用于接地极，1 根 20m 长用于电位探测针，1 根 40m 长用于电流探测针接线）。

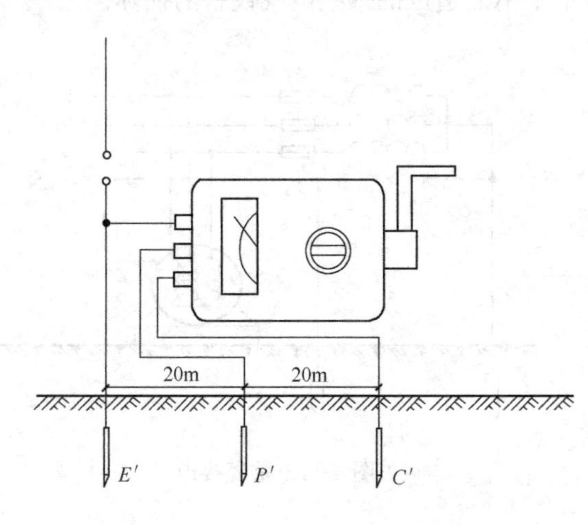

图 4-16　接地摇表测量接地电阻

用此接地摇表测量接地电阻的方法如下：

(1) 按图 4-16 所示接线图接线，沿被测接地极 $E'$将电位探测针 $P'$和电流探测针 $C'$按直线彼此相距 20m，插入地中。电位探测针 $P'$要插在接地极 $E'$和电流探测针 $C'$之间。

(2) 用仪表所附的导线分别将 $E'$、$P'$、$C'$ 连接到仪表相应的端子 $E$、$P$、$C$ 上。

(3) 将仪表放置水平位置，调整零指示器，使零指示器指针指到中心线上。

(4) 将“倍率标度”置于最大倍数，慢慢转动发电机的手柄，同时旋动“测量标度盘”，使零指示器的指针指于中心线。在零指示器指针接近中心线时，加快发电机手柄转速，并调整“测量标度盘”，使指针指于中心线。

(5) 如果“测量标度盘”的读数小于 1 时，应将“倍率标度”置于较小倍数，然后再重新测量。

(6) 当指针完全平衡指在中心线上后，将此时“测量标度盘”的读数乘以倍率标度，即为所测的接地电阻值。

**4.3.2　降低接地电阻的措施**

流散电阻与土壤的电阻有直接关系。土壤电阻率越低，流散电阻也就越低，接地电阻就越小。所以在遇到电阻率较高的土壤，如砂质、岩石以及长期冰冻的土壤，装设人工接地体，要达到设计所要求的接地电阻，往往要采取适当的措施。常用的方法如下：

1. 对土壤进行混合或浸渍处理：在接地体周围土壤中适当混入一些木炭粉、炭黑等以提高土壤的导电率或用食盐溶液浸渍接地体周围的土壤，对降低接地电阻也有明显效果。近年来还有采用木质素等长效化学降阻剂，效果也十分显著。

2. 改换接地体周围部分土壤：在接地体周围 1～4m 范围内，改换土壤电阻率比原来小得多的土壤，如黏土、黑土、砂质黏土、加木炭粉土等。此法在地下水位高、水分渗入较多的地区使用效果较好，但在石质地层难以达到理想效果。

3. 增加接地体埋设深度：当碰到地表面岩石或高电阻率土壤不太厚，而下部就是低电阻率土壤时，可将接地体采用钻孔深埋或开挖深埋至低电阻率的土壤中。

4. 外引式接地：当接地处土壤电阻率很大而在距接地处不太远的地方有导电良好的土壤或有不冰冻的湖泊、河流时，可将接地体引至该低电阻率地带，然后按规定做好接地。

## 4.4 等电位联结

### 4.4.1 等电位联结的作用

等电位联结是防止触电危险的一项重要安全措施。建筑物的低压电气装置应采用等电位联结，以降低建筑物内间接接触电压和不同金属物体间的电位差；避免自建筑物外经电气线路和金属管道引入的故障电压的危害；减少保护电器动作不可靠带来的危险和有利于避免外界电磁场引起的干扰、改善装置的电磁兼容性。

等电位联结可以更有效地降低接触电压的值，还可以防止由建筑物传入的故障电压对人身造成危害，提高电气安全水平。IEC 标准和一些技术先进国家的电气规范都将总等电位联结列为接地故障保护的基本条件。

### 4.4.2 等电位联结的分类

1. 总等电位联结

所谓总等电位联结就是将建筑物电气装置外露导电部分与装置外导电部分电位基本相等的连接。

将下列导电部分汇集到进线配电箱近旁的接地母排（总接地端子板）上而互相联结：

(1) 进线配电箱的保护线干线（即 PE 母排或 PEN 母排）；

(2) 电气装置总接地导体或总接地端子排；

(3) 建筑物内水管、燃气管、供暖和空调管道等金属管道；

(4) 条件许可的建筑物金属构件等导电体；

(5) 建筑物接地装置。

如图 4-17 所示为等电位联结示意图。

总等电位联结尚应包括建筑物的钢筋混凝土基础土楼板和平房地板。

2. 辅助等电位联结

将导电部分间用导体直接连通，使其电位相等或接近。

3. 局部等电位联结

当电气装置或电气装置某一部分发生接地故障后间接接触的保护电器不能满足自动切断电源的要求时，尚应在局部范围内将上述导电部分或将人体可同时触及的有可能出现危险电位差的不同导电部分互相直接联结再做一次局部等电位联结。如辅助等电位联结范围内没有 PE 线，不必自该范围外特意引入 PE 线。

对各型接地系统来说，总等电位联结和辅助等电位联结都具有降低预期接触电压的作

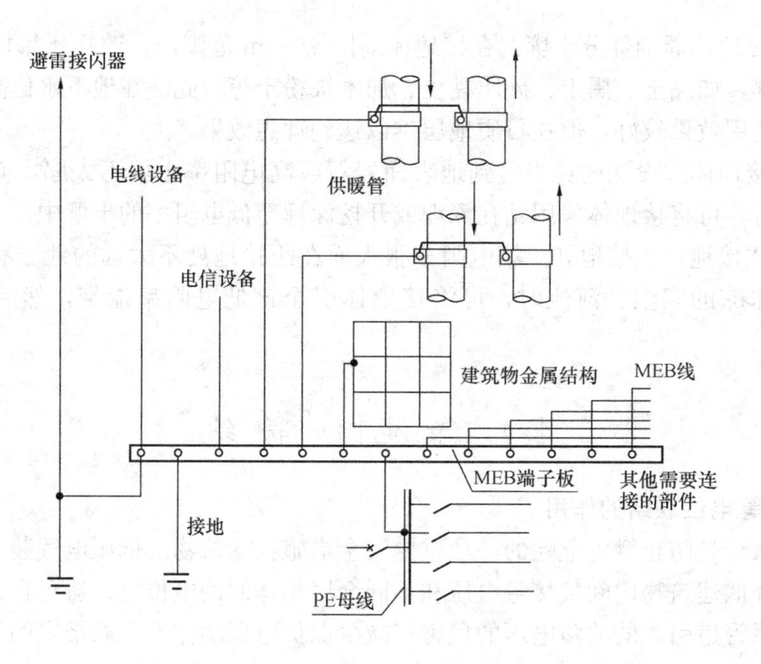


图 4-17　总等电位联结示意图

用。对于 TN 系统，总等电位联结还可消除自建筑物外沿 PEN 线或 PE 线窜入的危险故障电压，减小保护电器动作不可靠带来的危险，可作为后备保护。此外，有利于消除外界电磁场引起的干扰从而改善装置的电磁兼容性能，辅助等电位联结具有在总等电位联结之后进一步消除外来危险故障电压和外界电磁场干扰的作用。

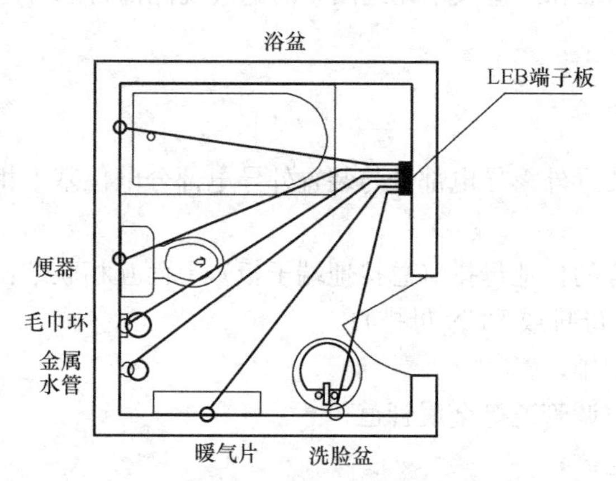


图 4-18　卫生间局部等电位联结示意

《低压配电设计规范》GB 50054—2011 规定，采用接地故障保护时，应在建筑物内作总等电位联结。需要联结的部分如前所述，所需联结的各导电体应尽量在进入建筑物处接向总等电位联结端子，如图 4-18 所示。

在采取了总等电位联结的措施后，固然大大降低了接触电压，但是，如果建筑物离电源较远，建筑物内的配电线路过长，而且导线截面较细时，由于回路阻抗大，接地故障电流小，接地故障保护装置的动作时间以及接地故障时的接触电压都可能超过规定值。这时，应在局部范围内作辅助等电位联结，以进一步减小接触电压；当可能发生电击的电气设备少而集中时，可将这些设备以及周围 2.5m 范围内可能同时触及的人、暖管道等外露可导电部分互相直接连接来实现辅助等电位联结，具体做法见《等电位联结安装》15D502。

**4.4.3　等电位联结时的注意事项**

由于各种管道的连接处填有麻丝或聚乙烯薄膜，一般不会影响连接处的导通，因而连接处无需跨接。但为可靠起见，在施工完毕后应进行测试，对个别导电不良处需做跨接处理。

水管的联结应与其主管部门协调，这倒不是担心水管会带电伤人，因为等电位联结后不但不会产生电位差伤人，而且由于接触电压的降低反而更安全，而是考虑检修时断开水管破坏了等电位联结。为此，在检修水管时需事先通知电气人员做好跨接线。另外，水表两端应予跨接。

煤气管的联结也应与其主管部门协调，这也是基于上述同样的考虑。另需指出，煤气管道和暖气管道应纳入总等电位联结，但不允许用作接地极，以防通过故障电流引起爆炸事故；因此，煤气管在进户后应插入一段绝缘管，并在两端跨接一过电压保护器。户外地下暖气管因包有隔热材料不需另行采取措施。下水管入户处、浴盆下水管等需作等电位联结。

等电位联结虽说是防止触电危险的一项重要安全措施，但并不是一项唯一的、绝对的安全措施。它可以大大降低接地故障情况下的预期接触电压，但并不能使任何情况下的接触电压都降到安全电压以下，也不能最终切断故障。而作为接地故障保护的熔断器、低压断路器和滑电保护器等保护电器，虽能切断故障，但由于产品的质量、电器参数的选择和其使用中的变化以及施工质量、维护管理水平等因素，保护电器的动作并不完全可靠（如熔断器和低压断路器作为接地故障保护的灵敏度不高，漏电保护器则易造成误动、拒动或失效的可能）。因此，为了提高电气安全水平，避免或减少人体遭受电击的危险，应根据具体情况将各种安全保护措施结合使用。PE 线宜采用与相线相同材料的导线，也可以采用其他的金属导线（包括裸导线与绝缘线），还可以用下列材料代替：电缆、护套线的金属护套、屏蔽层、铠装等金属外皮；配线用的钢管、金属线槽；电缆桥架；某些非电气装置的固定安装的金属管道和构架。在利用上述材料代替时，必须注意：其电导不应低于专用 PE 线的电导，这样才能不降低自动切断故障电路的保护装置的灵敏度；应保证代替材料不受机械的、化学的或电化学的腐蚀，以保证电路的导通；线槽、桥架等应便于引出 PE 分支线；如利用金属水管，应保证在修理水管时通知电气有关人员采取措施保证 PE 线的不中断；严禁煤气管用作 PE 线。

建筑的低压配电系统宜采用 TN-S 制的接地形式，为了提高过电流保护装置的接地故障保护的灵敏度，降低 PE 线上的接触电压，应尽量降低故障回路的阻抗。一般地，当线路流过的电流小于 40A 时，线路中的阻抗主要取决于线路上的电阻；但当电流大于 40A，尤其在 200A 以上时，线路中的阻抗则主要取决于线路上的电抗。线路电抗是与线路的导线间距离呈正比。因此，为了降低故障回路的阻抗，应尽量将 PE（PEN）线与相线靠近并同路敷设。所谓同路敷设，即 PE（PEN）线与相线同管、同线槽或同桥架敷设。如需设专门的 PE 线，但又无法获得五芯电缆时，应将单根的 PE 线与四芯电缆捆在一起来代替五芯电缆。

接地母排或总接地端子作为一建筑物电气装置内的参考电位点，通过它将电气装置的外露导电部分与接地体相连接，也通过它将电气装置内的各总等电位连接线互相连通。接地母排宜靠近进线配电箱装设，每一电源进线箱都应设置单独的接地母排，它不应与配电箱的 PE 线或 PEN 线母排合用，以便在近旁无带电导体条件下安全地进行定期检验。接地母排可嵌墙暗装，也可在墙面明装，但都必须加门或加罩保护，且需用钥匙或工具才能开启，以防无关人员误动。

对于地下等电位联结，一般要求地面上任意一点距接地体不超过10m，即要求地面下有20m×20m的金属网格。如果采用基础钢筋作接地体，要求作为接地体的基础钢筋做成不大于20m×20m的网格。

## 4.5 漏电保护器

### 4.5.1 安装漏电保护器的目的与要求

为了保证施工人员的安全，《施工现场临时用电安全技术规范》JGJ 46—2005规定：施工现场所有用电设备，除作保护接零外，必须在设备负荷线的首端设置漏电保护装置。施工现场在采用保护接地或保护接零的同时，必须设立两级漏电保护装置。

漏电保护器是涉及人身安全的重要产品，是保障施工现场临时用电安全的最有效的安全技术设备。施工现场环境恶劣，各工种立体交叉作业，施工用电设备数量多，用电量大，其中还有许多手持电动工具。

我国劳动人事部制定的《手持式电动工具的管理、使用、检查和维修安全技术规程》规定：第Ⅰ类、第Ⅱ类手持电动工具必须安装漏电保护开关。

开关箱内也必须装设漏电保护器。带有插座的家庭应安装动作电流小于30mA的漏电开关。

### 4.5.2 漏电保护器的功能

国际上公认：人体触电的时间和电流的乘积如果超过30mA，就会发生伤亡事故。

如果流过人体的电流瞬间大于50mA，就会发生伤亡事故，我们把这个电流称为致命电流。

漏电保护器的功能有两个：

(1) 当发生人体触电时，十几毫安的触电电流就能使漏电保护器动作，直接或间接地切断电源，从而保证人身安全。

(2) 当设备发生漏电，保护接地或保护接零不能切断电源时，十几毫安的漏电电流也能使漏电保护器切断电源。

必须指出，当相线之间，相线和零线之间发生短路、漏电（包括人体双相触电）时，漏电保护器并不动作。只有相线和地之间有短路、漏电（包括人体单相触电）时，漏电保护器才动作。

必须注意：漏电保护器本身也会出故障，所以，装了漏电保护器也不能掉以轻心。

### 4.5.3 漏电保护器的分类与工作原理

1. 漏电保护器的分类

按其动作原理分为：电压动作型和电流动作型两大类。电流动作型的漏电保护器又分为电磁式、电子式和中性点接地式三种。按其工作性质分为：漏电断路器和漏电继电器。按其漏电动作值分为：高灵敏度型（漏电动作电流在30mA以下）、中灵敏度型（漏电动作电流在30～1000mA）和低灵敏度型（1000mA以上）三种。按其动作速度分为：高速型（漏电动作时间小于0.1s）、延时型（漏电动作时间在0.1～2s）和反时限型三种。按其极数和电流回路数分为：单极两线漏电保护器、两极漏电保护器、两极三线漏电、三极漏电保护器、三极四线漏电、四极漏电保护器。

凡用脱扣装置直接切断电源的，称为漏电保护开关。凡是采用继电器和与之配合的外部开关才能切断电源的或只发出警报不切断电源的，称为漏电保护继电器。

有的漏电保护器只有漏电保护功能；有的漏电保护器还兼有过载、短路、过电压保护功能；有的漏电保护器还有欠电压、断相、过电流、过电压等功能，称为多功能漏电保护器。

漏电保护器按其极数和电流回路数分为：单极两线漏电保护器、两极漏电保护器、两极三线漏电保护器、三极漏电保护器、三极四线漏电保护器、四极漏电保护器。

单极两线、两极三线、三极四线漏电保护器是指有一根导线（中性线）直接穿过检测元件而不能被断开。

2. 电磁式漏电保护器的工作原理

电磁式漏电保护装置由放大器、零序互感器和脱扣装置组成。它具有检测和判断漏电的能力，并在脱扣器的作用下，动作跳闸，切断电路。

漏电保护开关的工作原理为：在设备正常运行时，主电路电流的相量和为零，零序互感器的铁芯无磁通，其二次侧没有电压输出。当设备发生单相接地或漏电时，由于主电路电流的相量和不再为零，零序互感器 TAN 的铁芯有零序磁通，其二次侧有电压输出，经放大器 A 判断、放大后，输入给脱扣器 YR，使断路器 QF 跳闸，切断故障电路，避免发生触电事故，如图 4-19 所示。

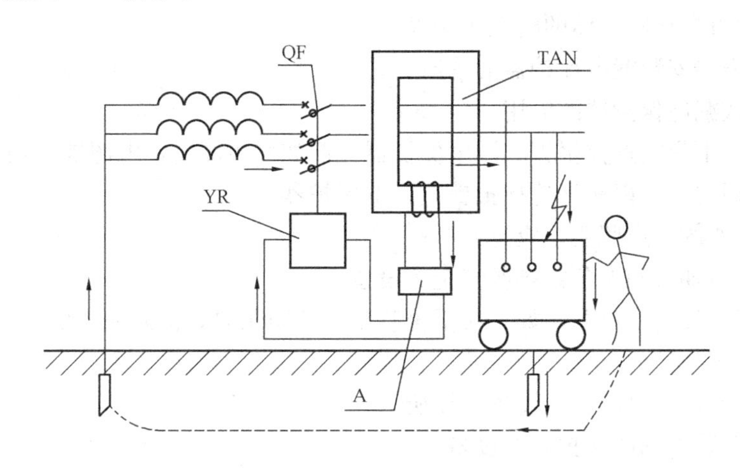


图 4-19　漏电开关动作原理图

A—放大器；QF—断路器；YR—脱扣器；TAN—零序互感器

### 4.5.4　漏电保护器的技术指标与型号

1. 额定电压：漏电保护器的工作电压，即被保护设备的额定电压，有 220V、380V 两种。

2. 额定电流：漏电保护器长期通过的、并能正常接通或分断的电流。漏电开关工作电流的等级有（IEC 标准）：6、10、16、20、32、40、50、63、100、200、400A 等。

3. 脱扣器的额定电流：脱扣器接通或分断的电流，该电流可以在一定范围内进行调整，最大值等于脱扣器的额定电流。

4. 额定漏电动作电流：能使漏电保护器动作的最小漏电电流。数值在 10～500mA，可根据具体情况进行选择，数值越小越灵敏。

5. 动作时间：从发生漏电到漏电保护器动作所用的时间，小于0.2s。

6. 额定漏电不动作电流：使漏电保护器不动作的最大漏电电流，称为漏电保护器的额定漏电不动作电流。漏电保护器的额定漏电不动作电流一般等于额定漏电动作电流的1/2。

7. 额定接通分断能力：漏电保护器在规定的使用性能条件下所能分断的漏电电流值和短路电流值。

### 4.5.5 漏电保护器的安装与选择

1. 漏电保护器的安装

(1) 必须安装漏电断路器的设备和场所

1) 属于第Ⅰ类的移动式电气设备及手持电动工具；

2) 安装在潮湿、强腐蚀性等环境恶劣场所的电器设备；

3) 建筑施工工地的电气施工机械设备；

4) 暂设临时用电的电气设备；

5) 宾馆、饭店及招待所的客房内的插座回路；

6) 机关、学校、企业、住宅等建筑物内的插座回路；

7) 游泳池、喷水池、浴池的水中照明设备；

8) 安装在水中的供电线路和设备；

9) 医院中直接接触人体的电气医用设备；

10) 其他需要安装漏电保护器的场所。

(2) 报警式漏电保护器的应用

在下列情况下只能选择报警式漏电保护器，假如发生漏电，电源被切断，就会造成事故和重大经济损失，所以必须选择报警式漏电保护器。

1) 公共场所的通道照明，应急照明；

2) 消防用电梯及确保公共场所安全的设备；

3) 用于消防设备的电源，如火灾报警装置，消防水泵，消防通道照明等；

4) 用于防盗报警的电源；

5) 其他不允许停电的特殊设备和场所。

(3) 不需要装设漏电保护器的设备

1) 使用安全电压供电的电器设备；

2) 一般环境条件下使用的具有双重绝缘或加强绝缘的电气设备；

3) 使用隔离变压器供电的电气设备；

4) 在采用了不接地的局部等电位联结安全措施的场所中使用的电气设备；

5) 在没有间接触电危险的场所中使用的电气设备。

2. 漏电保护器的选择

(1) 根据电气设备的供电方式来选择漏电保护器

1) 单相220V电源供电的电气设备应选用单极两线式或两极两线式漏电保护器；

2) 三相三线式380V电源供电的电气设备应选用三极式漏电保护器；

3) 三相四线式380V电源供电的电气设备，或单相设备与三相设备共用的电路，应选用三极四线式或四极式漏电保护器。

（2）根据电气线路的正常泄漏电流，选择漏电保护器的额定漏电动作电流

从安全角度出发，漏电保护器的额定漏电动作电流选择得越小越好；但从供电的可靠性出发，不能过小，应受到被保护线路和设备正常泄漏电流值的制约。

由于配电线路和用电设备总是存在正常的对地绝缘电阻和对地分布电容，因此，在正常工作情况下，也会有一定的泄漏电流。它的大小取决于配线长度、设备容量、导线布置情况，以及它们的绝缘水平和环境条件。如果漏电保护器的额定漏电动作电流小于被保护线路和设备正常的总泄漏电流值，就会使漏电保护器经常误动作，破坏供电可靠性。

如果线路的泄漏电流大于允许值，必须更换绝缘良好的供电线路。安装漏电保护器的电动机以及其他电气设备在正常运行时的绝缘电阻值不应小于 0.5MΩ。

选择漏电保护器的额定漏电动作电流值时，应充分考虑被保护线路和设备可能发生的正常泄漏电流值，必要时可通过实际测量取得被保护线路或设备的泄漏电流值。漏电保护器的额定漏电动作电流必须大于被保护线路和设备正常泄漏电流值。

根据经验：在单相用电回路中，漏电保护器的额定漏电动作电流值应大于该线路最大负荷电流的 1/2000。即

$$I_D \geqslant I_N/2000$$

对于三相设备，漏电保护器的额定漏电动作电流值应大于该设备最大负荷电流的 1/1000。即

$$I_D \geqslant I_N/1000$$

式中 $I_D$——漏电保护装置的额定漏电动作电流（mA）；

$I_N$——最大负荷电流（A）。

分支电路中使用的漏电保护器，其额定漏电动作电流应大于正常运行中实测泄漏电流的 2.5 倍，同时还应大于其中泄漏电流最大的一台用电设备实测泄漏电流的 4 倍。

选用的漏电保护器的额定漏电动作电流，应不小于被保护线路和设备的正常泄漏电流最大值的 2 倍。

（3）根据漏电保护器的动作参数进行选择

1）手持式电动工具、移动电器、家用电器插座回路的设备应优先选用额定漏电动作电流不大于 30mA、快速动作的漏电保护器。

2）单台电机设备可选用额定漏电动作电流为 30mA 及以上、100mA 以下快速动作的漏电保护器。

3）有多台设备的总保护应选用额定漏电动作电流为 100mA 及以上快速动作的漏电保护器。

4）成套开关柜、分配电盘的额定漏电动作电流为 100mA 以上。

5）防止电气火灾的漏电保护器的额定漏电动作电流为 300mA。

6）Ⅱ类手持式电动工具必须装设额定漏电动作电流小于 15mA、动作时间小于 0.1s 的漏电保护器。

（4）对特殊负荷和场所应按其特点选用漏电保护器

1）医院中的医疗电气设备安装漏电保护器时，应选用额定漏电动作电流为 10mA、快速动作的漏电保护器。

2）安装在潮湿场所的电气设备应选用额定漏电动作电流为 15～30mA、快速动作的

漏电保护器。

3）安装于游泳池、喷水池、水上游乐场、浴室的照明线路，应选用额定漏电动作电流为10mA、快速动作的漏电保护器。

4）在金属物体上工作，操作手持式电动工具或行灯时，应选用额定漏电动作电流为10mA、快速动作的漏电保护器。

5）连接室外架空线路时应选用冲击电压不动作型的漏电保护器。

6）带有架空线路的总保护应选择中、低灵敏度及延时动作的漏电保护器。

7）电路末端必须安装漏电动作电流小于30mA的高速动作型漏电保护器。

(5) 施工现场漏电保护器的选择

1）《施工现场临时用电安全技术规范》JGJ 46—2005规定：总配电箱中应装设漏电保护器，漏电保护器应装设在电源隔离开关的负荷侧。

2）《施工现场临时用电安全技术规范》JGJ 46—2005规定：开关箱内的漏电保护器，其额定漏电动作电流不大于30mA、额定漏电动作时间应小于0.1s；使用于潮湿和有腐蚀介质场所的漏电保护器应采用防溅型产品，其额定漏电动作电流应不大于15mA、额定漏电动作时间应小于0.1s。

3）漏电保护器的选择应满足选择性要求

当采取分段保护时，应满足上下级动作的选择性。即当某处发生接地故障时，应由本级的漏电保护器切断故障点的电源，而上一级（靠近电源）的漏电保护器不应同时或提前动作切断电源。为此，在选择漏电保护器时应遵守下列规则：上级漏电保护器的额定漏电动作电流的1/2大于下一级漏电保护器的额定漏电动作电流之和；上级漏电保护器的可返回时间大于下一级漏电保护器的最长断开时间。

### 4.5.6 漏电保护器的接线

根据漏电保护器的使用经验，接线方法不正确会造成漏电保护器不动作或误动作。所以，在漏电保护器的接线过程中，必须注意下列问题：

1. 要严格注意工作零线N和保护零线PE的接法。

(1) 如果使用工作零线N，那么工作零线N就必须接入漏电保护器，否则漏电保护器就会误动作。

例如，在照明和三相设备共用的供电系统中，选用三极三线漏电保护器，工作零线N没有接入漏电保护器，一送电，漏电保护器就会跳闸，线路不能正常工作。此时，必须重新选用四极漏电保护器，把工作零线N接入漏电保护器，线路就能正常工作。

(2) 保护零线PE不能接入漏电保护器，否则当用电设备绝缘损坏时，漏电保护器不动作。

2. 从漏电保护器负荷侧接出的工作零线N不能重复接地，否则漏电保护器就会误动作。

中性点直接接地的配电变压器，装设漏电保护器以后，除零线首端外，在系统中不允许再将零线接地。也就是说，工作零线N在漏电保护器的前侧（电源侧）可以接地，工作零线N在漏电保护器的后侧（负荷侧）不可以接地。

3. 分支线路的工作零线不能相连，否则，漏电保护器就会发生误动作。

4. 单相负荷不能跨接漏电保护器两侧，否则，漏电保护器就会发生误动作。

5. 工作零线不能就近支接，否则，漏电保护器就会发生误动作。

6. 单相负荷尽可能均衡分布。否则，一相的负荷偏大会使该相的漏电电流偏大，造成漏电保护器误动作。

7. 必须保证工作零线 N 的绝缘等级。如果工作零线 N 的绝缘电阻较小，对地绝缘较差，工作零线 N 上的一部分电流就会经大地流向变压器的中性点，漏电保护器检测到该漏电流，就会动作跳闸，发生误动作。

### 4.5.7 漏电保护器在安装过程的注意事项

1. 根据被保护对象的供电形式正确选择漏电保护器的极数；根据供电方式和电源电压进行接线，接线时要分清相线极和零线极。

2. 安装前必须检查漏电保护器的额定电压、额定电流、短路通断能力、漏电动作电流和漏电动作时间是否符合要求。

3. 漏电保护器有负荷侧和电源侧之分时，绝大多数为电子式漏电保护器。安装接线时不能反接。电磁式漏电保护器的进出线反接可能影响其分断能力，所以也应按要求进行接线。

4. 带有短路保护的漏电保护器，在分断短路电流时，位于电源侧的排气孔往往有电弧喷出，所以在安装时应保证在电弧喷出方向有足够的飞弧距离。

5. 漏电保护器应尽量远离其他铁磁体和电流较大的载流导体。

6. 施工现场的漏电保护器必须安装在具有防雨措施的配电箱、开关箱里，也可以采用防溅型漏电保护器。

7. 漏电保护器安装后，应操作试验按钮，检验漏电保护器的工作特性，确认能正常动作后才允许投入使用。

8. 漏电保护器安装后的检验项目

（1）用试验按钮试验三次，应正确动作；

（2）带负荷分合三次，均不应有误动作。

9. 经过漏电保护器的工作零线不得作为保护零线，不得重复接地，不得和设备的外露可导电部分连接。

### 4.5.8 导致漏电保护器误动作的原因

1. 漏电保护器自身质量欠佳。

2. 漏电保护器的额定漏电动作电流小于被保护线路和设备正常泄漏电流值，使漏电保护器误动作。

3. 接线错误使漏电保护器误动作。

4. 电磁干扰使漏电保护器误动作。当漏电保护器邻近导线中突然通过大电流时，它产生的磁场干扰漏电保护器，使其误动作。

### 4.5.9 漏电保护器的检测

漏电保护器是否有故障，可以通过试验按钮来检测其机械部分；或外接接地电阻模拟漏电进行检测；或使用漏电保护器动作参数仪来判别。

低压配电线路或负载的接地故障可通过逐步接入各分支线路的方法来判别。可先看漏电保护器是否动作，若漏电保护器动作，说明该支路有故障，否则是正常的。其次，可通过测量漏电流来判断各分支线路是否有故障。

## 单 元 小 结

本教学单元的主要内容包括：建筑防雷、安全用电、接地电阻的测量、等电位联结、漏电保护器。其中建筑防雷介绍了雷电的基本知识、建筑物的防雷。安全用电介绍了触电、急救与防护，低压配电系统的接地形式，保护接地与保护接零，接地电阻的测量介绍了接地电阻测量方法，降低接地电阻的措施，等电位联结介绍了等电位联结的作用、等电位联结的分类、等电位联结的注意事项，漏电保护器介绍了安装漏电保护器的目的与要求、漏电保护器的功能、漏电保护器的分类与工作原理、漏电保护器的技术指标与型号、漏电保护器的安装与选择、漏电保护器的接线、漏电保护器在安装过程的注意事项、导致漏电保护器误动作的原因、漏电保护器的检测。

### 思考与练习题

4-1 产生危害的雷电有哪几种？对于这些危害，应采取哪几种防护措施？

4-2 什么叫年平均雷暴日数和年预计雷击次数？什么叫多雷区和少雷区？

4-3 民用建筑的防雷等级如何划分？各等级不同的建筑物应采取哪些防雷措施？

4-4 什么叫滚球法？如何用滚球法确定避雷针的保护范围？

4-5 什么叫保护接地？什么叫保护接零？什么情况下采用保护接地？什么情况下采用保护接零？

4-6 在同一供电系统中，为什么只允许采取一种接地（或接零）保护方式？

4-7 什么叫重复接地，它的功能是什么？

4-8 降低接地电阻的方法有几种？

4-9 如发现有人触电，应如何进行急救处理？

4-10 简述漏电开关的保护原理。

4-11 某厂有一座第二类防雷建筑物，高 8m，其屋顶最远的一角距离高 30m 烟囱为 $r$。烟囱上装有 2.5m 高的避雷针，如图 4-20 所示。试验算此避雷针能否保护这座建筑物。

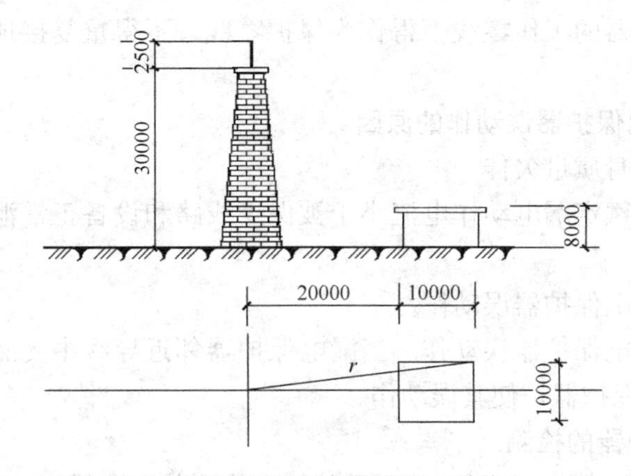


图 4-20 单根避雷针的保护范围（单位：mm）

# 教学单元5　建筑弱电系统基本知识

【教学目标】

1. 了解保安系统三个层次的保护、组成；
2. 了解电气消防系统的构成与分类；
3. 了解综合布线系统的组成、特点及常用线缆；
4. 熟悉防盗报警系统的组成、设备功能及设备选择；
5. 熟悉消防联动控制系统的组成、功能及设备选择；
6. 掌握火灾探测器的种类及适用场所。

## 5.1　安全防范系统

### 5.1.1　建筑物对保安系统的要求

目前，人们对建筑物及建筑物内部物品的安全性要求日益提高，无论是金融大厦、证券交易中心、博物馆及展览馆，还是办公大厦、商场及住宅，对保安系统均有相应的要求。因此，保安系统工程已经成为现代化建筑，尤其是智能建筑非常重要的内容。

现代化建筑需要多层次及针对性的保安系统。由于科技的飞速发展，新出现的各种犯罪手段对保安系统提出了许多课题，同时信息时代的到来又使保安系统的内容有了新意义。最初保安的内容是保护财产和人身安全，而后是重要事件、技术资料、图纸保护等。在具有信息化和办公自动化的建筑内，不仅要对外部人员进行防范，而且要对内部人员加强管理，对重要的部位、物品还需特殊的保护。从防止罪犯入侵的过程上讲保安系统应提供以下三个层次的保护。

1. 外部侵入保护

外部侵入是指罪犯从建筑物的外部侵入楼内，如大楼的门、窗、墙体等，在上述部位设置相应的报警装置就可以及时发现并报警，从而在第一时间内采取处理措施。外部侵入保护是第一级保护。应用的报警设备有磁性开关、固体声信号器、玻璃破碎传感器、红外线探测器等。

2. 区域保护

区域保护是指对某些重要区域进行保护，如陈列展厅、多功能展厅等。区域保护为第二级保护；除应用红外探测器、微波探测器、红外-微波双鉴探测器等技术手段外，还应考虑加入计算机区域防范功能，达到区域保护智能化。

3. 目标保护

目标保护是对重点目标进行保护，如展柜内的重要展品等。目标保护是最后一级保护，应用的传感器包括压力开关、断线报警、接近开关等。

以上三个层次的保护涉及点、线、面与空间的保护，可使建筑物在保安方面具有全面的保护措施。

**5.1.2　保安系统的组成内容**

不同建筑物的保安系统有其不同的组成内容，但基本的子系统如下：

1. 出入口控制系统

出入门控制系统，又称门禁系统，是在建筑物内位置、通行对象及通行时间等进行实时控制或设定程序控制，适应一些银行、金融贸易楼和综合办公楼的公共安全管理。

2. 防盗报警系统

防盗报警系统是采用红外或微波技术的信号探测器，在一些无人值守的部位，根据部位的重要程度和风险等级要求以及现场条件，例如金融楼的贵重物品库房、重要设备机房、主要出入口通道等进行周边界或定向定方位保护，高灵敏度的探测器获得侵入物的信号以有线或无线的方式传送到中心控制值班室，同时报警信号以声或光的形式在建筑模拟图形屏上显示，使值班人员能及时地获得发生事故的信息。防盗报警系统采用了探测器双重检测及计算机信息重复确认处理技术，能达到报警信号的及时可靠并准确无误的要求，是大楼保安系统的重要技术措施。

3. 闭路电视监视系统

在人们无法或不可能直接观察的场合，闭路电视监视系统能实时、形象、真实地反映监控对象的画面，并已成为人们在现代化管理中监控的一种极为有效观察工具，这就是闭路电视监视系统在现代建筑中起独特作用和被广泛应用的重要原因。在重要场所安装摄像机，使保安人员在监控中心便可监视整个大楼内外的情况。监视系统除起到正常的监视作用外，在接到报警系统的信号后，可进行实时录像，以供现场跟踪和事后分析。

4. 保安人员巡逻管理系统

保安人员巡逻管理系统是采用设定程序路径上的巡视开关或读卡机，确保值班人员能够按照顺序和时间在防范区域内的巡视站进行巡逻，同时确保人员的安全。

5. 防盗门控制系统

在高层公寓楼或居住小区，防盗门控制系统能为来访人与居室中的人们提供双向通活或可视通话以及人们控制入口大门电磁开关，此外还要向保安管理中心进行紧急报警，建筑物保安系统内容应视建筑物的类型特点来确定，并非完全一致。

**5.1.3　防盗报警系统**

防盗报警系统负责建筑物内重要场所的探测任务，包括点、线、面和空间的安全保护。系统一般由探测器、区域报警控制器和报警控制中心设备组成，其基本结构图如图5-1所示。

系统设备分3个层次，最底层是探测器和执行设备，它们负责探测人员的非法入侵，向区域报警控制器发送信息。区域控制器负责下层设备的管理，同时向控制中心传送报警信息。控制中心设备是管理整个系统工作的设备，通过通信网络总线与各区域报警控制器连接。对于较小规模的系统，由于监控点少，也可由一个报警控制器和各种探测器组成，此时，无区域控制器或中心控制器之分。目前无论是进口设备还是国产设备，均有相应系统容量的控制器，用以组成各种规模的报警系统。

1. 系统报警探测器

保安系统所用探测器随着科技的发展不断更新，可靠性和灵敏度也不断提高。如何根

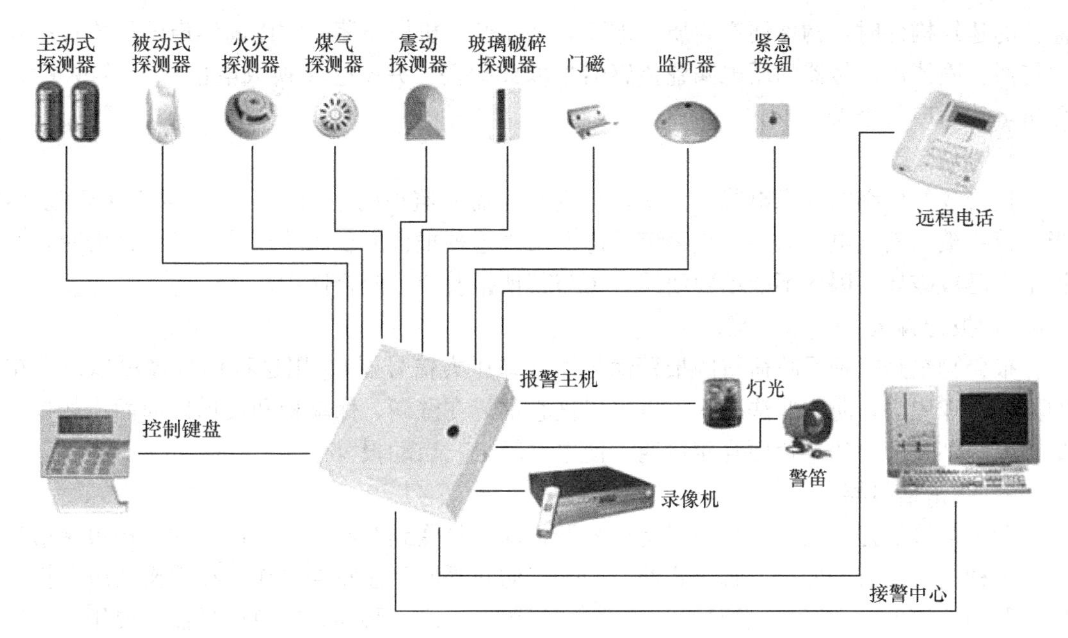


图 5-1　防盗报警系统结构图

据具体环境恰当地选择探测器，以发挥其功效，同时注意各种探测器的配合使用，减少误报，杜绝漏报，是建立报警系统的首要问题。以下论述各种探测器和报警设备的应用。

（1）入侵及袭击信号器

1）磁性触头

磁性触头又称磁性开关或干簧开关，是最常用的一种报警信号器，发送门、窗、柜、仪器外壳、抽屉等打开的信息。这种开关的优点是：很少误报警、质量高、造价较低。

磁性触头由一个开关元件和一个永久磁铁组成，两者精确地安装在被监视目标固定部分与活动部分的相对位置上，其间是一个有效的允许距离；永久磁铁磁场经过磁性开关，使磁性开关保持闭合状态，如果使两者的距离超过最大容许距离，则经过触头的磁场减弱或完全消失，从而磁性头打开，切断电路，发出报警。

2）玻璃破裂信号器

玻璃破裂信号器又称玻璃破裂传感器，用来监视玻璃平面，在对监视质量和报警可靠性有较高的要求时采用。

玻璃破裂信号器只对玻璃板破裂时所产生的高频作出反应。当玻璃板被击破时，玻璃板产生质量加速度，因而产生机械振荡，机械振荡以固体声的形式在玻璃内传播。信号器中的压电陶瓷传感器拾取此振荡波并使之转换成电信号，玻璃破裂的典型频率在信号器中经过放大，然后被用来启动警报。玻璃破裂信号器的有效监视范围，在几乎所有各种玻璃平面中均为 $15m^2$；对双层玻璃板和夹丝玻璃板也同样有效。在重型防弹玻璃上的有效监视范围约为 $4m^2$。报警信号器可直接装在窗框的附近，即装在不容易被人看到的部位。

3）固体声信号器

这种信号器反映机械作用；优先用于铁柜和库房的监视，信号器应安装在传声良好的平面上，例如混凝土墙、混凝土楼板、无缝的硬砖石砌体。当一强力冲击有固体声信号器监视的建筑构件时，构件便产生质量加速，因而产生机械振荡，它以固体声的形式在材料中传播。固体声信号器的压电陶瓷传感器拾取此振荡，并把它转换成电信号，经过放大、分析，然后启动报警。

4）报警线

报警线使用细的绝缘电线，张紧粘贴或埋入需要监视的平面上，监视电流连续流动：当报警线被切断，电流为零，报警信号即发出。这种报警方法的缺点是：发出报警时，监视平面已被破坏。因此不能单独使用，可与其他报警装置配合使用。

5）报警脚垫

报警脚垫是一种反映荷重的报警信号器（即压力信号器）。用这种信号器可以以简单的方式看守屋门，防止非法踏入，也可以把它铺放在壁橱、保险柜和楼梯口前面。如果脚垫被人踩踏，两金属薄片便互相接通，使电路闭合，启动报警。

6）袭击信号器

袭击信号器是由人工操作的报警信号器，即人员受到歹徒袭击时使用的一种报警信号器。这种信号器有手操式、脚操式两类。为了防止平时不注意误操作，在手操式应急报警信号器的按钮上贴上纸片或塑料片，写上“报警”标志。脚操式应急信号器主要用于银行或储蓄所，为了在进行操作时不引起歹徒注意。仅有脚尖抬起才能动作的脚操开关，并且在防止误操作方面也比脚下踏式开关更为优越。如果把每个脚操式信号器互相靠近连续安装，便构成长条信号器，由脚尖操作，这样可构成连续无隙的可靠操作。

以上传感器属于点、线、平面监视报警信号器，用于需要保护的部位或物品。从报警的时间上看，只有罪犯已进入室内并且开始犯罪活动时才能报警，因此报警时间较晚。同时，被保护物品或装置可能已受到破坏或盗走，因而不宜单独使用。为了将罪犯阻止在远离保护物品的范围外和及早报警，必须采取空间保护措施，即选用红外、微波和超声波探测器以加强防范手段。

（2）红外、微波与超声波探测器

1）被动式红外信号器

红外信号器（又称红外运动信号器）用它的光电变换器接收红外辐射能，假若有人进入信号器的接收范围，那么在一定的时间内到达信号器的红外辐射量就会发生变化，电子装置对此红外辐射量进行计值，然后启动警报，装在信号器内的红色发光二极管同时显示报警。

由于红外探测器能探知物体运动及温度变化两个方面，因此红外探测器成为十分可靠的入侵信号器，它耗电量很小，对缓慢运动的物体也能探知。它适用于探测整个房间，也适用于探测房间内的局部空间，用于入门过道。红外线不能穿透一般材料，因此，在高大的物体或装置后面存在不可探测的阴影区。

被动式红外信号器的作用最长距离可达10～60m，监视范围为一扇形区域，吸顶安装的探测器其监视范围为锥体形区域，地面面积一般为100m²，垂直视角为30°左右。不同型号的探测器的监视范围不同。红外探测器的工作电压为直流电压，由报警控制器提供。一般为10～24V。其工作电流较小，约10～50mA，因而其功耗较小。

2）超声波探测器

超声是一种频率（20MHz以上）在人们听觉能力之外的声波，根据多普勒效应，超声可以用来侦察闭合空间内的入侵者。探测器由发送器、接收器及电子分析电路等组成。

从发送器发射出去的超声波被监视区空间界限及监视区内的物体反射回来，并由接收器重新接收。如果在监视区域内没有物体运动，那么反射回来的信号频率正好与发射出去的频率相同，但如果有物体运动，则反射回来的信号频率就发生了变化。

超声多普勒仪发射一个椭圆形辐射场，调整其偏转角度得到向侧面移动的辐射场。在空间高的房间内超声多普勒仪可安装在天花板上。探测器的作用范围长 9～12m，宽 5～7.5m。超声波探测器的工作电压及电流基本与红外探测器相同。在一个空间内可以安装多个超声波探测器，但必须指向同一方向，否则互相交叉会发生误报警。

3）微波探测器（高频多普勒仪）

微波探测器的工作方式同样以多普勒效应为基础，但使用的不是超声波而是微波；如果发射的频率与接收的频率不同，例如此时有人进入监视区，高频多普勒仪便发出警报。人体在信号器的轴线上移动比横向移动更容易被觉察出来。高频电磁波遇到金属表面和坚硬的混凝土表面特别容易被反射，它对空气的扰动、温度的变化和噪声均不敏感，它能穿透许多建筑构件（如砖墙）、大多数隔墙（如木板墙）及玻璃板，因此其缺点是在监视空间以外的运动物体也可以导致错误的报警。

4）红外-微波双技术探测器

由于微波的穿透力很强，甚至保护区外的运动物体也能引起误报；而红外探测器的保护有可能出现阴影区，即有没保护到的区域，所以为了提高报警的可靠性，将两种技术综合在一起应用，便产生了红外-微波双技术探测器。它是将两种信号器放在一个机壳内，再加上一个“与门”电路构成，只有两种信号均有反应，探测器才会输出报警信号。

5）主动型红外探测器

该探测器由一个发送器和一个接收器组成。发送器产生红外区不可见光，经聚焦后成束型发射出去，接收器拾取红外信号，由晶体管电路对所拾得的信号进行分析和计算，如光束被遮断超过 1/100s 以上或接收到的信号与发射的不一致时，接收器便会报警。为了监视不在一条直线上的区域，可以用一块适当的转向镜反射至接收器。主动型红外探测器被优先用于过道、走廊及保险库周围的巡道、车间作长距离的监视，最长可达 800m。

2. 报警控制器

（1）区域报警控制器

区域报警控制器直接与各种防盗报警传感器相连，接收传感器传送来的报警信号，并可向上级控制台输出报警信号。这种控制器一般也可单独使用，控制器具有声光报警与显示功能，并对传感器提供 DC24V 电压。

（2）中心控制台

中心控制台又称总控制台，是保安监控系统的中心设备。总控制台的核心设备是工业控制机、单片机或微型计算机，并配有专用控制键盘、CRT 显示器主监视器、录像机、打印机、电话机等设备。另外还可增配触摸屏、画面分割器、对讲系统、字符发生器、声光报警等装置。从使用情况看，中心控制台有两类：一种是直接与防盗探测器和摄像机连接使用类型，另一种是与区域控制器连接使用类型。

1）直接与现场设备相连的中心控制台

此类控制台将摄像机及云台和镜头的控制、报警信号处理统一到一个台式控制器管理之下，结构紧凑，价格便宜，适用于较小型的系统；此时系统布线为放射式结构，即星形结构。此类中心控制台的容量不宜过大，否则从控制室向外敷设的线路太多，造成困难。

2）与区域控制器相连的中心控制台

此类控制台并不直接与现场设备（各种信号传感器）直接相连，它与分控器如视频切换控制器或报警控制器相连，采用相互级联通信，可形成较大型的局域网系统。此时系统组合灵活、扩展方便、布线节省。

3. 下列部位或场所宜设置防盗报警装置

(1) 金融大厦中的金库、财务室、档案库、现金、黄金及珍宝等暂时存放的保险柜房间。

(2) 博物馆、展览馆的展览厅、陈列室和贵重文物库房。

(3) 图书馆、档案馆的珍藏室、陈列室和库房。

(4) 银行营业柜台、出纳、财务等现金存放和支付清点部位。

(5) 钞票、黄金货币、金银首饰、珠宝等制造或存放房间。

(6) 自选商场或大型百货商场的营业大厅等。

4. 报警设备的选择

防盗报警设备选择应考虑以下几点：

(1) 报警设备应按保护区域的重要程度及盗窃行为发生的可能性选择相应的设备。对特别重要的区域或物品，应采用多重保护措施，并选择相应探测器等设备。例如博物馆陈列室内展柜里的文物，可采用三重保护措施，即对陈列室、展柜、文物均做保护。

(2) 对于平面监视，可选用玻璃破裂传感器、固体声信号器、报警电线及压力开关、磁性开关等报警装置。

(3) 对于空间监视，可选红外探测器、微波探测器、超声波探测器等报警信号器。

(4) 每个独立的保护区域内应至少设置1～2只手动报警按钮。

[案例]

1. 建筑概况

2. 某大楼安防系统图、点位表、设备材料清单

某煤炭交易中心建设规模210000m²，包括煤炭交易中心、国际会议中心、会展中心和商务配套设施等。交易大楼建筑面积55730m²，建筑高度为99.95m，地上23层，地下2层。该大厦可以提供3万m²办公、1100人宴会厅、会议、煤炭交易、一站式政务服务。

2. 设计范围

本设计包括：视频监控系统、入侵报警系统和电子巡查系统。

(1) 视频监控系统

在交易中心地下一层消防控制室设置二级监控中心，它能监视控制本区域安防系统，视频图像通过控制网传至交易中心网络机房异地存储。系统在交易中心15层中央控制室设置一级监控中心，它能监视控制交易中心和会展中心安防系统。两地的监控视频图像在交易中心15层网络机房集中存储。监控中心设置为禁区，具备自身安全的防范措施和进行内外联络的通信手段，由弱电专业提供门禁，通信专业提供通信手段。并设置紧急按钮和留有向上一级接警中心报警的通信接口。

视频监控系统主要由模拟摄像机、高清网络快球、编码器、少量本地硬盘录像机、传输网络、视频管理系统主服务器、网络视频存储系统、存储扩展阵列、解码器、液晶监视器等组成。系统的前端部分在一些重要区域和主要出入口、主要通道、交易大厅、停车场、周界、电梯轿厢等处设置各类摄像机。室内快球摄像机根据现场环境采用壁装或者顶装；在交易中心正门门厅设置一台高清网络快球；半球摄像机安装在吊顶天花板上；枪式摄像机根据现场环境采用壁装或者顶装；电梯摄像机安装在电梯轿厢内。系统传输部分根据现场摄像机的分布，选择四路视频编码器把摄像机的模拟视频信号转换成网络视频媒体，接入本地的控制网络交换机。系统的控制部分包括视频管理服务器和视频监控客户端等。系统具有与其他系统联动的接口。系统显示部分通过解码器实现模拟视频信号的解码输出，信号直连至控制中心电视墙。系统存储部分采用网络视频存储系统和 NVR 存储扩展阵列来实现系统监控图像实时网络集中存储。

（2）入侵报警系统

主要用于防范交易中心的重要部门、重要场所及重要出入口的入侵报警，在各区域安装各种不同功能的报警探测装置，通过防盗报警主机的集中管理和操作控制，如布防、撤防等，构成立体的安全防护体系，本系统不得有漏报警。前端设备根据不同的需要设置微波/红外双鉴探测器、紧急按钮等，主要用来探测非法入侵和紧急求助。双鉴探测器根据现场环境采用壁装或者吸顶安装。传输部分是沟通前端设备与终端主机的桥梁；系统采用总线式传输方式。报警中心设于交易中心消防控制室，配置一台 128 防区主机，主机接受总线报警信号，再通过网络通信模块把各防区的状态信息传送到报警管理计算机，由报警软件完成所有事件的监控和管理，还可以通过网络联动接口模块接至视频管理系统主服务器实现联动处理。紧急按钮报警装置设置为不可撤防状态，并具有防触发措施，被触发后能自锁。

（3）电子巡查系统

交易中心建筑结构复杂，周界范围宽广，因此设立电子巡查系统。巡更点采用粘贴安装方式，根据交易中心以后物业管理的要求，将巡更点安装在指定的位置，主要设置在监控系统的死角、地下车库、重要公共建筑、主要通道等处。

## 5.2 电气消防系统

随着我国经济建设的发展，各种高层建筑对消防系统提出了较高的要求。在工业厂房、宾馆、图书馆、科研楼和商场等场所，消防系统已成为必不可少的建筑防灾设施。当然，不同建筑具有不同的火灾危险性和保护价值，在消防安全要求、防火技术措施和保护范围等方面应区别对待。

### 5.2.1 系统概述

1. 消防系统的组成

消防系统一般主要由三大部分构成：一部分为感应机构，即火灾自动报警系统；另一部分为执行机构，即灭火自动控制系统；第三部分为避难诱导系统。后两部分也可称为消防联动系统。

火灾自动报警系统由探测器、手动报警按钮、报警器和警报器等构成，起到完成检测火情并及时报警的作用。

现场消防设备种类繁多，从功能上可分为三类：第一类是灭火系统，包括各种介质，如液体、气体、干粉的喷洒装置，是直接用于灭火的；第二类是灭火辅助系统，是用于限制火势、防止灾害扩大的各种设备；第三类是信号指示系统，用于报警并通过灯光与声响来指挥现场人员的各种设备。对应于这些现场设备的相关的消防联动控制装置主要有：

(1) 火灾自动报警系统；

(2) 室内消火栓灭火系统的控制装置；

(3) 自动喷水灭火系统的控制装置；

(4) 卤代烷、二氧化碳等气体灭火系统；

(5) 电动防火门、防火卷帘等防火分隔设备的控制装置；

(6) 通风、空调、防烟、排烟设备及电动防火阀的控制装置；

(7) 电梯的控制装置、断电控制装置；

(8) 消防应急广播系统及其设备的控制装置；

(9) 消防通信系统，火警电铃、火警灯等现场声光报警控制装置；

(10) 备用发电控制装置；

(11) 应急照明装置等。

消防系统的主要功能是：自动捕捉火灾探测区域内火灾发生时的烟雾、热气等火灾信息，从而发出声光报警并控制自动灭火系统，同时联动其他设备的输出节点，控制应急照明及疏散指示、消防应急广播及通信、消防给水和防排烟设施，以实现监测、报警和灭火自动化。消防系统的组成如图 5-2 所示。

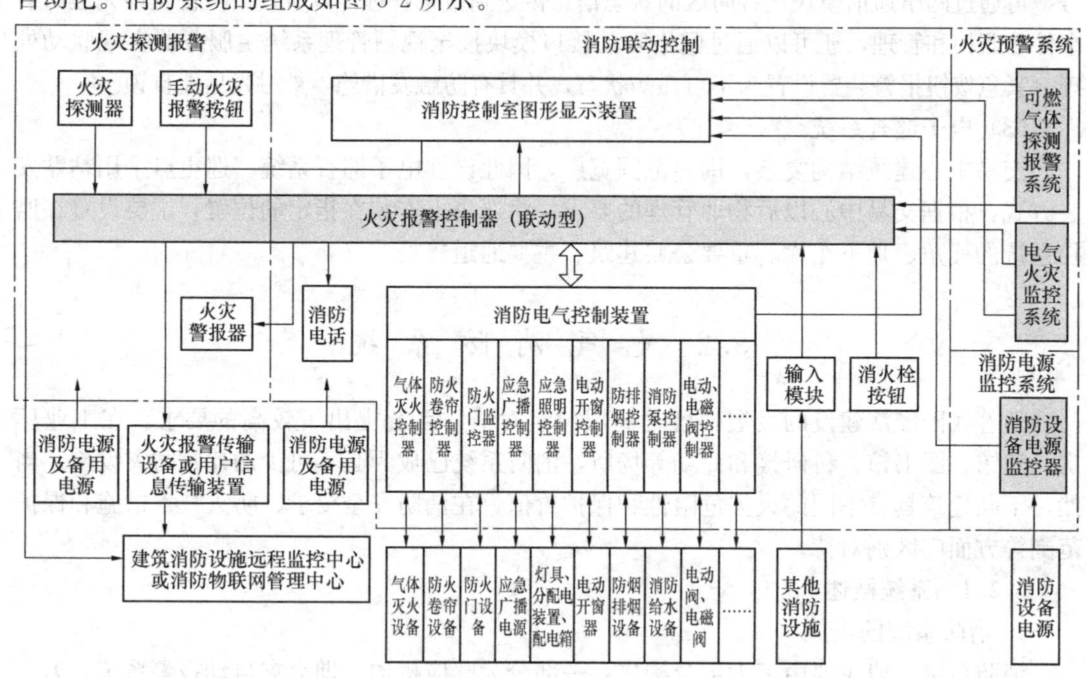

图 5-2 消防系统组成示意图

2. 消防系统的分类

消防系统的类型，按报警和消防方式可分为以下两种：

(1) 自动报警、人工消防

属于低规模、低标准的消防系统，仅设置火灾探测器，当火灾发生时，报警器发出信号通知人们根据报警情况采取相应消防措施，即实施人工灭火。

(2) 自动报警、自动消防

这种系统除了上述功能外，还能在火灾报警控制器的作用下，自动联动有关灭火设备，在发生火灾处自动喷洒灭火介质，进行消防灭火。在消防中心的报警器上附设有直接通往消防部门的电话。消防中心在接到报警信号后，立即启动消防应急广播系统发出疏散通知，并启动消防泵和电动防火门等消防设备，从而实现自动报警、自动消防。

3. 火灾自动报警系统

火灾自动报警与联动控制系统的功能是：探测火灾早期特征、发出火灾报警信号，为人员疏散、防止火灾蔓延和启动自动灭火设备提供控制与指示。

(1) 火灾自动报警系统的组成

火灾自动报警系统由触发器件（探测器、手动报警按钮）、火灾警报装置（声光警报器）、火灾报警装置（火灾报警控制器）、控制装置（各种控制模块和消防设备控制装置）、电源等组成。其各部分的作用分别是：

火灾探测器：火灾自动探测系统的传感部分，能在现场发出火灾报警信号或向控制和指示设备发出现场火灾状态信号。

手动报警按钮：也是向报警器报告火情的设备，只不过探测器是自动报警，而它是手动报警，其准确性更高。

火灾警报器：发生火情时，能发出声或光报警。

火灾报警控制器：可向探测器供电，并具有下述功能：

1) 能接收探测信号并转换成声、光报警信号，指示着火部位和记录报警信息；

2) 可通过火警发送装置启动火灾报警信号或通过自动消防灭火控制装置启动自动灭火设备和消防联动控制设备；

3) 自动监视系统的正确运行和对待定故障给出声光报警。

电源：火灾自动报警系统属于消防用电设备，其主电源应当采用消防电源，备用电源一般采用蓄电池组。系统电源除为火灾报警控制器供电外，还与系统相关的消防控制设备等供电。

(2) 火灾自动报警系统的分类

1) 区域报警系统

区域报警系统是由火灾探测器、手动火灾报警按钮、火灾声光警报器及火灾报警控制器等组成的功能简单的火灾自动报警系统，系统中可包括消防控制室图形显示装置和指示楼层的区域显示器。

2) 集中报警系统（图 5-3）

集中报警系统是由火灾探测器、手动火灾报警按钮、火灾声光警报器、消防应急广播、消防专用电话、消防控制室图形显示装置、火灾报警控制器、消防联动控制器等组成的功能较为复杂的火灾自动报警系统。系统中的火灾报警控制器、消防联动控制器和消防控制室图形显示装置、消防应急广播的控制装置、消防专用电话总机等起集中控制作用的消防设备，应设置在消防控制室内。

3) 控制中心报警系统

控制中心报警系统是设置了两个及以上消防控制室或设置两个及以上集中报警系统的火灾自动报警系统。

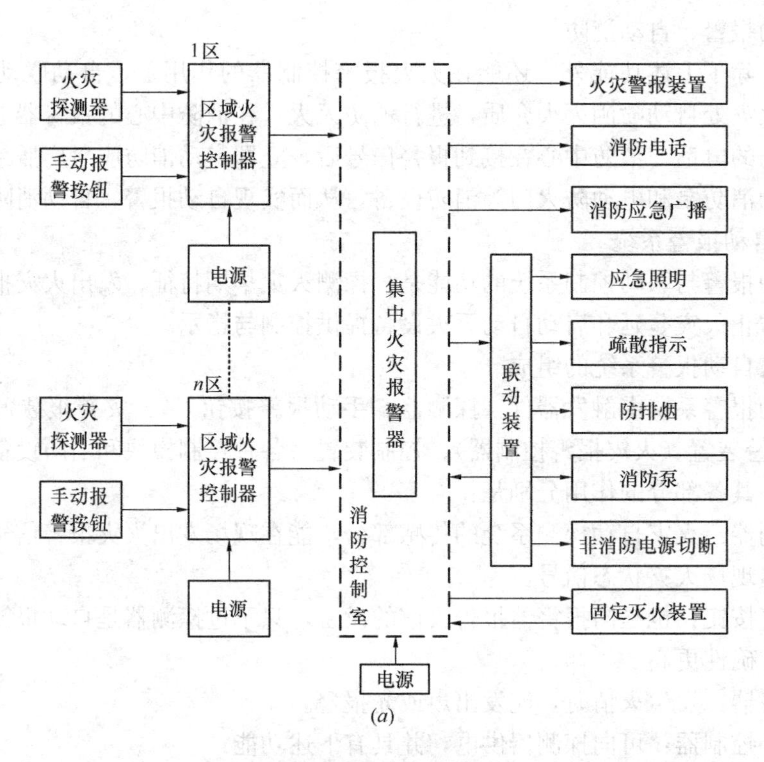


(a)

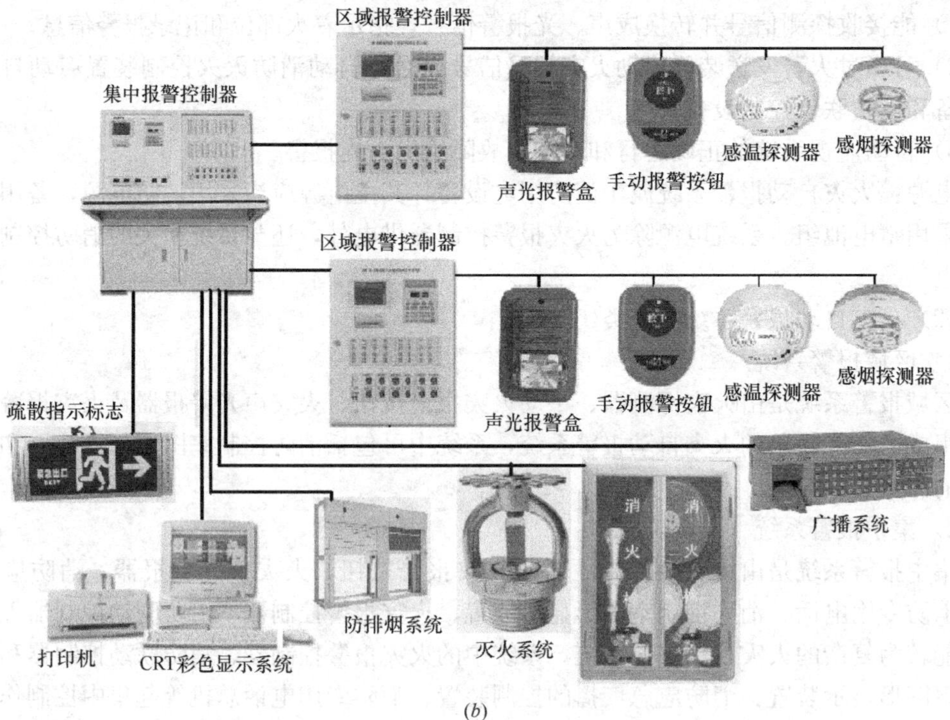


(b)

图 5-3　集中报警系统

(a) 方框图；(b) 实物图

有两个及以上消防控制室时，应确定一个主消防控制室。主消防控制室应能显示所有火灾报警信号和联动控制状态信号，并应能控制重要的消防设备；各分消防控制室内消防设备之间可互相传输、显示状态信息，但不应互相控制。

火灾报警控制器是火灾报警系统的心脏，是分析、判断、记录和显示火灾的部件。它通过探测器，不断向监视现场发出巡测信号，监视现场的烟雾浓度、温度等，由探测器不断反馈给控制器，控制器将返回的代表烟雾浓度或温度的电信号与控制器内存储的现场正常整定值进行比较，判断确定火灾。当确认发生火灾，在控制器上首先发出声光报警，显示火灾区域或楼层房号的地址编码，并打印报警时间、地址、烟雾浓度等。向火灾现场发出警铃或电笛报警，同时在火灾发生楼层的上下相邻层或火灾区域的相邻区域也发出报警信号，显示火灾区域。点燃应急疏散灯，指示疏散路线。

为了防止探测器失灵，或火警线路发生故障，现场人员发现火灾也可以通过安装在现场的手动报警按钮和火灾报警电话直接向控制器发出报警信号。

4. 自动灭火系统的基本原理

自动灭火系统是在火灾报警器控制下，自动执行灭火的系统。

当建筑物内某一被监视现场着火，火灾探测器便把现场实际监测到的信息（烟气、温度、火光等）以电信号或开关信号形式传送到控制器，控制器将此信号与预定的整定值进行比较后，若确认着火，则输出两路信号：一路指令声光、显示和打印等装置动作，发出音响报警及显示火灾现场地址，记录报警时间。另一路则指令于现场的执行器（继电器或电磁阀等），开启喷洒泵或其他灭火装置动作进行灭火。为了防止系统失控或执行器中元件、阀门失灵，贻误灭火时机，除现场有关部位（消防水管、风门、风阀等）设立了自动动作的触点外，还设有手动开关，用以手动报警及使执行器（或灭火器）动作，以便及时扑灭火灾。

3. 火灾自助报警系统图

### 5.2.2 火灾探测器

在火灾初起阶段，一般会产生烟雾、高温、火光及可燃性气体。利用各种不同敏感元件探测到上述四种火灾参数，并转变成电信号的传感器称为火灾探测器。火灾探测器按其被探测参数，可以分为四种基本类型。每一类型又可按其工作原理分为若干种形式。另外，根据探测器警戒范围不同又分为点型和线型两种形式。

1. 感烟火灾探测器

(1) 离子感烟型

离子感烟火灾探测器由放射源 Am241（镅）、内电离室、外电离室及电子电路组成。内外电离室相串接，外电离室可以顺利地进烟，内电离室不能进烟但与周围环境缓慢相通，以补偿外电离室在环境变化时所受的影响。平时，放射源产生的 $\alpha$ 射线使内外电离室的空气电离，在电场的作用下形成通过两电离室的电流；当有烟进入外电离室后，正负离子被烟粒子吸附，结果造成电流减少；当减少到某一定值时，通过电子电路发生信号报警。感烟火灾探测器按感烟灵敏度可以分为三个级别。Ⅰ级灵敏度最高，Ⅲ级灵敏度最低。灵敏度的高低只表示应用场合不同，而不反映探测器的质量好坏。灵敏度的高低只表示对烟浓度大小敏感的程度。只能根据使用场合在正常情况下，烟的有无或多少来选用不同灵敏度的探测器。如在有烟的场合选用灵敏度高的探测器，要引起误报。一般说来：Ⅰ

级灵敏度用于禁烟、清洁、环境条件较稳定的场所，如书库等；Ⅱ级灵敏度用于一般场所，如卧室、起居室等；Ⅲ级灵敏度用于经常有少量烟、环境条件常变化的场所，如会议室及商场等。

(2) 光电感烟型

光电感烟火灾探测器是利用烟雾粒子对光线产生散射和遮挡原理制成的感烟火灾探测器。发射元件发出光线投射到接收元件上，转变成电信号经放大后变为直流电平。此电平的大小就模拟了光通量的大小。无烟时处于正常监视状态，无报警信号输出。有烟时，通道中的激光束被烟粒子遮挡而减弱，随之光电接收器的电信号减弱，直流电平下降，当达到动作整定值时，报警器输出报警信号。按工作特性光电感烟火灾探测器可以分为定点型（简称点型）和分布型（又称线型）两种。点型探测器中的发光及受光元件组合成一体，而线型探测器是由两个独立的发射元件及接收元件所组成。线型探测器所监视的区域为一条直线，当有烟雾进入光束区时，接收的光束衰减，从而发出报警信号。感烟火灾探测器外形如图 5-4 所示。

2. 感温火灾探测器

在发生火灾时，对空气温度参数响应的火灾探测器称为感温火灾探测器。感温火灾探测器外形如图 5-5 所示。按其动作原理可分为：定温式、差温式和差定温式三种。

图 5-4　感烟火灾探测器

图 5-5　感温火灾探测器

(1) 定温式

按感温元件的不同可以有机械式和电子式。当环境温度达到或超过规定值时，探测器发出报警信号。适用于正常情况下温度变化较大或变化很快的场合，由于属于火灾后期反映，火灾造成的损失较大。

(2) 差温式

当火灾发生时，室内局部温度将以超过常温数倍的异常速率升高，差温式探测器是以环境温度升高的速率为参数而动作的。差温式探测器适用于火灾的早期报警，但可能由于火灾温度升高过慢而漏报。

(3) 差定温式

在差温探测器的基础上附加一个定温元件，即成为复合式的差定温火灾探测器，它兼有定温和差温两者的特性，探测空间的温度急剧变化时依靠差温元件动作，而温度缓慢变化时依靠定温元件动作。

3. 感光火灾探测器

感光火灾探测器又称为火焰探测器。与感烟、感温等火灾探测器比较，感光探测器的主要优点是：响应速度快，其敏感元件在接收到火焰辐射光后的几毫秒，甚至几个微秒内就发出信号，特别适用于突然起火无烟的易燃易爆场所；它不受环境气流的影响，是唯一能在户外使用的火灾探测器；另外，它还有性能稳定、可靠、探测方位准确等优点，成为目前火灾探测的重要设备和发展方向。

4. 可燃气体火灾探测器

可燃气体火灾探测器是一种能对空气中可燃气体浓度进行检测并发出报警信号的火灾探测器。在火灾事例中，常有因可燃性气体、粉尘及纤维过量而引起爆炸起火的。因此对一些可能产生可燃性气体或气爆炸混合物的场所，应设置可燃性气体探测器，以便对其监测。当浓度达到危险值时立即发出报警，提醒人们及早采取安全措施。可燃气体探测器有催化型及半导体型两种。

5. 火灾探测器的选用

探测器的选用是十分重要的，应按探测区域可能发生火灾的特点、空间高度、气流状况等选用适宜类型的探测器或几种探测器的组合。

火灾探测器的选用原则如下：

(1) 对火灾初期有阴燃阶段，产生大量的烟和少量的热，很少或没有火焰辐射的场所，如棉、麻织物的引燃等，应选择感烟火灾探测器；

(2) 对火灾发展迅速，可产生大量热、烟和火焰辐射的场所，如油品燃烧等可选择感温火灾探测器、感烟火灾探测器、火焰探测器或其组合；

(3) 对火灾发展迅速，有强烈的火焰辐射和少量烟、热的场所，如轻金属及它们的化合物的火灾，应选择火焰探测器；

(4) 对使用、生产可燃气体或可燃蒸气的场所，应选择可燃气体探测器，如使用煤气的厨房采用煤气泄漏探测器；

(5) 对火灾初期有阴燃阶段，且需要早期探测的场所，宜增设一氧化碳火灾探测器。

对不同高度的房间，可按表 5-1 选择点型火灾探测器。

**对不同高度的房间点型火灾探测器的选择　　表 5-1**

| 房间高度 $h$ (m) | 点型感烟火灾探测器 | 点型感温火灾探测器 | | | 火焰探测器 |
|---|---|---|---|---|---|
| | | A1、A2 | B | C、D、E、F、G | |
| $12<h\leqslant 20$ | 不适合 | 不适合 | 不适合 | 不适合 | 适合 |
| $8<h\leqslant 12$ | 适合 | 不适合 | 不适合 | 不适合 | 适合 |
| $6<h\leqslant 8$ | 适合 | 适合 | 不适合 | 不适合 | 适合 |
| $4<h\leqslant 6$ | 适合 | 适合 | 适合 | 不适合 | 适合 |
| $h\leqslant 4$ | 适合 | 适合 | 适合 | 适合 | 适合 |

作为前期报警、早期报警，感烟火灾探测器是非常有效的，凡是要求火灾损失小的重要地点都应采用感烟火灾探测器。离子或光电感烟火灾探测器一般适用于下列场所：

(1) 饭店、藏馆、教学楼、办公楼的厅堂、卧室、办公室、商场、列车载客车厢等；

(2) 计算机房、通信机房、电影或电视放映室等；

(3) 楼梯、走道、电梯机房、车库等；

(4) 书库、档案库等。

但是，离子感烟火灾探测器不宜用在相对湿度经常大于95%的场所、气流速度大于5m/s的场所、有大量粉尘、水雾滞留的场所；有可能产生腐蚀性气体的场所、厨房及其他在正常情况下有烟雾滞留的场所；产生醇类、醚类、酮类等有机物质的场所。例如在有浴室的房间，感烟火灾探测器不能装在浴室门口，以免水蒸气对探测器影响产生误动作。光电感烟火灾探测器不宜用在有大量粉尘、水雾滞留的场所、有可能产生蒸气和油雾的场所、正常情况下有烟滞留的场所以及高海拔地区。

感温火灾探测器特别适用于经常存在大量粉尘、烟雾、蒸气的场所；湿度经常高于95%的房间，如：厨房、锅炉房、洗衣房、茶炉房、吸烟室等。但是不宜用于高度大于8m的房间；有可能产生阴燃火的场所；在吊顶内顶棚和楼板之间的距离小于0.5m的场所。正常情况下，在温度变化较大的场所不宜选用差温探测器。

感烟和感温火灾探测器的组合，宜用于大、中型计算机房、洁净厂房以及防火卷帘设置的部位等处。

火焰探测器宜在放置易燃物品的房间；火灾时产生烟量极少的场所；高湿度的场所等处使用。但不宜用在火焰出现前有浓烟扩散的场所，不宜在探测器的镜头易被污染、遮挡或易受阳光照射以及受电焊、X射线、闪电等影响的场所中使用。

### 5.2.3 火灾报警控制器

火灾报警控制器是建筑消防系统的核心部分，如图5-6所示。它可以独立构成自动监测报警系统，也可以与灭火装置、联锁减灾装置构成完整的火灾自动监控消防系统。当安装在监控现场的火灾探测器检测到火灾信号时，向火灾报警器发送，经报警控制器判断确认，如果是火灾，则立即发出火灾声、光报警信号。与此同时，也控制现场的声、光报警

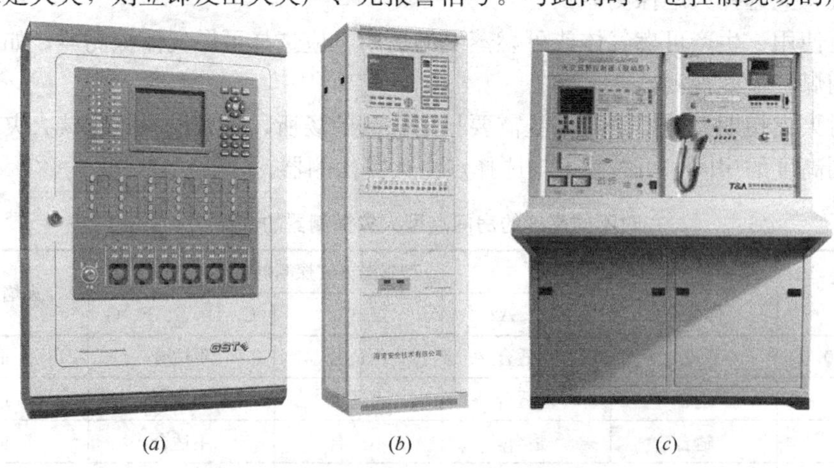


(a) (b) (c)

图5-6 火灾报警控制器

(a) 壁挂式；(b) 立式；(c) 琴台式

装置发出报警。经过适当的延时，还能启动灭火设备；启动联锁减灾设备。随着电子技术、微机技术及自动控制技术的应用，火灾报警控制器的功能越来越齐全，性能越来越完善。除了具有上述功能外，还可具有如下的功能：

1. 由于火灾报警控制器的重要性和特殊性，为了确保安全可靠、长期不间断运行，必须能够对本机的重要线路和元部件进行自动监测。一旦出现线路断线、短路及电源欠压、失压等故障时，及时发出故障声光报警。故障报警应能区别于火灾报警并能让位于火灾报警，以便于人们采取不同的措施。

2. 具有记忆功能。当出现火灾报警或故障报警时，能立即记忆火灾事故的地址与时间，尽管火灾或事故信号已消失，但记忆并不消失。

3. 可以为火灾探测器提供工作电源。按报警控制器的作用性质可以分为区域报警控制器、集中报警控制器及通用报警控制器三种。区域报警控制器是直接接收火灾探测器发来报警信号的多路火灾报警控制器。集中报警控制器是接收区域报警控制器发来的报警信号的多路火灾报警控制器。通用报警控制器是既可以作区域报警控制器又可作集中报警控制器的多路火灾报警控制器。

按报警控制器的系统线制可分为总线制和多线制两大类，如图 5-7、图 5-8 所示。

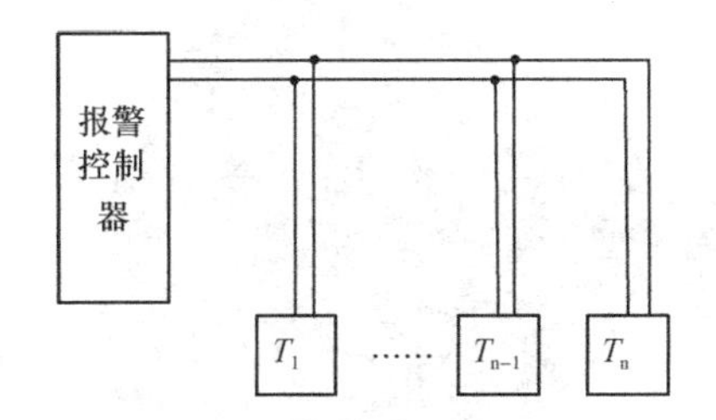


图 5-7　总线制系统连接示意图

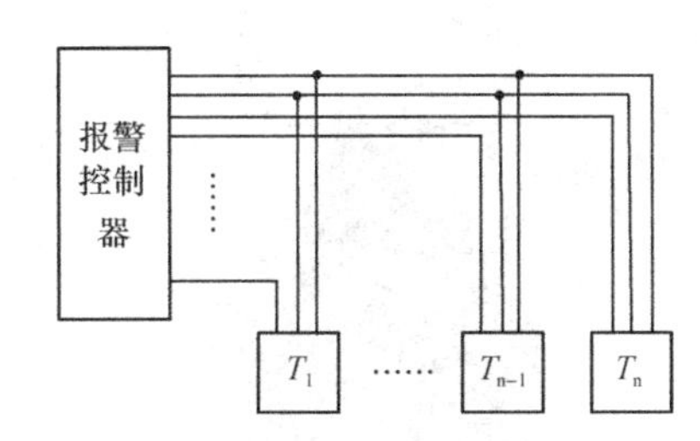


图 5-8　多线制系统连接示意图

报警控制器的线制与探测器的线制是不相同的概念。探测器的线制是指探测器本身的外接线端子数，而报警控制器的线制是指控制器与探测器之间的布线制式。对于多线制，它们之间有关系如下：

$$N = K \cdot n + A$$

式中　$N$——系统布线的总根数；

$n$——系统中探测器的总数；

$K$——探测器与控制器连接的专用线路；

$A$——控制器引到所有探测器的共用线数。

例如：当 $K=1$ 及 $A=2$ 时，则探测器的系统布线数为 $N=n+2$。

即系统布线总数为探测器的数量与共用线数之和。

对于总线制的报警控制器的系统布线也可用上述关系来表示，但因为系统布线中无专用线，则 $K=0$，所以 $N=A$，即系统布线都是共用线。与多线制区域报警控制器相比，除系统配线不同外，对探测器也有不同要求。总线制区域报警控制器要求探测器必须具有编码底座，这实际上就是探测器与总线之间的接口元件。编码底座有两种基本形式，一种采用机械式微型编码开关，另一种是电子式的专用集成电路。由于这两种编码信息的传输技术不同，前者需要 4 根传输线，称为四总线制。

### 5.2.4 其他消防控制设备

1. 水流指示器（图 5-9）

水流指示器一般装在配水干管上，靠管内的压力水流动的推力推动水流指示器的浆片，带动操作杆使内部延时电路接通，经过一段时间后使继电器动作，输出电信号供报警及控制用。有的水流指示器由浆片直接推动微动开关接点而发出报警信号。它们的报警信号一般均作为区域报警信号。

2. 水力报警器

它包括水力警铃及压力开关，如图 5-10、图 5-11 所示。水力警铃装在湿式报警阀的延迟器后，压力开关是装在延迟器上部的水-电转换器，将水压信号转变为电信号，从而实现自动报警及启动消防泵的功能。当系统进行喷水灭火时，管网中水压下降到一定值时，安装在延迟器上部的压力开关动作，将水压转变成电信号，实现对喷淋泵自动控制并同时产生喷水灭火的回馈信号。与此同时，装在延迟器后面的水力警铃发出火灾报警信号。喷淋灭火系统示意图如图 5-17 所示。

图 5-9 水流指示器

图 5-10 水力警铃

3. 手动报警按钮

手动报警按钮分为两种，一种为不带电话插孔，另一种为带电话插孔，如图 5-12 所示。

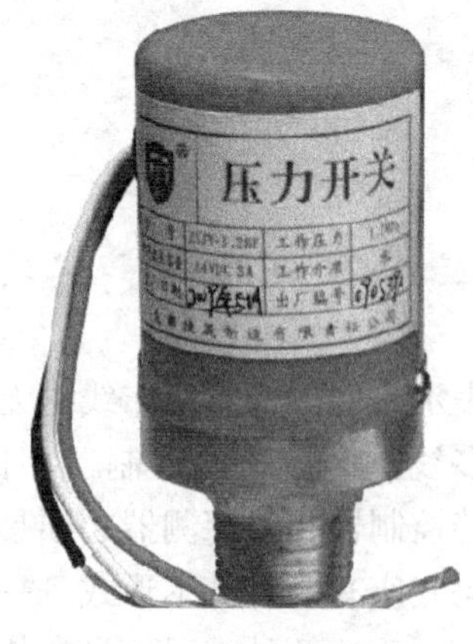


图 5-11 压力开关

(*a*)

(*b*)

图 5-12 手动报警按钮

(*a*) 不带电话插孔；(*b*) 带电话插孔

手动报警按钮安装在公共场所，当人工确认为火灾发生时，按下按钮上的按钮面板（或有机玻璃片）可向控制器发出火灾报警信号。控制器接收到报警信号后，显示报警按钮的编号或位置，并发出报警信号。手动报警按钮可直接接到控制器总线上。

每个防火分区应至少设置一只手动报警按钮。从一个防火分区内的任何位置到最邻近的手动报警按钮的步行距离不应大于 30m。手动报警按钮宜设置在疏散通道或出入口处。手动报警按钮应设置在明显和便于操作的部位。当采用壁挂方式安装时，其底边距地高度宜为 1.3～1.5m，且应有明显的标志。安装时应牢固，不应倾斜，外接导线应预留不小于 15cm 的余量。

4. 消火栓按钮

消火栓按钮在火灾时启动消防水泵的设备，在消火栓灭火系统中起着重要作用。它的动作信号作为报警信号及启动消火栓泵的联动触发信号，由消防联动控制器联动控制消火栓泵的启动。其外形和接线与手动报警按钮类似。

5. 声光警报器（图 5-13）

声光警报器又称声光讯响器，一般分为编码型和非编码型两种。编码型可直接接入报警控制器的信号总线回路（需要电源系统提供 DC24V 电源），非编码型可直接由有源 24V 常开触点进行控制，例如用手动报警按钮的输出触点控制等。

声光警报器的作用是：当现场发生火灾并被确认后，安装在现场的声光警报器可由消防控制中心的火灾报警控制器启动，发出强烈的声光信号，以引起人员注意。

图 5-13　声光警报器

6. 总线短路隔离器（图 5-14）

总线短路隔离器用在信号总线上，对各分支起短路时的隔离作用。它能自动使断路部分两端呈高阻态或开路状态，使之不损坏控制器，也不影响总线上其他部件的正常工作。当这部分短路故障消除时，能自动恢复这部分回路的正常工作。每只总线短路隔离器保护的火灾探测器、手动火灾报警按钮和模块等消防设备的总数不应超过 32 点；总线穿越防火分区时，应在穿越处设置总线短路隔离器。

7. 区域显示器（图 5-15）

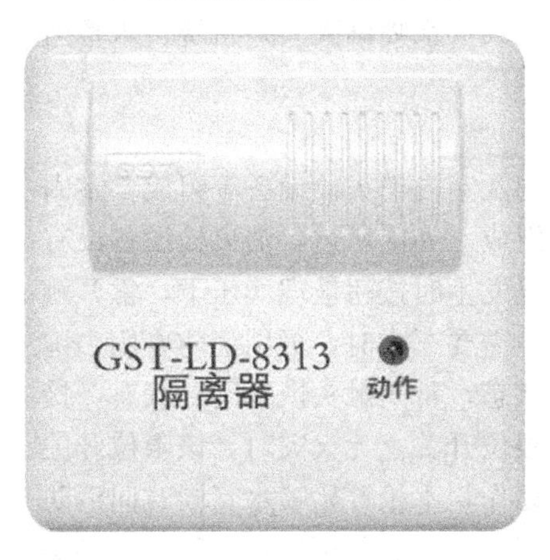


图 5-14　总线短路隔离器

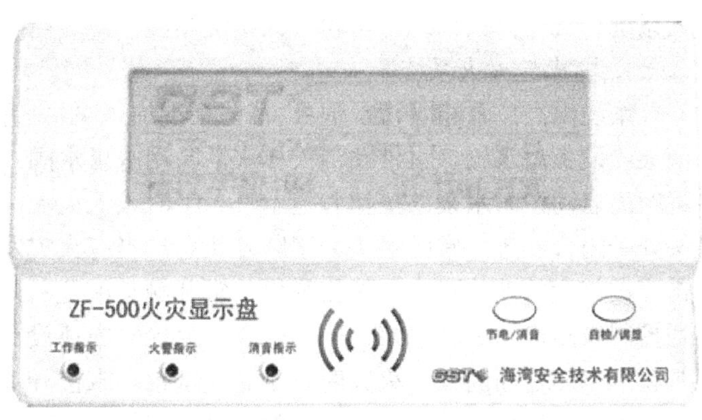


图 5-15　区域显示器

区域显示器又称火灾显示盘、楼层显示器。当一个系统中不安装区域报警器时，应在各报警区域安装区域显示器显示来自消防控制器的火警信息。

每个报警区域宜设置一台区域显示器；宾馆、饭店等场所应在每个报警区域设置一台区域显示器。当一个报警区域包括多个楼层时，宜在每个楼层设置一台仅显示本楼层的区域显示器。

8. 现场模块

现场模块可分为各种不同形式，主要有输入模块、输入/输出模块、切换模块。

输入模块，又称监视模块，是用来接收现场装置的报警信号，实现信号向火灾报警控制器的传输。适用于老式消火栓按钮、水流指示器、压力开关、信号阀及能够送回开关信号的外部联动设备等。模块可采用电子编码器完成编码。

单输入/输出模块用于将现场各种一次动作并有动作信号输出的被动设备，如排烟阀、送风阀、防火阀等接入到控制总线上的。本模块采用电子编码器进行编码，模块内有一对常开、常闭触点。模块具有直流 24V 电压输出，用于与继电器触点接成有源输出，满足现场的不同需求。另外模块还设有开关信号输入端，用来和现场设备的开关触点连接，以便对现场设备是否动作进行确认。应当注意的是，不应将模块触点直接接入交流控制回路，以防强交流干扰信号损坏模块或控制设备。

双输入/输出模块用于对二步降防火卷帘门、水泵、排烟风机等双动作设备的控制。主要用于防火卷帘门的位置控制，能控制其从上位到中位，也能控制其从中位到下位，同时也能确认防火卷帘门是处于上、中、下的哪一位置。

切换模块是用于与双输入/输出模块连接，实现控制器与被控设备之间作交流直流隔离及启动、停动双作用控制的接口部件。

9. 消防控制室图形显示装置

消防控制室图形显示装置又称 CRT 彩色显示系统，它包括系统的接口板、计算机、彩色显示器、打印机，可逐层显示区域平面图、设备分布情况，可以对消防信息进行实时反馈、及时处理、长期保存信息，消防控制室内要求 24h 有人值班，将消防控制室图形显示装置设置在消防控制室可迅速了解火情，指挥现场处理火情。

### 5.2.5 自动灭火系统

灭火系统大致可以分为消火栓灭火系统、自动喷水灭火（水喷淋灭火）系统、水幕阻火系统、气体灭火系统、干粉灭火系统等。

1. 消火栓灭火系统

系统由高位水箱（蓄水池）、消防泵（加压泵）、管网及室内消火栓设备等组成。室内消火栓设备由水枪、水带和消火栓（消防用水出水阀）组成。如前所述，消火栓设备设有远距离启动消防水泵的按钮和指示灯。平时，无火灾情况发生时按钮被玻璃压下，常开触头处于闭合状态，常闭触头处于断开状态。当有火灾发生需要灭火时，可用消防专用小锤击碎按钮盒的玻璃小窗，按钮弹出，常开触头恢复断开状态，常闭触头恢复闭合状态，接通控制线路启动消防水泵。同时，在消火栓箱内还设有限位开关。无火灾时，该限位开关被喷水枪压住而断开。火灾时，拿起喷水枪，限位开关动作，水枪开始喷水。同时向消防中心控制室发出该消火栓已工作的信号。根据高层建筑消防设计有关规定，一般要求各楼层均应设置消火栓设备，并安装在楼内出口或过道等容易操作的明显位置，涂以红色。各消火栓最大间距不得超过 50m，消火栓栓口距地高度为 1.2m。消火栓灭火系统如图 5-16 所示。

2. 自动喷水灭火系统

自动喷水灭火系统属于固定式，它用于一类防火建筑中的舞台、观众厅、展览厅、多功能厅、餐厅、厨房和商场的营业厅等公共活动用房；一类建筑中的走道、办公室和每层无服务台的客房；一类建筑中的停车库和可燃品库房等场所。系统可分为干式、湿式、雨淋式、预作用式等多种类型。

自动喷水灭火设备主要由自动喷水头、管路、报警器和压力水源四个部分组成。

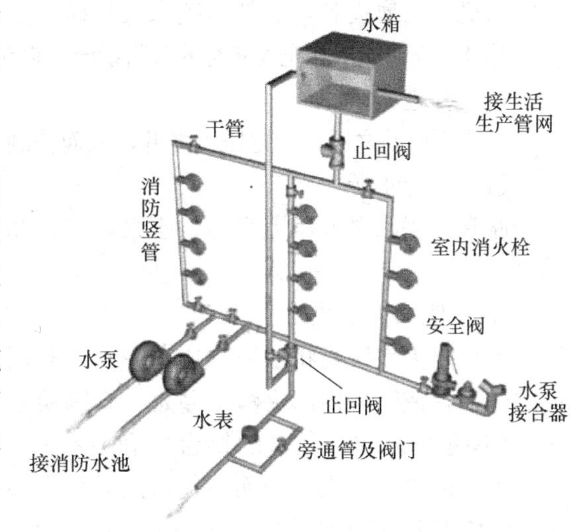


图 5-16 消火栓灭火系统图

(1) 自动喷水头

目前主要有以下两种类型：

1) 玻璃球式喷水头。其感温部件为充液的玻璃球，当球中液体达到动作温度时，则剧烈膨胀而使玻璃球爆裂，被球支撑而密封的喷水口即开放，水便由管路中喷到溅水盘上，而均匀洒下灭火。这种喷水头的优点是性能稳定而耐腐蚀性强，且利于系列化生产，目前使用最为广泛。

2) 双金属片式喷水头。其感温部件为两块相连且膨胀系数不同的金属片。当达到动作温度时，此部件即因膨胀而向外鼓出，与其连接的弹簧被拉长，阀门则打开向外喷水。当火势熄灭环境温度下降后，它又恢复原状，从而自动停止喷水。其优点是可以做到火灭水停，但金属片易受腐蚀，耐久性较差。

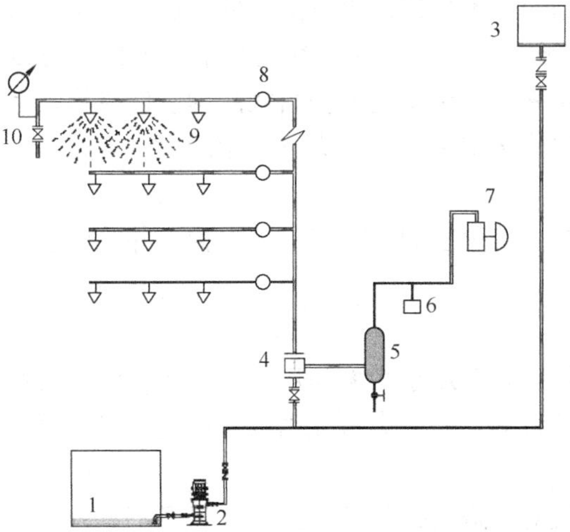

(2) 管路

通常分为湿式（图 5-17）和干式两种系统。

图 5-17 湿式喷洒水灭火系统示意图

1—水池；2—喷淋泵；3—水箱；4—湿式报警阀；5—延迟器；6—压力开关；7—水力警铃；8—水流指示器；9—闭式喷头；10—试验装置

湿式管路系统中，平时充满具有一定压力的水，当封闭型喷水头一旦启动，水就能立即喷出灭火。它适用于冬季室温高于 0℃的房间或部位。其喷水迅速且控制火势较快，但在某些情况下可能漏水而污损内装修。

干式管路系统中，平时充满压缩空气，使压力水源处的水不能流入。当火灾时，封闭型喷水头启动后，首先喷出空气，随着管网中的压力下降，水即顶开空气阀流入管路，并由喷头喷出灭火。它适用于寒冷地区无采暖的房间或部位，不会因水的渗漏而污染、损坏装修。但空气阀较为复杂且需要空气压缩机等附属设备，此外，喷水较迟缓。

此外，还有充水和充气交替的管路系统，它在夏季充水而冬季充气，兼有以上二者的特点。

(3) 报警器

当喷头启动之后，管路压力降低，从而控制消防水泵启动及敲击警铃发出报警信号。

(4) 压力水源

通常采用水泵或压力水箱。水泵具有自动启动装置，当喷水灭火时水泵即启动向管网供水。

3. 其他灭火系统

水幕阻火系统是将水喷洒成水帘状，利用其冷却和阻火的能力，防止建筑受到邻近火灾的侵袭，或阻挡内部火势的蔓延。在高层建筑中，水幕主要用来保护疏散出入口，超过800个座位的剧院、礼堂的舞台口和设有防火卷帘、防火幕的部位。高层建筑中某些部位，不宜用水来灭火，因而还须采用其他类型的灭火剂。

气体灭火剂有卤代烷、二氧化碳等固定灭火装置，它适用于大中型电子计算机房、图书馆的珍藏库；一类高层建筑内自备发电机房和其他贵重设备室。高层建筑主体内的可燃油油浸电力变压器室，充有可燃油的高压电容器室和多油开关室等也需要设置这种气体灭火装置。

泡沫灭火用于高层主体建筑内的燃油、燃气锅炉房、汽车库及各种油品库等房间。它是以一定比例的泡沫、水与空气混合后形成膜状气泡覆盖在燃烧面上，切断可燃部分与外界空气的接触。火灾探测器报警后，泡沫罐的泡沫与供水管道的水均进入混合器混合，再通过管道及喷头向消防区喷射，这一过程可由人工操作或自动完成。

### 5.2.6 防排烟及诱导疏散系统

高层建筑设有楼梯间、电梯井、竖向管井、电缆竖井、垃圾道、竖向风道等上下连通的竖向通道像一座座烟囱。火灾时，高层建筑室内空气温度高于室外空气温度时，建筑物内外空气产生压力差，压力差将空气从高层建筑下部压入，并向上流动，即所谓烟囱效应。建筑物越高，其烟囱效应越大，烟火上升的速度也越快。火灾造成的人员伤亡中，由烟窒息而亡所占比例很大，特别是着火层以上死亡人中绝大多数都是被烟熏死的。可以说，火灾时对人员的最大威胁是烟。尤其是近年来，大量使用的塑料制品的装修材料，燃烧时产生大量有毒气体，危害更大。所以对高层建筑来说，排出火灾产生的大量烟气是必须的，也是非常必要的。

一般情况下，烟气在建筑物内的流动路线是：着火房间→走廊→竖向梯、井等向上伸展。归纳起来防排烟方式有以下三种。

1. 密封防烟方式

当发生火灾时，将着火房间密封起来。这种方式多用于小面积房间，如墙、楼板属耐火结构；且密封性能好时，可达防止烟气扩散的目的，并且有可能因缺氧而使火势熄灭。

2. 自然排烟方式

自然排烟是在自然力作用下，使室内外空气对流进行排烟的。这种方式经济、操作简单，不需要排烟设备，不受电源中断的影响。但自然排烟效果有许多不稳定因素，只能作为机械排烟的一个辅助性措施。

3. 机械防排烟方式

机械排烟是把建筑物分成若干防烟分区，在防烟分区内设置防烟风机，通过风道排出各房间或走廊的烟气。这种方式不受室外条件的影响，排烟比较稳定。但投资较大，操作管理比较复杂，需要事故备用电源。要求排烟风机耐 280℃温度，排烟风机、送风机分别设有排烟口、送风口连锁装置。当任何一个排烟口、送风口开启时，排烟风机、送风机都能自动启动。在各排烟支管和排烟风机入口处，还需装设作用温度为 280℃的防火阀，此防火阀在温度达 280℃时能自动关闭，连锁排烟风机停止运转。当火势大了以后，烟气的温度超过 280℃，排烟风机停止运行。为防止风机停止后，排烟道反而成为烟火蔓延的通道，所以上述通道必须设置防火阀。排烟系统示意如图 5-18 所示。

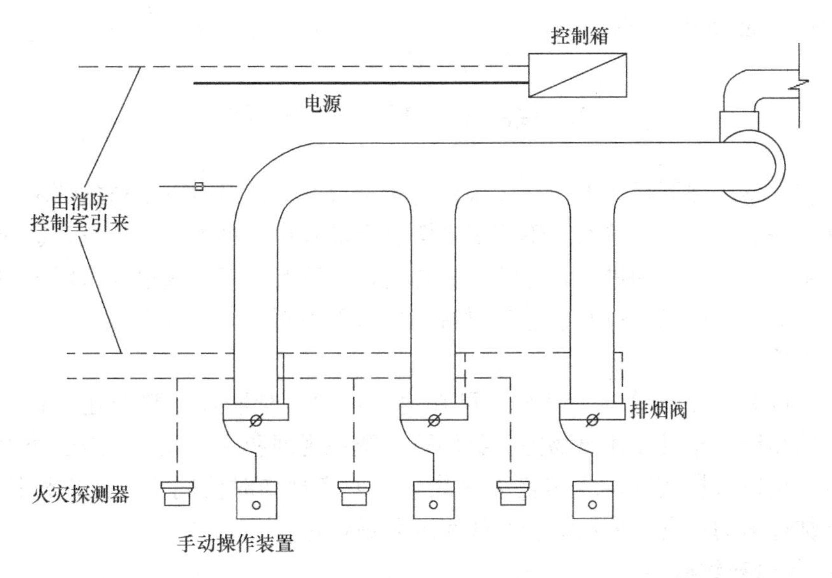


图 5-18　排烟系统示意图

火灾被确认后，通过语言广播，向全楼发出指示，诱导人员迅速撤离火灾区域的方法和方向，以免除人们的不安，避免产生混乱。消防应急广播线路一般情况下可作为业务广播，一旦发生火灾时，必须能切除无关广播而转入火灾广播。作为消防应急广播的扬声器，在 80℃温度下应能正常工作 30 分钟以上。输出功率在 3W 以上或距扬声器中心 1m 以上，音量在 90dB 以上。由扩音机引至操作台、扬声器的线路必须是耐火配线。对于系统简单的建筑物，不设消防应急广播，广播可以采用火灾警报器。音响的音调与一般的音响有区别，通常采用变调声，与消防车的声音相似。

消防应急照明是在发生火灾时，保证重要部位或房间能继续工作及疏散通道上所需最低照度的照明。疏散指示照明，是在发生火灾时，能指示疏散通道及出入口的位置和方向，便于有秩序地疏散的照明。

消防应急照明在正常电源断电后，能在 5 秒内自动点亮并达到所需最低的照度，此照度最低不小于正常照度的十分之一，并不宜小于 5lx，持续时间不小于 20 分钟。疏散指示照明除了能由外来光线识别安全出入口和疏散方向时，或防火对象在夜间、假日无人工作时之外，平时处于点亮状态。

当采用自带蓄电池的应急照明灯时，平时应使电池处于充电状态。

所有事故及疏散照明灯具，均应设玻璃或其他非燃性材料制作的保护罩。

安全出入口指示灯宜安装在疏散门的上方；底层的疏散楼梯间应装在楼梯口内侧上

方；灯具距地面高度不宜低于 2m。疏散走道的安全出入口指示灯可明装，而厅、室内最好暗装，以达到美观的目的。

疏散路线指示灯一般可设置在顶部墙上或暗装在距地 1m 以下的墙上；楼梯间的疏散指示灯宜装在转弯的墙角处或壁装，并用箭头及阿拉伯数字标明上下层号。疏散照明的位置，尚应满足能方便地在疏散路线中找到手动报警按钮、呼叫通信装置或灭火设备等设施，疏散照明的位置应不妨碍通行，其附近不应出现易于混同及遮挡疏散指示灯的广告牌等。走道上的疏散指示灯正下方半径为 0.5m 范围内的地面照度不应低于 0.5lx，观众席通道地面照度不应低于 0.2lx。

## 5.3 综合布线系统

建筑工程通常要强调百年大计，一次性的投资很大。在财力不富裕的情况下，全面实现建筑智能化是有难度的，然而又不能等到资金全部到位，再去开工建设，这样会失去时间和机遇。随着科学技术的进步，建筑智能化的内容不断更新，这也要求每个现代化的建筑，一旦条件成熟就可以经过改造达到对智能化水平不断升级。综合布线是解决当前和未来统一的最佳途径。

综合布线成为智能建筑的一部分，可在建筑物建设阶段投入整个建筑资金的 5%左右，将连接线缆综合布设在建筑物内。我们可以统一规划和统一设计，至于楼内想增设什么应用系统，可以根据实际的发展需要来决定，要实现与时代同步，适应科技发展的需要，又不增加过多的投资，采用综合布线系统是最佳选择。

### 5.3.1 综合布线概述

1. 综合布线系统的定义

开放式综合性布线系统可以把建筑物或建筑群内的所有语音设备、数据处理设备、影视设备以及传统的楼宇管理系统集成在一个布线系统中，统一设计、统一安排，这样不但减少了安装空间，减少了改动、维修和管理费用，而且能以比较低的成本及可靠的技术接驳最新型的系统。美国电话电报公司（AT&T）贝尔实验室的专家们经过多年的研究，在办公楼和工程实验成功的基础上，于 20 世纪 80 年代末率先提出建筑与建筑群综合布线系统（Premises Distribution System，PDS）的概念，并及时推出了结构化布线系统。

综合布线系统又称开放式布线系统或建筑物结构化综合布线系统，经我国国家标准 GB/T 50311—2007 命名为综合布线系统（Generic Cabling System，GCS）。它是建筑物内或建筑群之间的一个模块化设计、统一标准实施的信息传输网络，解决了传统布线中不易解决的设备更新调整后重新布线的问题。综合布线系统既能使语音、数据、图像设备和交换设备与其他信息管理系统彼此连接，又能使设备与外部通信网络相连接，包括建筑物到外部网络或电信线路上的连接点与应用系统设备之间的所有电缆及相关联的布线部件。

（1）综合布线系统是一种标准通用的信息传输系统。

（2）综合布线系统是用于语音、数据、影像和其他信息技术的标准结构化布线系统。

（3）综合布线系统是按标准的、统一的和简单的结构化方式编制和布置各种建筑物（楼群）内各种系统的通信线路的系统。

（4）综合布线结构包括网络系统、电话系统、电缆电视系统以及监控系统等。

2. 综合布线系统的组成

综合布线系统是一种开放结构的布线系统，一般采用分层星型拓扑结构。该结构下的每个分支子系统都是相对独立的单元，对每个分支子系统的改动都不影响其他子系统，只要改变结点连接方式就可使综合布线在星型、总线型、环型、树状型等结构之间进行转换。综合布线采用模块化的结构。按每个模块的作用，可把综合布线划分成工作区、配线子系统、干线子系统、建筑群子系统、设备间、进线间和管理7个部分，如图5-19、图5-20所示。

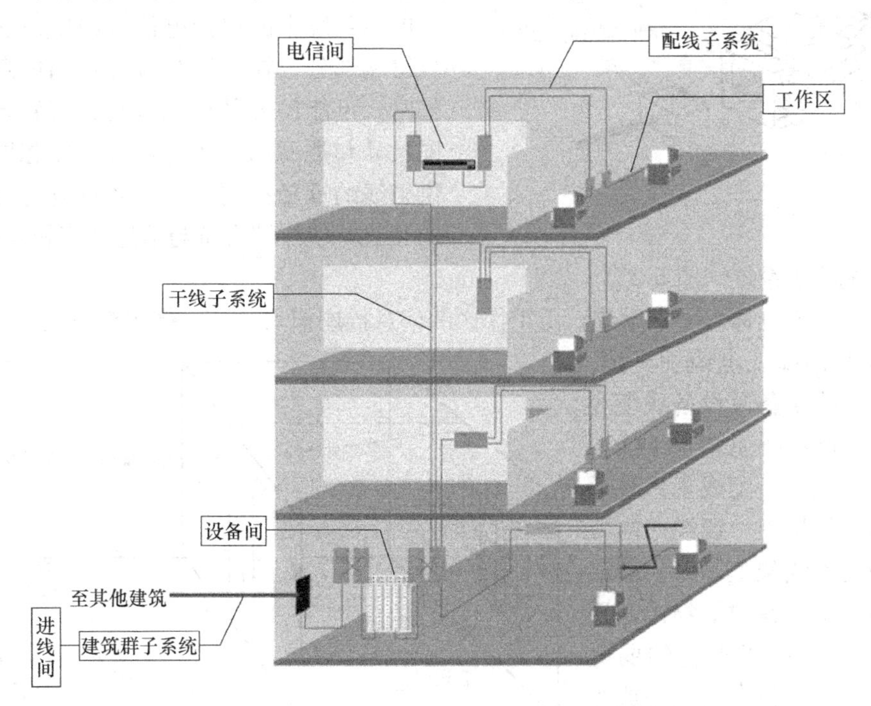


图5-19 综合布线系统组成结构示意图

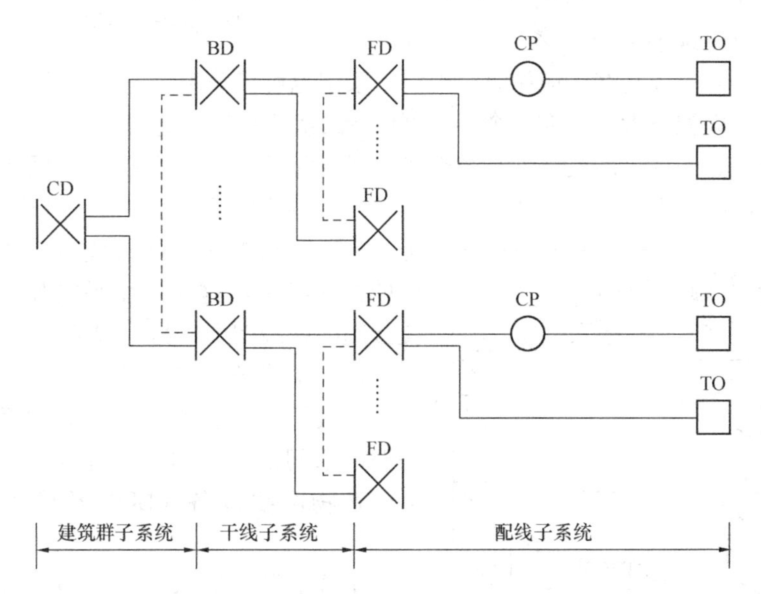


图5-20 综合布线系统图

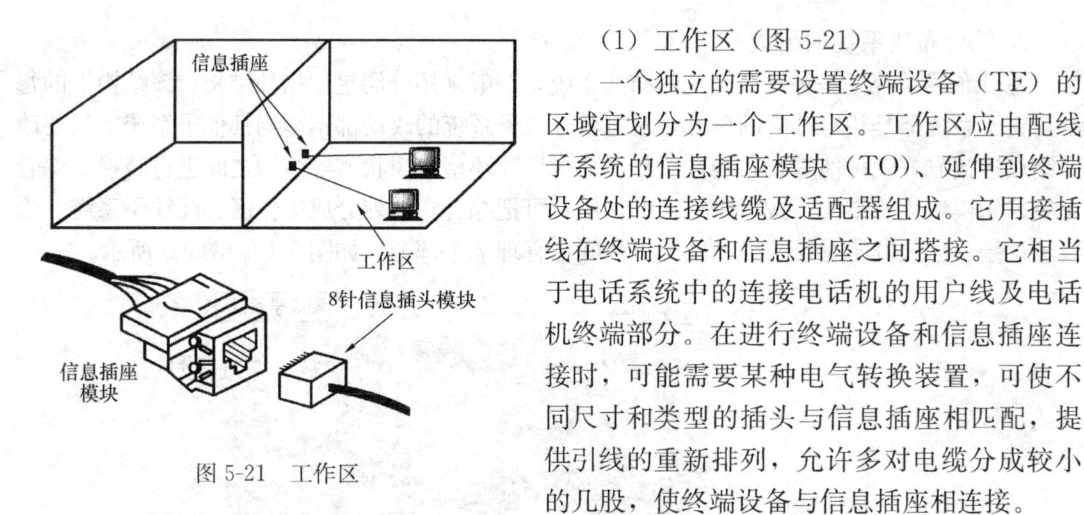

图 5-21　工作区

（1）工作区（图 5-21）

一个独立的需要设置终端设备（TE）的区域宜划分为一个工作区。工作区应由配线子系统的信息插座模块（TO）、延伸到终端设备处的连接线缆及适配器组成。它用接插线在终端设备和信息插座之间搭接。它相当于电话系统中的连接电话机的用户线及电话机终端部分。在进行终端设备和信息插座连接时，可能需要某种电气转换装置，可使不同尺寸和类型的插头与信息插座相匹配，提供引线的重新排列，允许多对电缆分成较小的几股，使终端设备与信息插座相连接。

（2）配线子系统（图 5-22）

配线子系统也称水平子系统，由工作区的信息插座模块、信息插座模块至电信间配线设备（FD）的配线电缆和光缆、电信间的配线设备及设备线缆和跳线组成。配线子系统与干线子系统的区别在于：配线子系统通常处在同一楼层上，线缆一端接在配线间的配线架上，另一端接在信息插座上。在建筑物内，干线子系统通常位于垂直的弱电间，并采用大对数双绞电缆或光缆，而配线子系统多为 4 对双绞电缆，这些双绞电缆能支持大多数终端设备。在需要较高宽带应用时，配线子系统也可以采用“光纤到桌面”的方案。

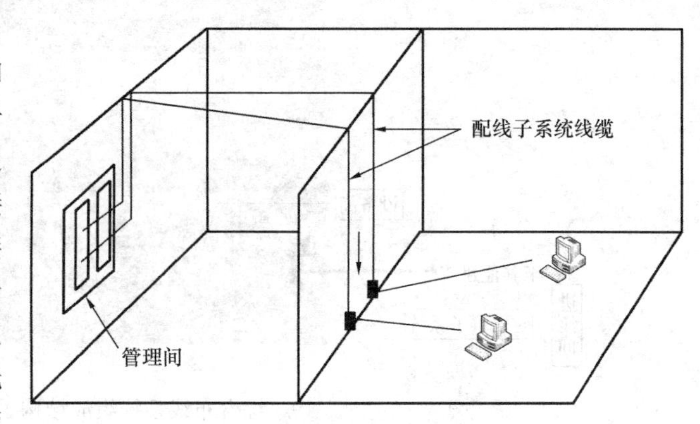

图 5-22　配线子系统

当水平工作面积较大时，在这个区域可设置二级交接间。这时干线线缆、水平线缆连接方式有所变化。一种情况是干线线缆端接在楼层配线间的配线架上，水平线缆一端接在楼层配线间的配线架上，另一端还要通过二级交接间的配线架连接后，再端接到信息插座上；另一种情况是干线线缆直接接到二级交接间的配线架上，这时的水平线缆一端接在二级交接间的配线架上，另一端接在信息插座上。

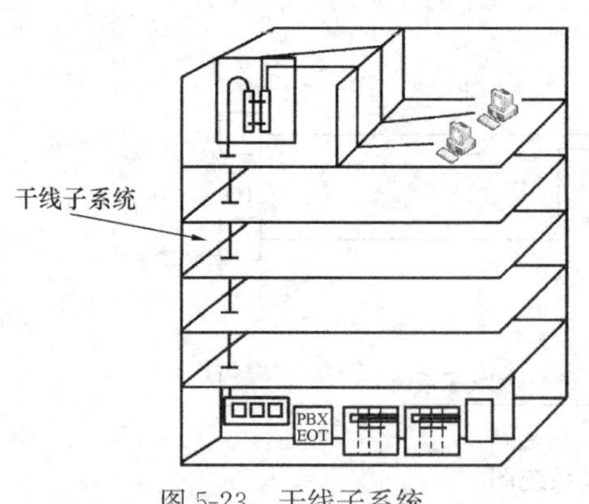

图 5-23　干线子系统

（3）干线子系统（图 5-23）

干线子系统也称垂直干线子系统，由设备间至电信间的干线电缆和光缆、安装在设备间的建筑物配线设备（BD）及设备线缆和跳线组成。

干线电缆一般采用大对数双绞电缆，光缆一般采用多芯光缆，两端分别端接在设备间和楼层配线间的配线架上。

（4）建筑群子系统

建筑群由两个及两个以上建筑物组成。这些建筑物彼此之间要进行信息交流。建筑群子系统由连接多个建筑物之间的主干电缆和光缆、建筑群配线设备（CD）及设备线缆和跳线组成。

建筑群综合布线所需的硬件包括电缆、光缆和防止电缆的浪涌电压进入建筑物的电气保护设备。它相当于电话系统中的电缆保护箱及各建筑物之间的干线电缆。

（5）设备间

设备间是在每幢建筑物的适当地点进行网络管理和信息交换的场地。对于综合布线系统工程设计，设备间主要安装建筑物配线设备。电话交换机、计算机主机设备及入口设施也可与配线设备安装在一起。为便于设备搬运，节省投资，设备间最好位于每一座大楼的第二层或第三层。在设备间内，可把公共系统用的各种设备，如电信部门的中继线和公共系统设备（如 PBX）连接起来。设备间还包括建筑物的入口区的设备或电气保护装置及其连接到符合要求的建筑物的接地装置。它相当于电话系统的机房内配线部分。

（6）进线间

进线间是建筑物外部通信和信息管线的入口部位，并可作为入口设施和建筑群配线设备的安装场地。建筑群主干电缆和光缆、公用网和专用网电缆、光缆及天线馈线等室外线缆进入建筑物时，应在进线间置换成室内电缆、光缆。进线间一般提供给多家电信业务经营者使用，通常设于地下一层。

（7）管理

管理应对工作区、电信间、设备间、进线间的配线设备、缆线、信息插座模块等设施按一定的模式进行标识和记录。

### 5.3.2 综合布线的特点

综合布线同传统的布线相比较，有许多优越性，是传统布线所无法比拟的。其特点主要表现为兼容性、开放性、灵活性、可靠性、先进性和经济性，且在设计、施工和维护方面也给人们带来了许多方便。因此，它就得到了广泛应用。

1. 兼容性

综合布线的首要特点是兼容性。所谓兼容性是指它是一个完全独立的，与应用系统相对无关，可以适用于多种应用系统的性能。

过去，为一座大楼或一个建筑群内的语音或数据线路布线时，往往采取不同厂家生产的电缆线、配线插座以及接头等。例如，程控用户交换机通常采用双绞线，计算机系统通常采用粗同轴电缆或细同轴电缆。这些不同的设备使用不同的配线材料，而连接这些不同配线的接头、插座及端子板也各不相同，彼此互不相容。一旦需要改变终端机或电话机位置时，就必须敷设新的线缆，以及安装新的插座和接头。

综合布线将语音、数据与监控设备的信号线经过统一的规划和设计，采用相同的传输介质、信息插座、交连设备、适配器等，把这些不同的信号综合到一套标准的布线中。由此可见，这种布线比传统布线大为简化，这样可节约大量的物资、时间和空间。

在使用时，用户可不用确定某个工作区的信息插座的具体应用，只要把某种终端设备（如个人计算机、电话、视频设备等）插入这个信息插座，然后在管理间和设备间的交连设备上做相应的接线操作，这个终端设备就被接入到各自的系统中了。

2. 开放性

对于传统的布线方式，只要用户选定了某种设备，也就选定了与之相适应的布线方式和传输介质。如果更换另一设备，那么原来的布线就要全部更换。可以想象，对于一个已经完工的建筑物，这种变化是十分困难的，要增加很多投资。

综合布线由于采用开放式体系结构，符合多种国际上现行的标准。因此，它几乎对所有著名厂商的产品，如计算机设备、交换机设备等都是开放的，对所有通信协议也是支持的。

3. 灵活性

传统的布线方式是封闭的，其体系结构是固定的，若要迁移设备或增加设备会相当困难而且麻烦，甚至是不可能的。综合布线采用标准的传输线缆和相关连接硬件，模块化设计。因此，所有通道都是通用的。每条通道可支持终端。所有设备的开通及更改均不需改变布线，只需增减相应的应用设备以及在配线架上进行必要的跳线管理即可。另外，组网也可灵活多样，甚至在同一房间可有多台用户终端，为用户组织信息流提供了必要条件。

4. 可靠性

传统的布线方式由于各个应用系统互不兼容，因而在一个建筑物中往往要有多种布线方案。因此，各类信息传输的可靠性要由所选用的布线可靠性来保证，各应用系统布线不当会造成交叉干扰。

综合布线采用高品质的材料和组合压接的方式构成一套高标准信息传输通道。所有线缆和相关连接件均通过ISO认证，每条通道都要采用专用仪器测试链路阻抗及衰减，以保证其电气性能。应用系统布线全部采用点到点端接，任何一条链路故障均不影响其他链路的运行，为链路的运行维护及故障检修提供了方便，从而保障了应用系统的可靠运行。各应用系统采用相同传输介质，因而可互为备用，提高了备用冗余。

5. 先进性

当今社会信息产业飞速发展，特别是多媒体技术使信息和语音传输界限被打破，因此，现在建筑物如若采用传统布线方式，就不能满足目前信息技术的需要，更不能适应未来信息技术的发展。综合布线采用光纤与双绞电缆混合的布线方式，较为合理地构成一套完整的布线。所有布线均采用世界上最新通信标准。链路均按八芯双绞电缆配置。5类及6类双绞电缆的数据最大传输速率可达到1000Mbps；对于特殊用户的需求，可把光纤引到桌面（Fiber To The Desk，缩写 FTTD）。干线的语音部分用电缆，数据部分用光缆，为同时传输多路实时多媒体信息提供足够的裕量。

6. 经济性

综合布线系统将分散的专业布线系统综合到标准化的信息网络中，减少了布线系统的线缆品种和设备数量，简化了信息网络结构，统一了日常维护管理，大大减少了维护工作量，节约了维护管理费用。因此，采用综合布线系统虽然初次投资较多（约占整个建筑的3%～5%），但总体上看符合技术先进、经济合理的要求。

### 5.3.3 综合布线工程常用线缆

目前，综合布线使用的线缆主要有两类：光缆和电缆。电缆有双绞电缆和同轴电缆。双绞电缆又分为非屏蔽双绞电缆（UTP）和屏蔽双绞电缆（STP）。光纤主要分为62.5/

125μm 多模光纤和 8.3/125μm 单模光纤。

电缆护套有阻燃和非阻燃型两种。电缆的护套若含卤素，不易燃烧（阻燃）。但在燃烧过程中，释放的毒性大。电缆的护套若不含卤素，则易燃烧（非阻燃）。但在燃烧过程中所释放的毒性小。因此，我们在设计综合布线时，应根据建筑物的防火等级，选择阻燃型线缆或非阻燃型线缆。

1. 同轴电缆（Coaxial Cable）

同轴电缆是局域网中最常见的传输介质之一，其频率特性比双绞线好，能进行较宽频带的信息传输（传输速率为 10Mbps）。典型的同轴电缆中心有一根单芯铜导线，铜导线外面是绝缘层。绝缘层的外面有一层导电金属屏蔽层，金属屏蔽层可以是密集型的，也可以是网状形的。金属屏蔽层用来屏蔽电磁干扰和防止辐射。同轴电缆的最外层又包了一层绝缘塑料外皮。同轴电缆的结构如图 5-24 所示。

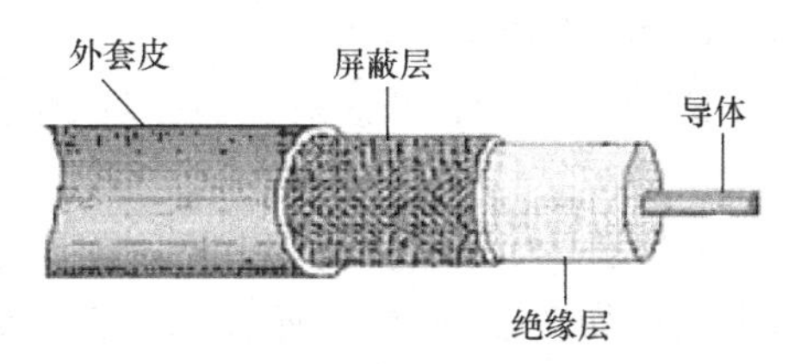

图 5-24　同轴电缆的结构

粗缆和细缆是指同轴电缆直径的大小。粗缆适用于比较大型的计算机局部网络，它的标准距离长、可靠性高。由于安装时不需要切断电缆，因此可以根据需要灵活调整计算机的入网位置。但粗缆必须安装发送器和接收器电缆，安装难度也大，所以总体造价高。相反，细缆则比较简单，造价低。但由于安装细缆过程中要切断电缆，两头装上基本网络连接头（BNC），然后接在 T 形连接器两端，当接头多时容易产生接触不良的隐患。为了保持同轴电缆的正确电气特性，电缆的金属层必须接地。同时电缆两端头必须安装端接匹配器来削弱信号反射作用。

无论是粗缆还是细缆，综合布线均采用总线型拓扑结构，即一根同轴电缆上接多台机器。这种拓扑结构适用于机器密集的环境。但是，当一节点发生故障时，会影响到整根同轴电缆上所有的机器，故障的诊断和修复都很麻烦。因此，在综合布线中常采用双绞电缆或光缆。

2. 双绞电缆（Twisted Pair Cable）

双绞线是综合布线工程中最常用的一种传输介质，大多数数据和语音网络都使用双绞线布线。双绞电缆的电导体是铜导线，铜导线外有绝缘层包裹。每 2 根具有绝缘层的铜导线按一定密度互相绞缠在一起绞合成线对，且线对与线对之间按一定密度逆时针相应地绞合在一起，在所有绞合在一起的线对外面，再包裹绝缘材料制成的外皮。铜导线的直径为 0.4～1mm。其扭绞方向为逆时针，绞距为 3.81～14cm，相邻双绞线的扭绞长度差约为 1.27cm。在一束电缆中的相邻线对使用不同的扭矩，可提高抗干扰性。

双绞线可以按照以下方式进行分类：

1）按结构分为屏蔽双绞线（Shielded Twisted Pair，STP）和非屏蔽双绞线电缆（Unshielded Twisted Pair，UTP），如图 5-25 所示。

2）按性能分为 1 类、2 类、3 类、4 类、5 类、5e 类、6 类、6e 类、7 类双绞线电缆。

3）按特性阻抗划分可分为 100Ω、120Ω 及 150Ω 等。常用的是 100Ω 的双绞线电缆。

4）按对数分为 1 对、2 对、4 对双绞线电缆，25 对、50 对、100 对的大对数双绞线电缆。

（1）非屏蔽双绞电缆（UTP）

非屏蔽双绞电缆由多对双绞线外包缠一层绝缘塑料护套构成。4对非屏蔽双绞电缆如图5-25（*a*）所示。

非屏蔽双绞电缆采用每对线的绞距与所能抵抗的电磁辐射及干扰成正比，并结合滤波与对称性等技术，经由精确的生产工艺制成。采用这些技术措施可以减少非屏蔽双绞电缆线对间的电磁干扰。由于非屏蔽双绞电缆无屏蔽层，所以它具有容易安装和节省空间的优点。

（2）屏蔽双绞电缆（STP）

屏蔽双绞电缆与非屏蔽双绞电缆一样，电缆芯是铜双绞线，护套层是绝缘塑料皮。只不过在护套层内增加了金属层。按增加的金属屏蔽层数量和金属屏蔽层绕包方式，又可分为铝箔屏蔽双绞电缆（FTP）、铝箔/金属网双层屏蔽双绞电缆（SFTP）和独立双层屏蔽双绞电缆（STP）三种。

FTP是由绞合的线对和在多对双绞线外纵包铝箔构成，在屏蔽层外是电缆护套层。4对双绞电缆结构如图5-25（*b*）所示。

SFTP是由绞合的线对和在多对双绞线外纵包铝箔后，再加铜编织网构成。4对双绞电缆结构如图5-25（*c*）所示。SFTP具有比FTP更好的电磁屏蔽特性。

STP是由绞合的线对和在每对双绞线外纵包铝箔后，再在多对双绞线外加铜编织网构成。4对双绞电缆结构如图5-25（*d*）所示。

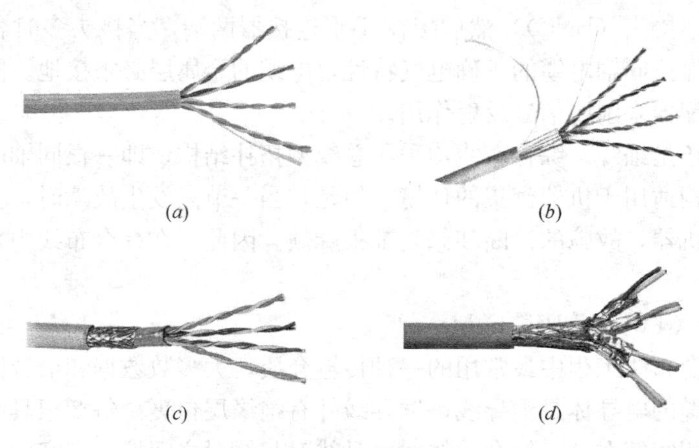

图5-25　双绞电缆

（*a*）UTP；（*b*）FTP；（*c*）SFTP；（*d*）STP

从图5-25中可以看出，非屏蔽双绞电缆和屏蔽双绞电缆都有一根用来撕开电缆保护套的拉绳。屏蔽双绞电缆在铝箔屏蔽层和内层聚酯包皮之间还有一根漏电线，把它连接到接地装置上，可泄放金属屏蔽层的电荷，解除线对间的干扰。屏蔽双绞电缆外面包有较厚的屏蔽层，所以它具有抗干扰能力强、保密性好，不易被窃听的优点。

3. 光缆

光纤是一种传输光束的细而柔韧的媒质，又称光导纤维。光缆由一捆光纤组成，与铜缆相比，光缆本身不需要电，虽然在建设初期所需的连接器、工具和人工成本很高，但其不受电磁干扰的影响，具有更高的数据传输速率和更远的传输距离，这使得光缆在某些应用中更具吸引力，成为目前综合布线系统中常用的传输介质之一。典型的光纤结构如图5-26所示，自内向外为纤芯、包层及涂覆层。光纤芯的折射率较高，包层的折射率较低，光以不同的角度送入光纤芯，在包层和光纤芯的界面发生反射，进行远距离的传输。包层的外面涂覆了一层很薄的涂覆层，涂覆材料为硅酮树脂或聚氨基甲酸乙酯，涂覆层的外面套塑（或称二次涂覆），套塑的材料大多采用尼龙、聚乙烯或聚丙烯等塑料，可防止周围环境对光纤的伤害，如水、火、电击等。

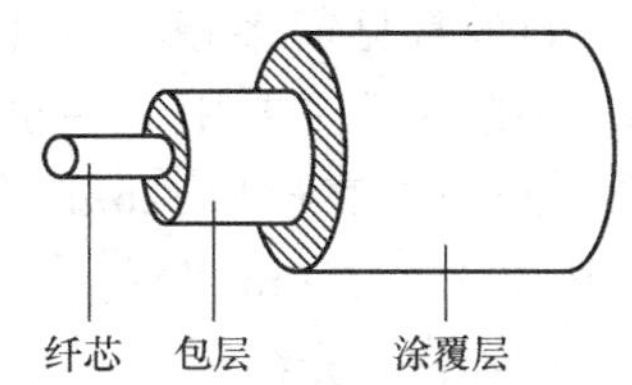

图 5-26　光纤结构图

（1）光纤通信的特点

1）传输频带宽，通信容量大。

2）线路损耗低，传输距离远。

3）抗化学腐蚀能力强。

4）线径细，质量小。

5）抗干扰能力强，应用范围广。

6）制造资源丰富。

（2）光纤的分类

光纤可以按构成光纤的材料、光传输模式、光纤的折射率分布等进行分类。

1）按构成光纤的材料分类

按光纤的构成材料不同，光纤可分为玻璃光纤、胶套硅光纤、塑料光纤三种。

2）按传输模式分类

按传输模式不同，光纤可分为单模光纤和多模光纤两种。

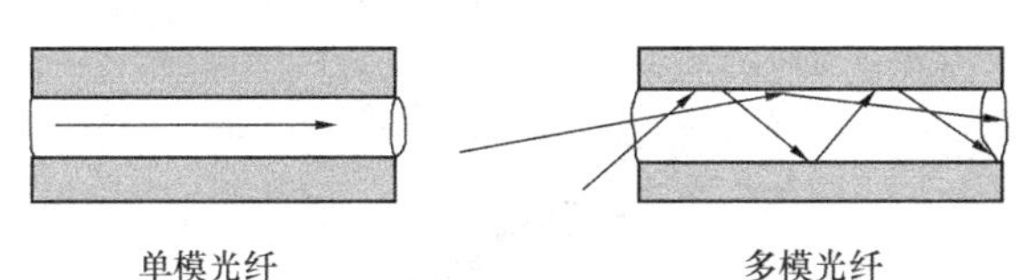

图 5-27　单模光纤和多模光纤光轨迹图

①单模光纤

单模光纤（Single Mode Fiber，SMF）采用固体激光器作光源，在给定的工作波长上只能以单一模式的光传输信号，光信号可以沿着光纤的轴向传播，如图 5-27 所示，没有模分散的特性，光信号损耗很小，离散也很小，传播的距离较远。单模导入波长为 1310nm 和 1550nm。

单模光纤的纤芯和包层具有多种不同的尺寸，尺寸的大小将决定光信号在光纤中的传输质量。目前常见的单模光纤主要有 8.3μm/125μm（纤芯直径/包层直径）、9μm/125μm 和 10μm/125μm 等规格。根据 TIA/EIA 标准，用于干线布线的单模光纤具有更高的带宽且最远传输距离可以达到 3km，电话公司通过特殊设备处理可以使单模光纤达到 65km 的传输距离，因此单模光纤主要用于建筑物之间的互联或广域网连接。

②多模光纤

多模光纤（Multi Mode Fiber，MMF）可以使用 LED 作为光源，也可以使用激光器作为光源，在给定的工作波长上，以多个模式同时传输光信号，从而形成模分散，限制了带宽和距离，因此多模光纤的芯大，传输速度低，距离短，成本低，多模导入波长为 850nm 和 1300nm。

目前常见的多模光纤主要有 50μm/125μm、62.5μm/125μm 和 100μm/140μm 等规格。多模光纤主要用于建筑物内的局域网干线连接。在综合布线系统中主要使用具有 62.5μm 纤芯直径和 125μm 包层直径的多模光纤，在传输性能要求更高的情况下，也可以使用 50μm/125μm 光纤。

(3) 常用光缆

常见光缆的分类方法见表 5-2。

**常见光缆的分类方法** **表 5-2**

| 分类方法 | 光 缆 种 类 |
| --- | --- |
| 按光缆结构 | 束管式光缆、层绞式光缆、紧抱式光缆、带式光缆、非金属光缆和可分支光缆等 |
| 按敷设方式 | 架空光缆、管道光缆、铠装地埋光缆、水底光缆和海底光缆等 |
| 按用途 | 长途通信用光缆、短途室外光缆、室内光缆和混合光缆等 |
| 按传输模式 | 单模光缆、多模光缆 |
| 按维护方式 | 充油光缆、充气光缆 |

在综合布线系统中，主要按照光缆的使用环境和敷设方式进行分类。

1) 室内光缆

室内光缆的抗拉强度较小，保护层较差，但更轻便、更经济。室内光缆主要适用于综合布线系统中的水平干线子系统和垂直干线子系统。室内光缆可以分为以下几种类型。

①多用途室内光缆（图 5-28）：多用途室内光缆的结构设计是按照各种室内所用场所的需要而确定的。

②分支光缆（图 5-29）：多用于布线终接和维护。分支光缆便于各光纤的独立布线或分支布线。

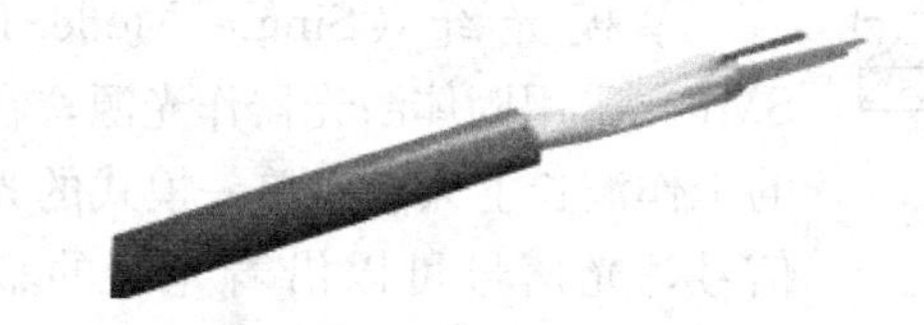

图 5-28 多用途室内光缆

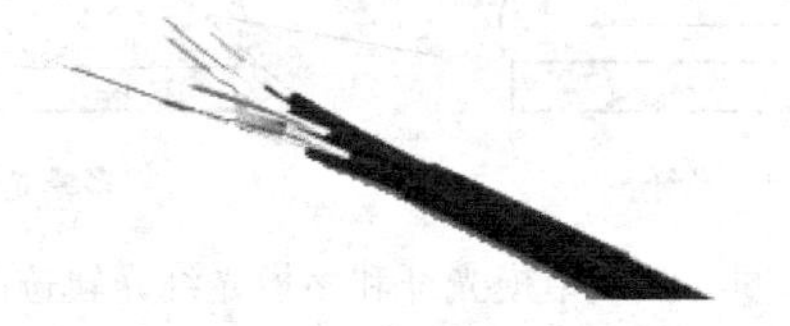

图 5-29 分支光缆

③互连光缆（图 5-30）：为布线系统进行语音、数据、视频图像传输设备互连所设计的光缆，使用的是单纤和双纤结构。互连光缆连接容易，在楼内布线中可用作跳线。

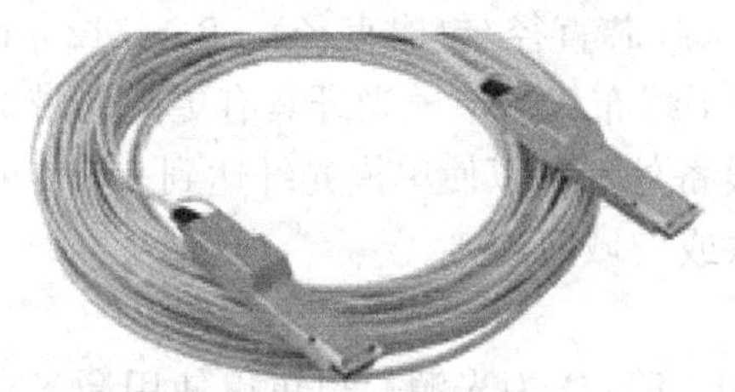

图 5-30 互连光缆

2) 室外光缆

室外光缆的抗拉强度比较大，保护层厚重，在综合布线系统中主要用于建筑群子系统，根据敷设方式的不同，室外光缆可分为架空式光缆、管道式光缆、直埋式光缆、隧道光缆和水底光缆等。

①架空式光缆（图 5-31）：当地面不适宜开挖或无法开挖（如需要跨越河道敷设）时，可以考虑采用架空的方式敷设光缆。普通光缆虽然也可以架空敷设，但是往往需要预先敷设承重钢缆。而自承式架空光缆把两者合二为一，给施工带来方便。

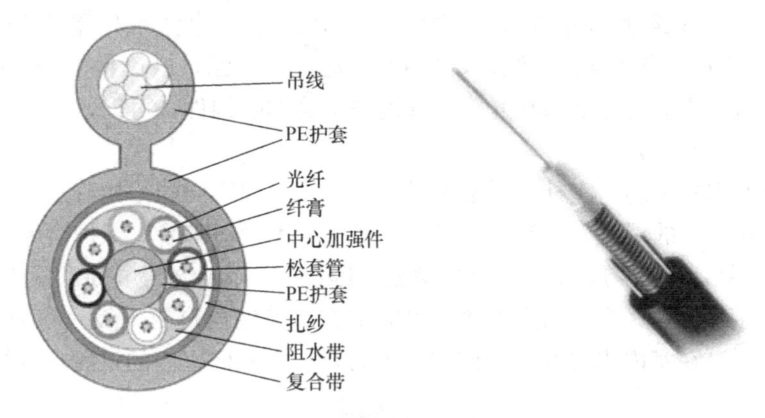


图 5-31　架空式光缆

②管道式光缆（图 5-32）：在新建成的建筑物中都预留了专用的布线管道，因为在布线中多使用管道式光缆。管道式光缆的强度并不大，但是拥有较好的防水性能，除了用于管道布线外，还可以通过预先敷设的承重钢缆用于架空铺设。

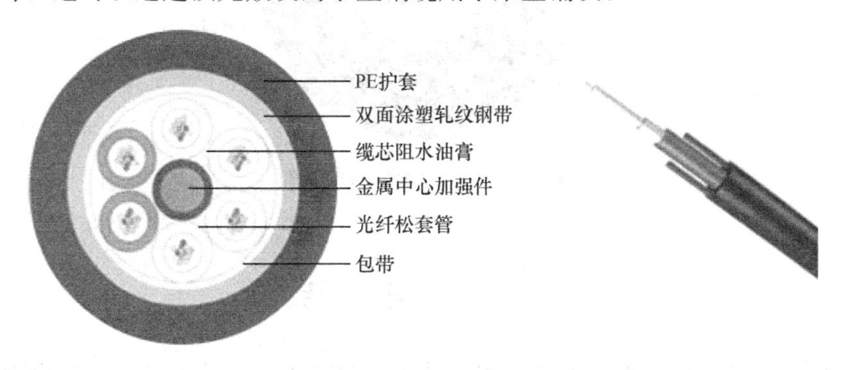


图 5-32　管道式光缆

③直埋式光缆（图 5-33）：直埋式光缆在布线时需要在地下开挖一定深度的地沟（大约 1m），用于埋设光缆。直埋式光缆布线简单易行，施工费用较低，在一般光缆敷设时使用。直埋式光缆通常拥有两层金属保护层，并且具有很好的防水性能。

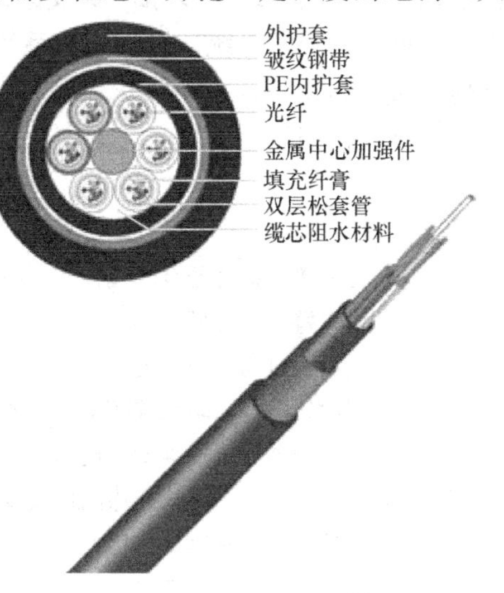


图 5-33　直埋式光缆

④隧道光缆：隧道光缆是指经过公路、铁路等交通隧道的光缆。

⑤水底光缆：水底光缆是指穿越江河、湖泊、海峡水底的光缆。

隧道和水底光缆需要选用优质光纤，以确保光缆具有优良的传输性能，在使用时要精确控制光纤余长，保证光缆具有优良的机械特性和温度特性。要有严格的工艺、原材料控制，保证光缆稳定工作 30 年以上。在松套管内填充特种油膏，对光纤进行关键的保护。采用全截面阻水结构，确保光缆良好的阻水防潮性能。中心加强构件采用增强玻璃纤维塑料（FRP）制成。双面覆膜复合铝带纵包，与PE护套紧密粘结，既确保了光缆的径向防潮，又增强了光缆耐侧压能力。如果在光缆中选用非金属加强构件，可以适用于多雷地区。

3）室内/室外通用光缆

由于敷设方式的不同，室外光缆必须具有与室内光缆不同的结构特点。室外光缆要承受水蒸气扩散和潮气的侵入，必须具有足够的机械强度及对啮咬等保护措施。室外光缆由于有PE护套及易燃填充物，不适合室内敷设，因此人们在建筑物的光缆入口处为室内光缆设置了一个移入点，这样室内光缆才能可靠地在建筑物内进行敷设。室内/室外通用光缆（图5-34）既可在室内也可在室外使用，不需要在室外向室内的过渡点进行熔接。

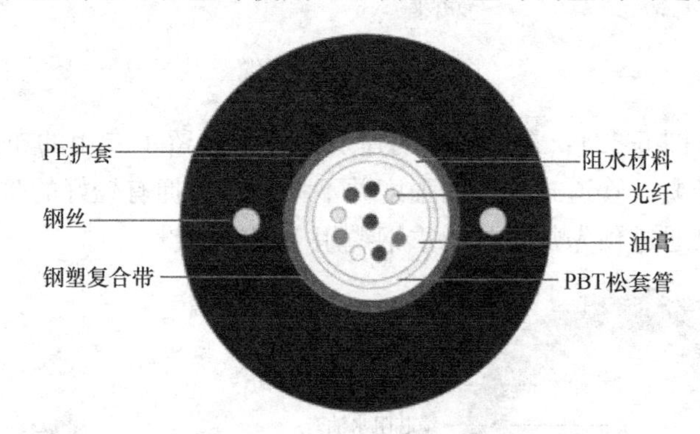


图5-34　室内/室外通用光缆

## 单　元　小　结

本教学单元主要阐述了安全防范系统、电气消防系统、综合布线系统三个部分，并对三个系统的组成、原理进行了讲解，通过案例对三个系统的识读进行了介绍。具体内容包括建筑物对保安系统的要求、保安系统的组成内容、防盗报警系统；消防系统组成、分类、火灾自动报警系统、自动灭火系统的基本原理、各种火灾探测器、火灾报警控制器、其他消防控制设备、自动灭火系统和防排烟及诱导疏散系统；综合布线系统的定义、组成、特点及常用线缆。

### 思考与练习题

5-1　常见的防盗报警器有哪几种？它们各适用于何种场合？

5-2　防盗报警系统有哪些类型？它们的特点各是什么，各适用于什么场合？

5-3　简述设置自动消防系统的必要性。

5-4　简述建筑电气消防系统的组成及各部分的作用。

5-5　火灾探测器有哪些类型？选择火灾探测器的原则是什么？

5-6　多线制和总线制系统的探测器接线各有何特点？

5-7　报警控制器具有哪些作用？

5-8　简述消火栓灭火系统的组成及工作过程。

5-9　为什么需在排烟道设置防火阀？它的作用是什么？

5-10　什么是“烟囱效应”？概述火灾中烟对人员的危害。
5-11　光纤和双绞线相比，有哪些优点？
5-12　什么是综合布线？与传统布线系统相比有什么优点？
5-13　综合布线系统由哪些子系统组成？
5-14　综合布线的常用系统结构有哪几种？请举例说明。

# 教学单元 6　电工技能实训

**【教学目标】**

1. 熟悉常用电工仪表的使用。
2. 了解各种导线连接方法及室内配线方式，并熟练掌握其操作技能。
3. 掌握各类型灯具的施工工序，并能解决各种常见的故障问题。
4. 熟悉配电箱的组成、各元件的作用及安装要求。

## 6.1　常用电工仪表的使用

### 6.1.1　万用表的使用

1. 实训目的

(1) 了解万用表的组成和测量原理；

(2) 学会普通万用表的基本使用方法；

(3) 掌握电压、电流和电阻等电量的测量技能。

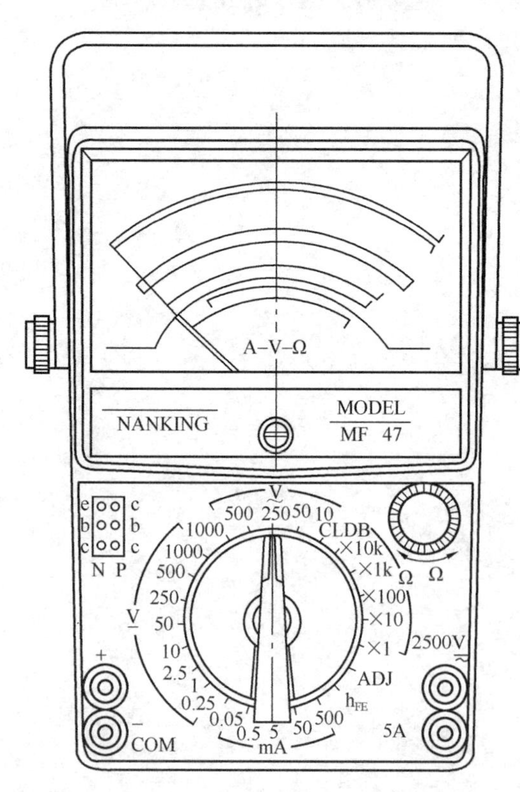


图 6-1　MF47 型万用表面板图

2. 实训设备

(1) 指针式万用表、数字式万用表各一个；

(2) 三相交流调压器一台（带电压表的）；

(3) 直流稳压电源一台；

(4) 测试用电阻若干个（含低值与高值电阻）；

(5) 导线若干。

3. 实训前准备

(1) 模拟式万用表

模拟式万用表的型号繁多，本书以 MF47 型万用表为例进行说明。图 6-1 及图 6-2 为常用的 MF47 型万用表的外形。

在使用万用表进行测量前，应进行下列检查、调整：

1) 外观应完好无破损，当轻轻摇晃时，指针应摆动自如。

2) 旋动转换开关，应切换灵活无卡阻，档位应准确。

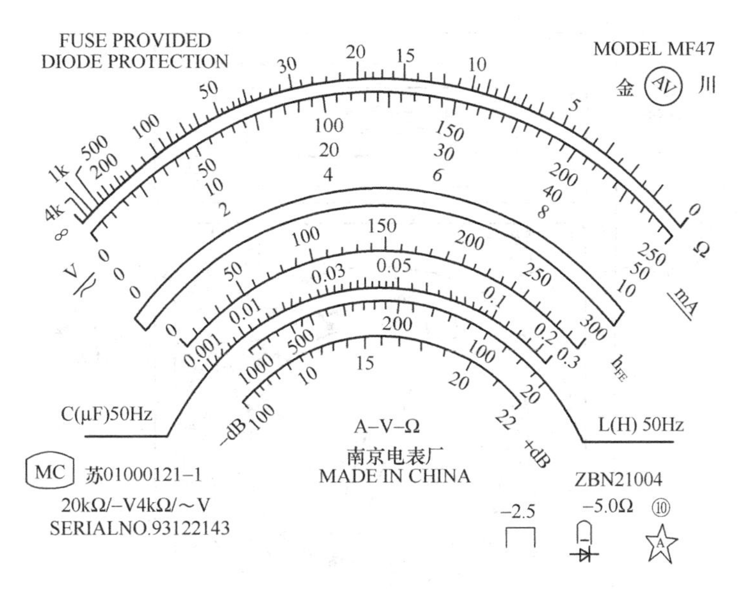


图 6-2　MF47 型万用表表盘图

3）水平放置万用表，转动表盘指针下面的机械调零螺丝，使指针对准标度尺左边的0位线。

4）测量电阻前应进行电调零（每换档一次，都应重新进行电调零）。即：将转换开关置于欧姆挡的适当位置，两支表笔短接，旋动欧姆调零旋钮，使指针对准欧姆标度尺右边的0位线。如指针始终不能指向0位线，则应更换电池。

5）检查表笔插接是否正确。黑表笔应接"－"极或"＊"插孔，红表笔应接"＋"。

6）检查测量机构是否有效，即应用欧姆挡，短时碰触两表笔，指针应偏转灵敏。

7）使用时应根据被测量及其大小选择相应档位。在被测量大小不详时，应先选用较大的量程测量，如不合适再改用较小的量程，以表头指针指到满刻度的2/3以上位置为宜。万用表的刻度盘上有许多标度尺，分别对应不同被测量和不同量程，测量时应在与被测电量及其量程相对应的刻度线上读数。

（2）数字万用表

数字万用表具有测量精度高、显示直观、功能全、可靠性好、小巧轻便以及便于操作等优点。本书以DT-830型数字万用表为例进行介绍。图6-3为DT-830型数字万用表的面板图，包括LCD液晶显示器、电源开关、量程选择开关、表笔插孔等。

液晶显示器最大显示值为199.9，且具有自动显示极性功能。若被测电压或电流的极性为负，则显示值前将带"－"号。若输入超量程时，显示屏左端出现"1"或"－1"的提示字样。

电源开关（POWER）可根据需要，分别置于"ON"（开）或"OFF"（关）状态。测量完毕，应将其置于"OFF"位置，以免空耗电池。数字万用表的电池盒位于后盖的下方，采用9V叠层电池。电池盒内还装有熔丝管，起过载保护作用。旋转式量程开关位于面板中央，用以选择测试功能和量程。

输入插口是万用表通过表笔与被测量连接的部位，设有"COM"、"V·Ω"、"mA"、

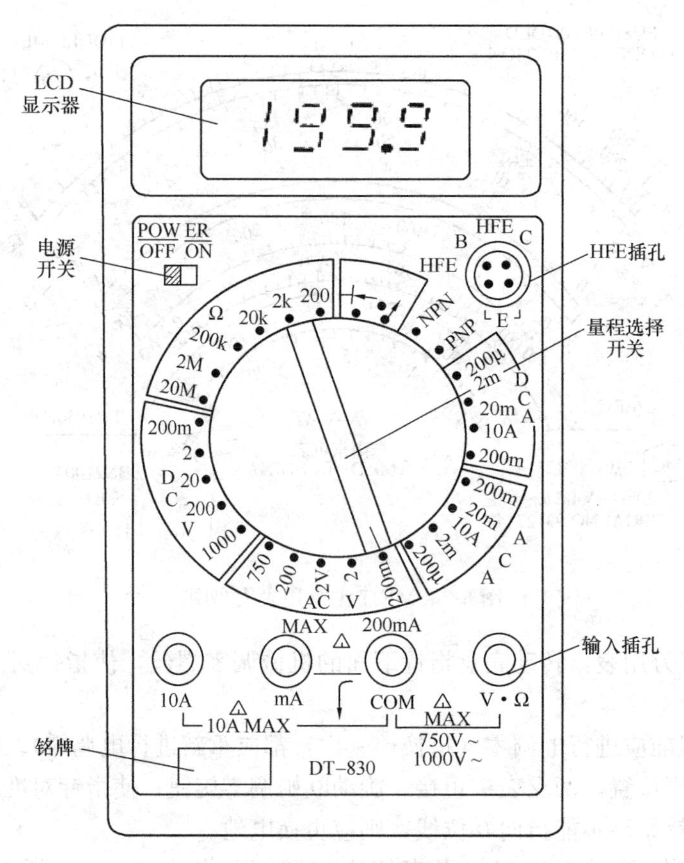


图 6-3　DT-830 型数字万用表

“10A” 四个插口。使用时，黑表笔应置于 “COM” 插孔，红表笔依被测种类和大小置于 “V·Ω”、“mA” 或 “10A” 插孔。在 “COM” 插孔与其他三个插孔之间分别标有最大（MAX）测量值，如 10A、200mA、交流 750V、直流 1000V。HFE 插口用以测量三极管的 HFE 值时，将其 B、C、E 极对应插入。

4. 实训步骤

（1）模拟式万用表

1）直流电阻的测量

①首先应断开被测电路的电源及连接导线。若带电测量，将损坏仪表。

②合理选择量程档位，以指针居中或偏右为最佳。测量半导体器件时，不应选用 R×1 挡和 R×10k 挡。

③测量时表笔与被测电路应接触良好；双手不得同时接触表笔的金属部分，以防将人体电阻并入被测电路造成误差。

④正确读数并计算出实测值。

⑤切不可用欧姆档直接测量微安表头、检流计、电池内阻。

2）电压的测量

①测量电压时，表笔应与被测电路并联。

②测量直流电压时，应注意极性。若无法区分正、负极，则先将量程选在较高档位，

用表笔轻触电路，若指针反偏，则调换表笔。

③合理选择量程。若被测电压无法估计，先应选择最大量程，视指针偏摆情况再作调整。

④测量时应与带电体保持安全间距，手不得接触表笔的金属部分。测量高电压时（500～2500V），应戴绝缘手套站在绝缘垫上使用高压测试笔进行测量。

3）电流的测量

①测量电流时，应与被测电路串联，切不可并联。

②测量直流电流时，应注意极性。

③合理选择量程。

④测量较大电流时，应先断开电源然后再撤表笔。

（2）数字万用表

1）测量交、直流电压（ACV、DCV）时，红、黑表笔分别接“V·Ω”与“COM”插孔，旋动量程选择开关至合适位置（200mV、2V、20V、200V、700V或1000V），红、黑表笔并接于被测电路（若是直流，注意红表笔接高电位端，否则显示屏左端将显示“—”）。此时显示屏显示出被测电压数值。若显示屏只显示最高位“1”，表示溢出，应将量程调高。

2）测量交、直流电流（ACA、DCA）时，红、黑表笔分别接“mA”（大于200mA时应接“10A”）与“COM”插孔，旋动量程选择开关至合适位置（2mA、20mA、200mA或10A），将两表笔串接于被测回路（直流时，注意极性），显示屏所显示的数值即为被测电流的大小。

3）测量电阻时，无须调零。将红、黑表笔分别插入“ V·Ω”与“COM”插孔，旋动量程选择开关至合适位置（200、2k、200k、2M、20M），将两表笔跨接在被测电阻两端（不得带电测量），显示屏所显示数值即为被测电阻的数值。当使用200MΩ量程进行测量时，先将两表笔短路，若该数不为零，仍属正常，此读数是一个固定的偏移值，实际数值应为显示数值减去该偏移值。

4）进行二极管和电路通断测试时，红、黑表笔分别插入“V·Ω”与“COM”插孔，旋动量程开关至二极管测试位置。正向情况下，显示屏即显示出二极管的正向导通电压，单位为“mV”（锗管应在200～300mV之间，硅管应在500～800mV之间）；反向情况下，显示屏应显示“1”，表明二极管不导通，否则，表明此二极管反向漏电流大。正向状态下，若显示“000”，则表明二极管短路，若显示“1”，则表明断路。在测量线路或器件的通断状态时，若检测的阻值小于30Ω，则表内发出蜂鸣声以表示线路或器件处于导通状态。

5）进行晶体管测量时，旋动量程选择开关至“HFE”位置（或“NPN”或“PNP”），将被测三极管依NPN型或PNP型将B、C、E极插入相应的插孔中，显示屏所显示的数值即为被测三极管的“HFE”参数。

6）进行电容测量时，将被测电容插入电容插座，旋动量程选择开关至“CAP”位置，显示屏所示数值即为被测电容的电荷量。

5. 实训注意事项

（1）模拟式万用表使用注意事项

1）测量过程中不得换挡。

2）读数时，应三点成一线（眼睛、指针、指针在刻度中的影子）。

3）根据被测对象，正确读取标度尺上的数据。

4）测量完毕应将转换开关置空挡或OFF档或电压最高档。若长时间不用，应取出内部电池。

（2）数字式万用表使用时的注意事项

1）当显示屏出现“LOBAT”或“←”时，表明电池电压不足，应予更换。

2）若测量电流时，没有读数，应检查熔丝是否熔断。

3）测量完毕，应关上电源；若长期不用，应将电池取出。

4）不宜在日光及高温、高湿环境下使用与存放（工作温度为0～40℃，湿度小于80%）。使用时应轻拿轻放。

6. 实训思考题

（1）如何应用指针式万用表测量判断二极管的极性？

（2）如何应用数字式万用表测量判断二极管的种类和极性？

（3）如何应用指针式万用表测出三极管的三个极？

### 6.1.2 钳形电流表的使用

在测量电路中的有关电量时，电压表、电流表、万用表等都要接入到电路中，测量完后再从电路中撤离，这样反反复复在接入和撤离时都要停止电路的运行，很不方便，同时也会影响工业的生产，而钳形电流表可以在不影响被测电路正常运行的情况下，测得所需被测电路的电参数。

1. 实训目的

（1）熟悉有关钳形电流表的原理、使用知识；

（2）掌握钳形电流表的正确操作方法，能正确使用钳形电流表测量交流电流。

2. 实训设备

（1）钳形电流表1台（型号不限）；

（2）三相异步电动机1台；

（3）大电流的单相用电设备1台（如1000W以上的电热器具）；

（4）220V灯泡与灯座各式各1只；

（5）交流三相四线电源板（应设三相与单相控制开关与漏电保护装置）1块；

（6）导线若干。

3. 实训前准备

钳形电流表的最基本用途是测量交流电流，虽然准确度较低（通常为2.5级或5级），但因在测量时无须切断电路，因而使用仍很广泛，如图6-4所示。如需进行直流电流的测量，则应选用交直流两用钳形表。

使用钳形表测量前，应先估计被测电流的大小以合理选择量程。使用钳形表时，被测载流导线应放在钳口内的中心位置，以减小误差；钳口的结合面应保持接触良好，若有明显噪声或表针振动厉害，可将钳口重新开合几次或转动手柄；在测量较大电流后，为减小剩磁对测量结果的影响，应立即测量较小电流，并把钳口开合数次；测量较小电流时，为使该数较准确，在条件允许的情况下，可将被测导线多绕几圈后再放进钳口进行测量（此

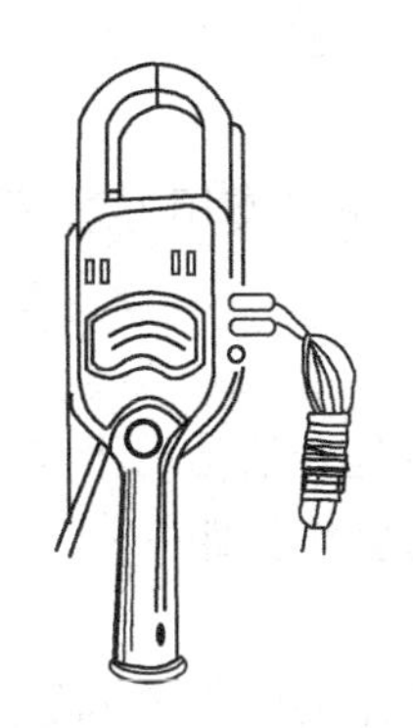
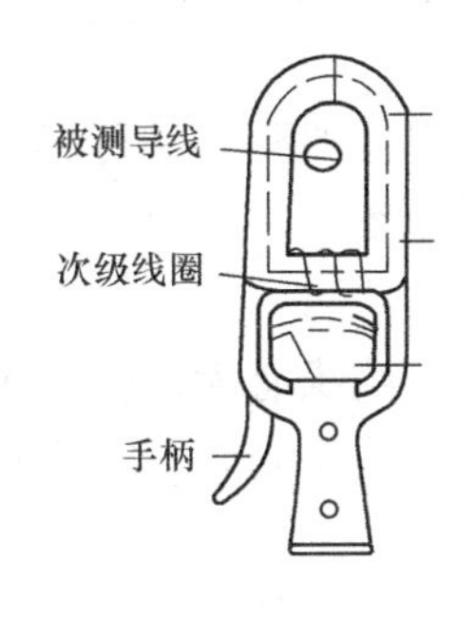

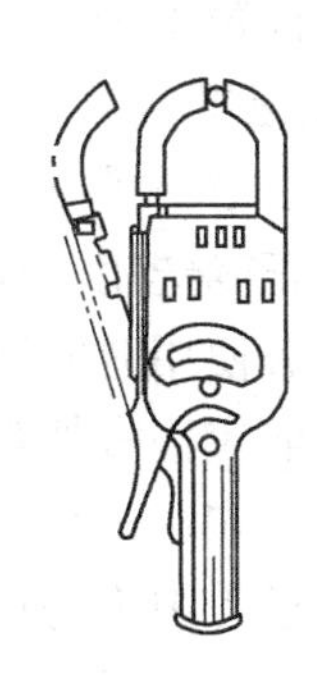

图 6-4　钳形电流表

时的实际电流值应为仪表的读数除以导线的圈数)。

使用时，将量程开关转到合适位置，手持胶木手柄，用食指勾紧铁芯开关，便于打开铁芯。将被测导线从铁芯缺口引入到铁芯中央，然后放松食指，铁芯即自动闭合。被测导线的电流在铁芯中产生交变磁通，表内感应出电流，即可直接读数。在较小空间内（如配电箱等）测量时，要防止因钳口的张开而引起相间短路。

4. 实训步骤

（1）使用钳形电流表测量三相电动机的启动电流和空载电流的步骤

1）检查安全后将电动机的电源开关合上，电动机空载运转，将钳形电流表拨到合适的档位，将电动机电源线逐根卡入钳形电流表中，分别测量电动机的三相空载电流，并记录测量数据。

注意：①电动机底座应固定好；②合上电源前应作安全检查；③运动中若电动机声音不正常或有过大的颤动，应马上将电动机电源关闭。

2）关闭电动机电源使电动机停转，将钳形电流表拨到合适的档位（按电动机额定电流值 5～7 倍估计），然后将电动机的一相电源线卡入钳形电流表中，在电动机合上电源开关的同时立刻观察钳形电流表的读数变化（启动电流值）。

注意：①电动机短时间内多次连续启动会使电动机发热，因此应集中注意力观察启动瞬间的电流值，争取一次成功；②测量完毕马上将电动机电源开关断开。

3）检查安全后将大电流单相用电设备的电源开关合上，选择合适的档位，用钳形电流表分别测量大电流设备的两根电源线的电流值，并记录测量数据。

注意：电热设备通电时，会产生很高的温度，要做好安全防护措施。

4）将灯泡的两根电源线分别卷 3～5 圈，检查安全后将 220V 灯泡的电源开关合上，选择合适的档位，用钳子形电流表分别测量灯泡两根电源的电流值，并记录测量数据，将测得的电流值除以圈数算出流过灯泡的实际电流值。

5）将全部电源关闭，检查安全，放好仪表，完成实训报告。

（2）测定三相电源的电流，判别三相回路是否平衡

1）测定三相电源的电流

用钳形电流表分别钳住实验室的三根配电电源线，分别测量三相电源各线的电流。

2）判别三相回路是否平衡

将三相电源的三根火线同时钳入钳形表的钳口内，如指示为 0，则表示三相电源处于

平衡状态；若读数不为0，则表示出现了零序电流，说明三相电源不平衡。

5. 实训注意事项

本实训主要学习了有关钳形表的工作原理、工作特点、正确使用方法等方面的知识，重点是要掌握正确选用、操作钳形电流表。

钳形电流表使用时的注意事项如下：

(1) 使用前应检查外观是否良好，绝缘有无破损，手柄是否清洁、干燥。

(2) 测量时应戴绝缘手套或干净的线手套，并注意保持安全间距。

(3) 测量过程中不得切换挡位。

(4) 钳形电流表只能用来测量低压系统的电流，被测线路的电压不能超过钳形表所规定的使用电压。

(5) 每次测量只能钳入一根导线。

(6) 若不是特别必要，一般不测量裸导线的电流。

(7) 测量完毕应将量程开关置于最大挡位，以防下次使用时，因疏忽大意而造成仪表的意外损坏。

(8) 使用钳形电流表测量工作时应有两人配合进行。

6. 实训思考题

(1) 钳形表工作时的最大特点是什么?

(2) 在选用钳形表时主要考虑的因素有哪些?

(3) 钳形表在工作使用时应如何操作?

### 6.1.3 兆欧表的使用

1. 实训目的

(1) 熟悉、巩固有关兆欧表的原理、使用知识;

(2) 掌握兆欧表的正确操作方法，能正确使用兆欧表测量电气设备的绝缘电阻值。

2. 实训设备

(1) 500V与1000V兆欧表各1台;

(2) 三相异步电动机（380V）1台;

(3) 高压电缆头1个;

(4) 高压验电器与高压绝缘棒各式各1支。

3. 实训前准备

兆欧表是专门用来测量电机、电气设备及线路绝缘电阻的仪表（图6-5）。它对工作中确保人身安全及设备的正确运行有重要的意义。兆欧表有机电式（指针式）兆欧表和数字式兆欧表两类。机电式兆欧表一般由磁电系比率表和高压产生器两部分构成。数字兆欧表基本上由高压发生器、测量桥路和自动量程切换显示电路三部分组成。数字式兆欧表读数清晰直观，测量范围宽，分辨率高，输出电压稳定，使用寿命长，体积小，重量轻，便于携带，测量的准确度高，附加功能优越。

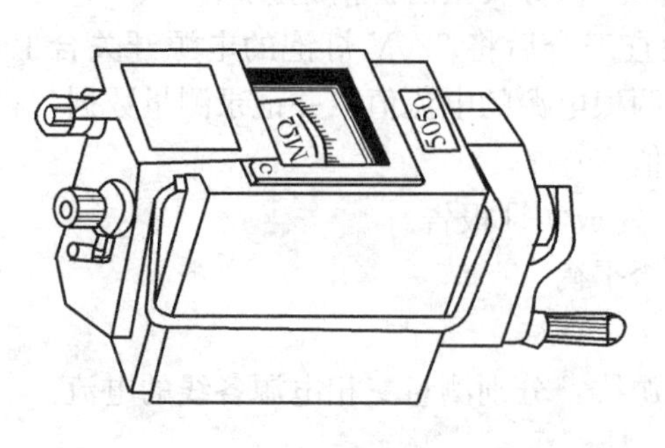


图6-5 兆欧表

兆欧表的选用主要考虑两个方面：一是电压等级，二是测量范围。

（1）测量额定电压在 500V 以下的设备或线路的绝缘电阻时，可选用 500V 或 1000V 的兆欧表；测量额定电压在 500V 以上的设备或线路的绝缘电阻时，可选用 1000～2500V 的兆欧表；测量瓷瓶时，应选用 2500～5000V 的兆欧表。

（2）兆欧表测量范围的选择主要考虑两点：①测量低压电气设备的绝缘电阻时可选用 0～200MΩ 的兆欧表，测量高压电气设备或电缆时可选用 0～2000MΩ 兆欧表；②因为有些兆欧表的起始刻度不是零，而是 1MΩ 或 2MΩ，这种仪表不宜用来测量处于潮湿环境中的低压电气设备的绝缘电阻，因其绝缘电阻可能小于 1MΩ，造成仪表上无法读数或读数不准确。

4. 实训步骤

（1）兆欧表的正确使用

兆欧表上有三个接线柱，两个较大的接线柱上分别标有 E（接地）、L（线路），另一个较小的接线柱上标有 G（屏蔽）。其中，L 接被测设备或线路的导体部分，E 接被测设备或线路的外壳或大地，G 接被测对象的屏蔽环（如电缆壳芯之间的绝缘层上）或不需测量的部分。兆欧表的常见接线方法如图 6-6 所示。

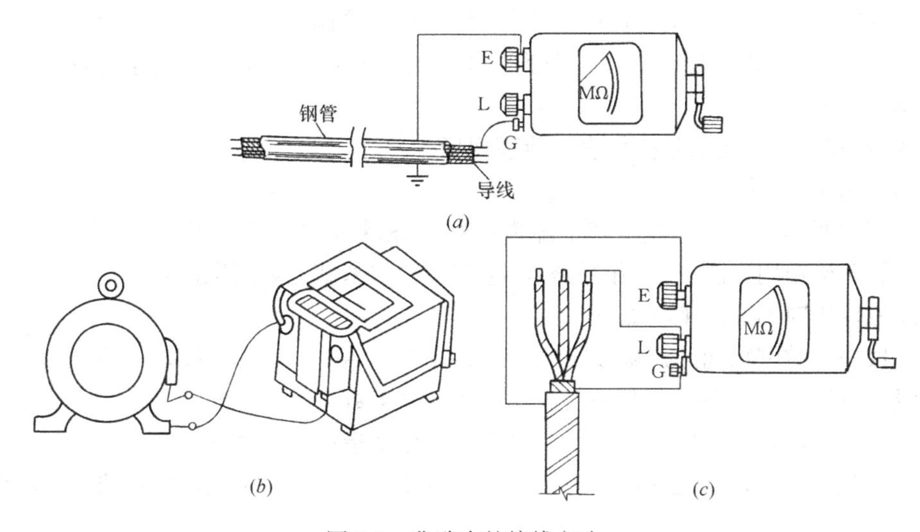


图 6-6　兆欧表的接线方法

1）测量前，要先切断被测设备或线路的电源，并将其导电部分对地进行充分放电。用兆欧表测量过的电气设备，也须进行接地放电，才可再次测量或使用。

2）测量前，要先检查仪表是否完好：将接线柱 L、E 分开，由慢到快摇动手柄约 1min，使兆欧表内发电机转速稳定（约 120r/min），指针应指在“∞”处；再将 L、E 短接，缓慢摇动手柄，指针应指在“0”处。

3）测量时，兆欧表应水平放置平稳。测量过程中，不可用手去触及被测物的测量部分，以防触电。兆欧表的操作方法如图 6-7 所示。

（2）使用 500V 兆欧表测量三相电动机的相间绝缘的步骤

1）将电动机切断电源，把接线盒内的电动机绕组线圈 6 条引出线拆开（如无记号应先做好记号，以便测试后恢复接好）。

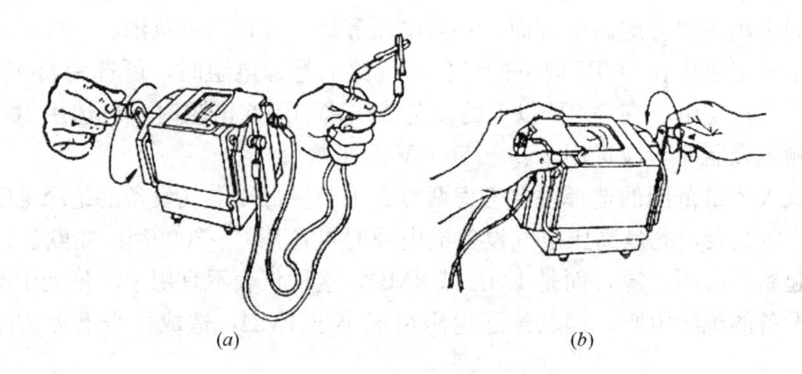

(*a*) (*b*)

图 6-7 兆欧表的操作方法

(*a*) 校检摇表的操作方法；(*b*) 测量时摇表的操作方法

2）按要求检查兆欧表。

3）用兆欧表测量电动机的三相相间绝缘电阻值，并记录测量数据。

（3）使用 1000V 兆欧表测量高压电缆头相间绝缘与相对地绝缘的步骤

1）按要求检查兆欧表。

2）模拟高压停电、验电、放电及操作保护的安全措施（边操作边口述）。

3）用 1000V 兆欧表测量高压电缆头的相间绝缘电阻值与相对地绝缘电阻值，并记录测量数据。

4）测量完毕，按要求收拾仪表，清理现场。

5. 实训注意事项

本实训主要学习了在工业生产中经常用到的兆欧表的有关知识，重点讲述了它的作用、分类、正确使用方法等方面的内容，应在理解的基础上掌握操作要领。

兆欧表使用时的注意事项如下：

（1）仪表与被测物间的连接导线应采用绝缘良好的多股铜芯软线，而不能用双股绝缘线或绞线，且连接线间不得绞在一起，以免造成测量数据不准。

（2）手摇发电机要保持匀速，不可忽快忽慢地使指针不停地摆动。

（3）测量过程中，若发现指针为零，说明被测物的绝缘层可能击穿短路，此时应停止摇动手柄。

（4）测量具有大电容的设备时，读数后不得立即停止摇动手柄，否则已充电的电容将对兆欧表放电，有可能烧坏仪表，应将 L 端导线离开被试设备后，才能停止摇动手柄。

（5）温度、湿度、被测物的有关状况等对绝缘电阻的影响较大，为便于分析比较，记录数据时应反映上述情况。

（6）测试设备的绝缘前后应对被测试设备进行放电。

6. 实训思考题

（1）兆欧表的作用是什么？

（2）常用的兆欧表有哪几种？它们分别由哪几部分组成？

（3）数字式兆欧表和机电式兆欧表相比较起来，具有哪些优点？

（4）兆欧表应如何操作？使用时如何连接线路？

### 6.1.4 接地电阻表的测量使用

1. 实训目的

（1）了解接地电阻表的测量原理；

（2）学会接地电阻表的使用方法；

（3）掌握电气设备接地电阻的测量技能。

2. 实训设备

（1）接地电阻表及其附件；

（2）各种不同电气设备的接地装置。

3. 实训前准备

（1）电气设备接地电阻及其要求

电气设备的任何部分与接地体之间的连接称为“接地”，与土壤直接接触的金属导体称为接地体或接地电极。

电气设备运行时，为了防止设备漏电危及人身安全，要求将设备的金属外壳、框架进行接地。另外，为了防止大气雷电袭击，在高大建筑物或高压输电铁架上，都装有避雷装置。避雷装置也需要可靠接地。

对于不同的电气设备，接地电阻值的要求也不同，电压在 1kV 以下的电气设备，其接地装置的接地电阻值不应超过表 6-1 中所列数值。

**1000V 以下电气设备接地电阻值** 表 6-1

| 电气设备类型 | 接地电阻值（Ω） | 电气设备类型 | 接地电阻值（Ω） |
|---|---|---|---|
| 100kVA 以上的变压器或发电机 | ≤4 | 100kVA 以下的变压器或发电机 | ≤10 |
| 电压或电流互感器次级线圈 | ≤10 | 独立避雷针 | ≤25 |

电气设备接地是为了安全，如果接地电阻不符合要求，不但安全得不到保证，而且还会造成安全假象，形成事故隐患。因此，电气设备的接地装置安装以后，要对其接地电阻进行测量，检查接地电阻值是否符合要求。接地电阻表又称接地摇表，是测量和检查接地电阻的专用仪器。

（2）接地电阻表的结构原理

接地电阻表主要由手摇交流发电机、电流互感器、检流计和测量电路等组成。如图 6-8 所示为 ZC-8 型接地电阻表及其附件。

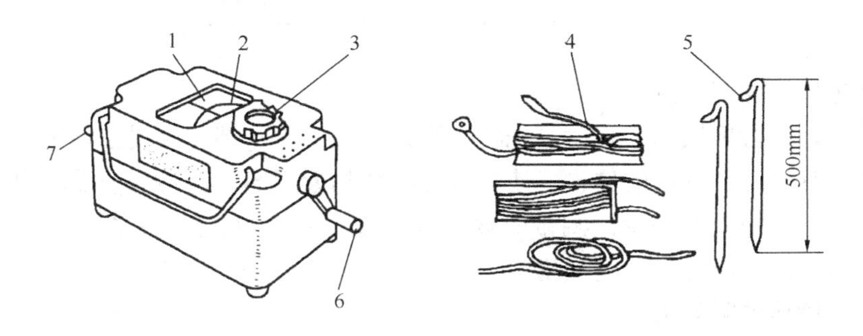


图 6-8 ZC-8 型接地电阻表及其附件

1—表头；2—细调拨盘；3—粗调旋钮；4—连接线；5—测量接地棒；6—摇柄；7—接地桩

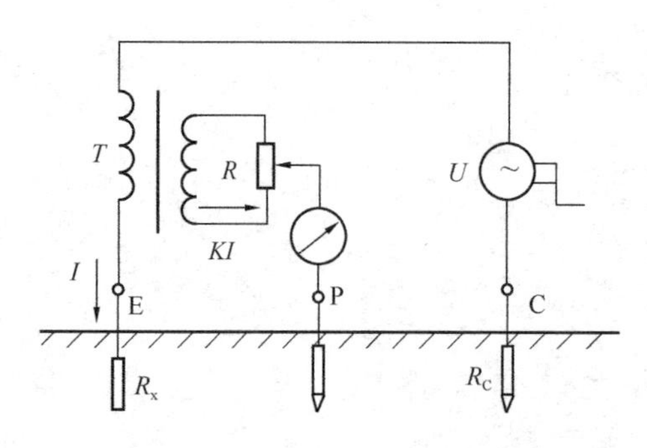

图 6-9 接地电阻表的结构原理

它是利用比较测量原理工作的，结构原理如图 6-9 所示。图中 E 为被测的接地电极，P 和 C 分别为电位和电流辅助电极，被测接地电阻 $R_x$ 位于 E 和 P 之间，但不包括辅助电极 C 的接地电阻 $R_C$。

4. 实训步骤

本书介绍 ZC-8 型接地电阻表的使用方法。ZC-8 型接地电阻表测量电路如图 6-10 所示，测量使用步骤如下。

(1) 连接接地电极和辅助探针

先拆开接地干线与接地体的连接点，把电位辅助探针和电流辅助探针分别插在距接地体约 20m 处的地下，两个辅助探针均垂直插入地面下 400mm 深，电位辅助探针应离近一些，两探针之间应保持一定距离，然后用测量导线将它们分别接在 $P_1$、$C_1$ 接线柱上，把接地电极与 $C_2$ 接线柱（相当于图 6-9 中的 E 点）相接。

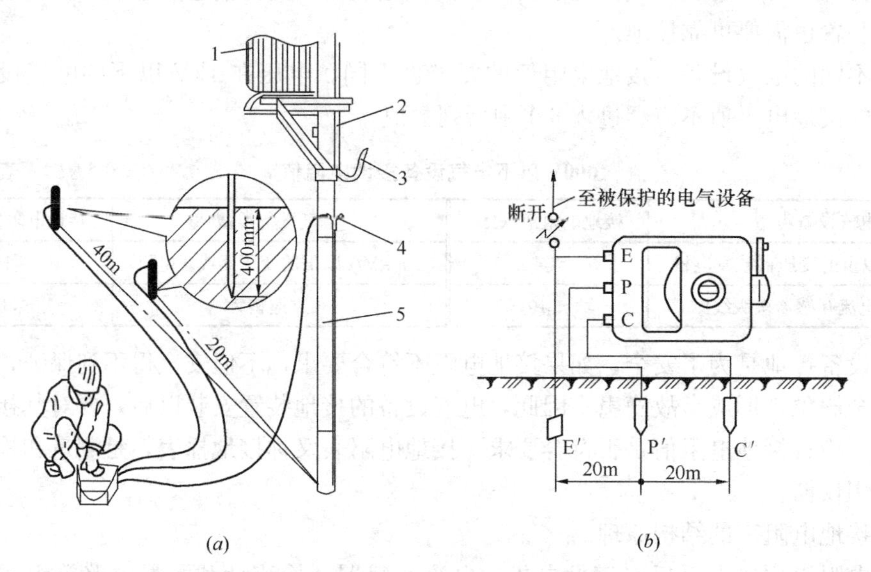

图 6-10 ZC-8 型接地电阻表测量接地电阻

(a) 现场测试接地电阻；(b) 测试接地电阻接线图

1—变压器；2—接地线；3—断开处；4—连接处；5—接地干线

(2) 选择量程并调节测量度盘

在对检流计进行机械调零之后，先将量程开关置于 100 档，缓慢摇动发电机手柄，调节测量度盘，改变可动触点的位置，使检流计指针趋近于零。若测量度盘读数小于 1，应将量程置于较小一档重新测量。测量时逐渐加快发电机的转速，使之达到 120r/min，并调节测量度盘，使检流计指针完全指零。

(3) 读取接地电阻数值

当检流计指针完全指零后，即可读数，接地电阻值＝测量度盘读数×量程值。

利用 ZC-8 型接地电阻测定仪也可以测量一般电阻，此时将 P 与 C 短接，把被测电阻接在E和P之间，测量步骤同前。

5. 实训注意事项

(1) 接地线路要与被保护设备断开，以保证测量结果的准确性。

(2) 下雨后和土壤吸收水分太多时，以及气候、温度、压力等急剧变化时不能测量。

(3) 被测地极附近不能有杂散电流和已极化的土壤。

(4) 探测针应远离地下水管、电缆、铁路等较大金属体，其中电流极应远离10m以上，电压极应远离50m以上，如上述金属体与接地网没有连接时，可缩短距离1/2～1/3。

(5) 注意电流极插入土壤的位置，应使接地棒处于零电位的状态。

(6) 连接线应使用绝缘良好的导线，以免有漏电现象。

(7) 测试现场不能有电解物质和腐烂尸体，以免造成错觉。

(8) 测试宜选择土壤电阻率大的时候进行，如初冬或夏季干燥季节。

(9) 随时检查仪表的准确性（每年送计量单位检测认定一次）。

(10) 当检流计灵敏度过高时，可将电位探针电压极插入土壤中浅一些，当检流计灵敏度不够时，可沿探针注水使其湿润。

6. 实训思考题

(1) 为什么需要将电气设备接地?

(2) 不同设备的接地电阻应满足什么要求?

(3) 简述接地电阻表的使用方法和注意事项。

## 6.2 电工基本操作

### 6.2.1 导线的电气连接

在低压电能的利用过程中，经常要进行导线的连接，导线的连接点是容易出故障的部位，它的连接质量直接关系着电气设备和线路能否安全可靠的运行。

1. 实训目的

(1) 能熟练完成各类常用导线的剥削操作；

(2) 能熟练完成各类常用导线间、导线与接线柱间的连接操作；

(3) 能熟练进行导线的绝缘恢复操作。

2. 实训设备

(1) 钢丝钳、尖嘴钳、电工刀各一把；

(2) 细砂纸若干；

(3) 单股、多股铜芯导线、橡皮护套导线、漆包线各若干；

(4) 黑胶带、黄蜡带若干。

3. 实训前的准备

在电气安装与线路维护工作中，通常因导线长度不够或线路有分支，需要把一根导线与另一根导线做固定电连接，在电线终端要与配电箱或用电设备做电连接，这些电连接的固定点称为接头。做导线的电连接是电工技术工作的一道重要工序，每个电工都必须熟练掌握这一操作工艺。

导线的电连接方法很多，有绞接、焊接、压接、紧固螺钉压接等。不同的电连接方法适用于不同的导线种类和使用环境。

导线电连接的要求：①接触紧密，接头电阻小，稳定性好。与同长度同截面积导线的电阻比应不大于1。②接头的机械强度应不小于导线机械强度的80%。③耐腐蚀。对于铝与铝连接，如采用熔焊法，主要防止残余熔剂或熔渣的化学腐蚀。对于铝与铜连接，主要防止电化腐蚀。在接头前后，要采取措施，避免这类腐蚀的存在。④接头的绝缘层强度应与导线的绝缘强度一样。

4. 实训步骤

（1）导线绝缘层的剥削

剥离线头绝缘层时，力度要适中，不可伤及金属导线。

1）塑料绝缘硬线

① 芯线截面小于等于 $4mm^2$ 时，一般用钢丝钳、尖嘴钳或剥线钳进行剥削。

② 用钢丝钳进行导线绝缘层剥削的步骤（图6-11）

A. 用左手捏导线，根据线头所需长短用钢丝钳切割绝缘层，但不可切入线芯。

B. 然后用手握住钢丝钳头部用力向外勒出塑料绝缘层，直到剥掉绝缘层。

C. 剥出的线芯应保持完整无损，如损伤较大应重新剥削。

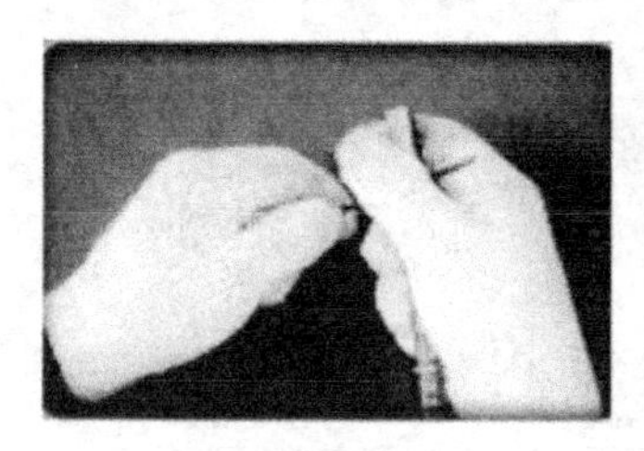
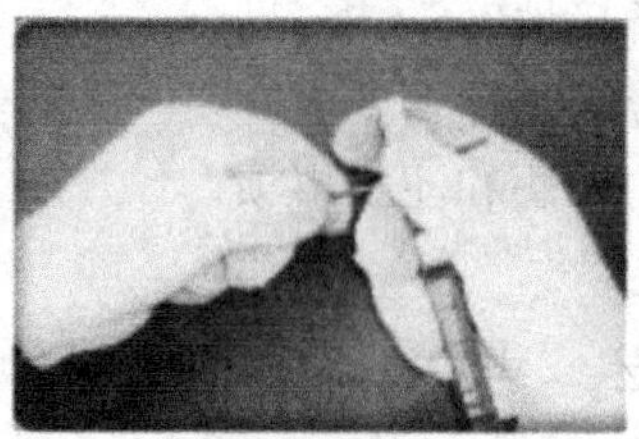
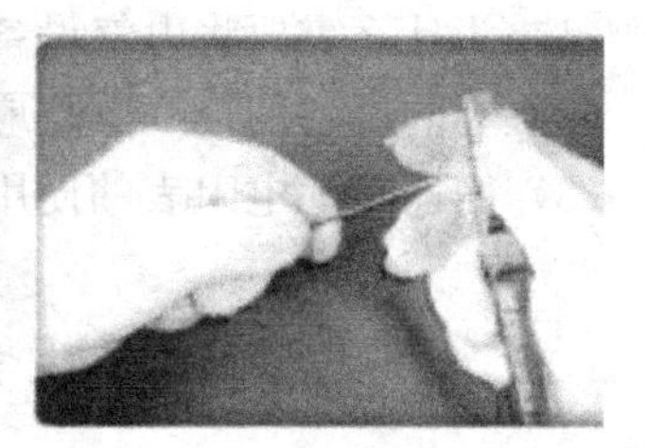

图6-11　钢丝钳剥削塑料硬线绝缘层

③ 用剥线钳进行导线绝缘层剥削的步骤

A. 根据导线粗细选择合适的剥线钳口，把导线头放入剥线钳，如图6-12（*a*）所示。

B. 右手压下剥线钳把，剥掉绝缘层，如图6-12（*b*）所示。

C. 线头剥好后如图6-12（*c*）所示。

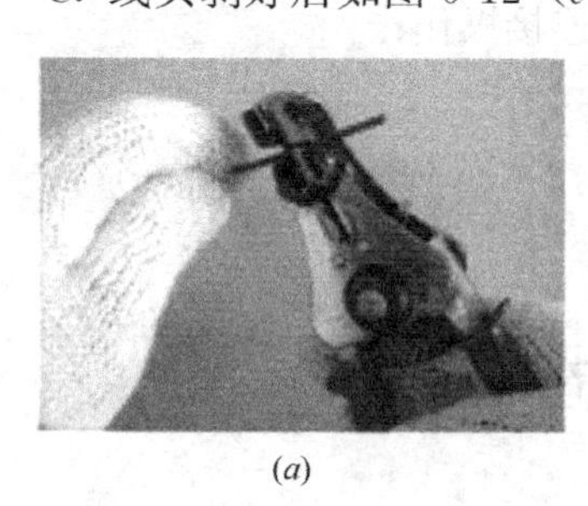
(*a*)
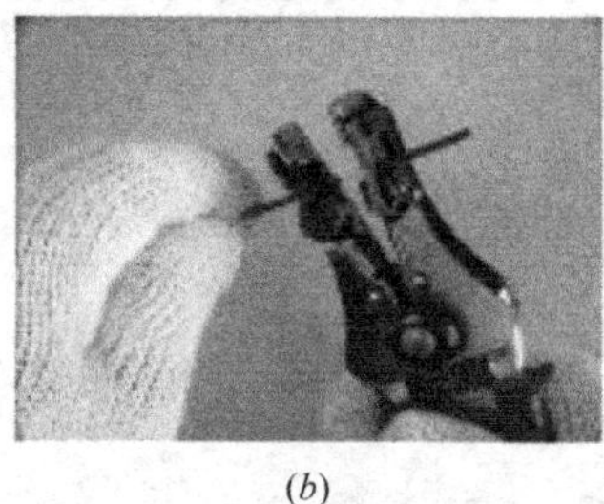
(*b*)
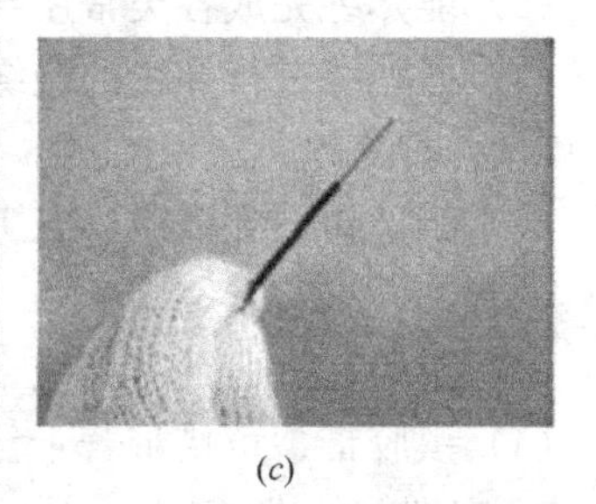
(*c*)

图6-12　剥线钳剥削塑料硬线绝缘层

2）线芯截面积大于 $4mm^2$ 的塑料硬线绝缘层

可用电工刀来剥削绝缘层（图6-13）。

① 根据所需的长度用电工刀以倾斜45°角切入塑料层，刀面与线芯保持约25°角，用

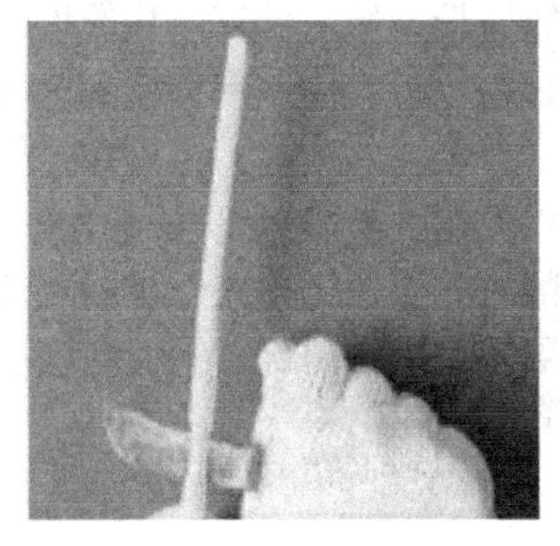 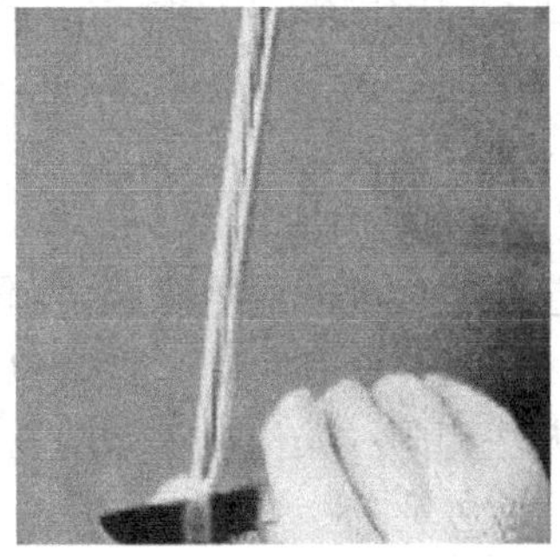 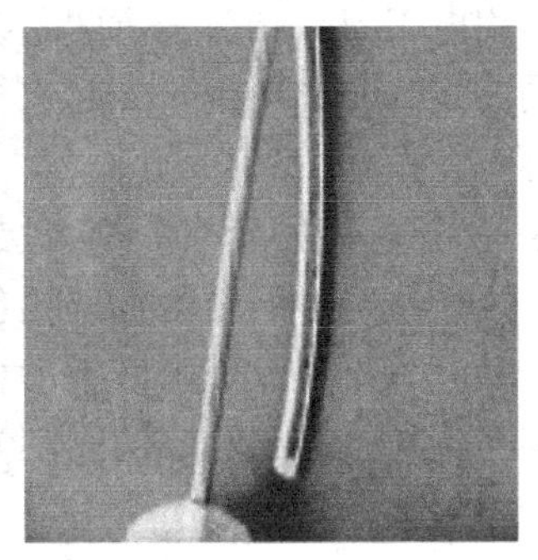

图 6-13　电工刀剥削塑料硬线绝缘层

力向线端推削，但不可切入线芯，削去上面一层塑料绝缘层。

② 以被剥导线的下口为切点，将绝缘层按圆切割一圈。

③ 将下面塑料绝缘层向后扳翻，最后用电工刀齐根切去。

3）塑料软线绝缘层的剥削

塑料软线绝缘层的剥削不能用电工刀，而应用剥线钳或钢丝钳剥削。方法与用钢丝钳剥削塑料硬线绝缘层相同。

4）塑料护套线绝缘层的剥削（图 6-14）

塑料护套线只有端头连接，不允许进行中间连接。其绝缘层分为外层的公共护套层和内部芯线的绝缘层。公共护套层通常都采用电工刀进行剥削。

① 按所需长度用刀尖对准线芯缝隙划开护套线。

② 向后扳翻护套层，用刀齐根切去。

③ 在距离护套层 5～10mm 处，用电工刀以倾斜 45°角切入绝缘层。其他剥削方法同塑料硬线绝缘层的剥削。

 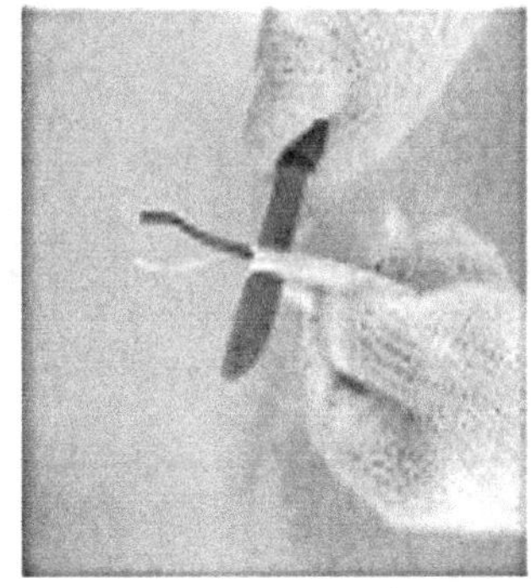 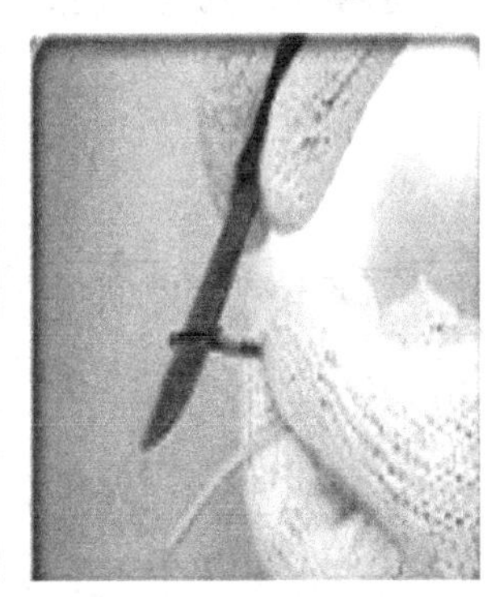

图 6-14　电工刀剥削塑料护套线

5）花线绝缘层的剥削

花线的结构比较复杂，多股铜质细芯线先由棉纱包扎层裹捆，接着是橡胶绝缘层，外面还套有棉织管（即保护层）。剥削时先用电工刀在线头所需长度处切割一圈拉去，然后在距离棉织管 10mm 左右处用钢丝钳按照剥削塑料软线的方法将内层的橡胶层勒去，将紧贴于线芯处棉纱层散开，用电工刀割去。

6）橡胶套软电缆绝缘层的剥削

用电工刀从端头任意两芯线缝隙中割破部分护套层。然后把割破已分成两片的护套层连同芯线（分成两组）一起进行反向分拉以撕破护套层，直到所需长度。再将护套层向后扳翻，在根部切断。

7）铅包线护套层和绝缘层的剥削

铅包线绝缘层分为外部铅包层和内部芯线绝缘层。剥削时先用电工刀在铅包层上切下一个刀痕，再用双手来回扳动切口处，将其折断，将铅包层拉出来。内部芯线的绝缘层的剥削与塑料硬线绝缘层的剥削方法相同。操作过程如图 6-15 所示。

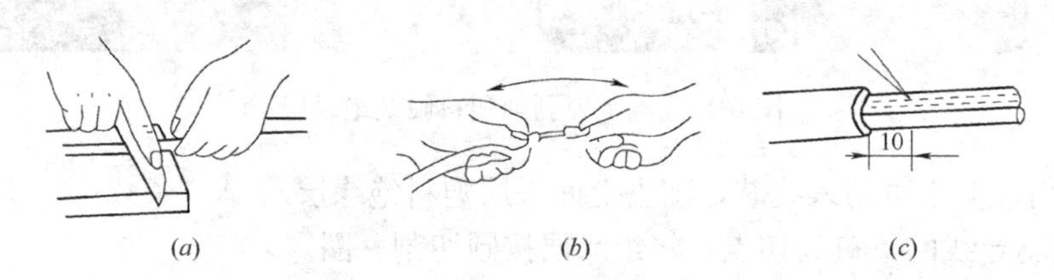


图 6-15　铅包线绝缘层的剥削

(a) 剖切铅包层；(b) 折板切口和拉出铅包层；(c) 剖削芯线绝缘层

(2) 导线的连接

做导线电连接之前，必须将导线端部或导线中间清理干净，要求削切绝缘层方法正确。剥切绝缘时，不能损伤线芯，裸露线长度一般为 50～100mm，截面积小的导线要短一些，截面积大的要长一些。

1）单股导线的直接连接（图 6-16）

单芯铜导线的对接要求如下：

① 绝缘剥削长度为线芯直径的 70 倍左右。

② 把两线头的线芯呈 X 形相交，互相绞接 2～3 圈。

③ 将两线头扳直，使其与导线垂直，然后分别在导线上缠绕 6～8 圈，再剪去多余的线头，并钳平切口毛刺。

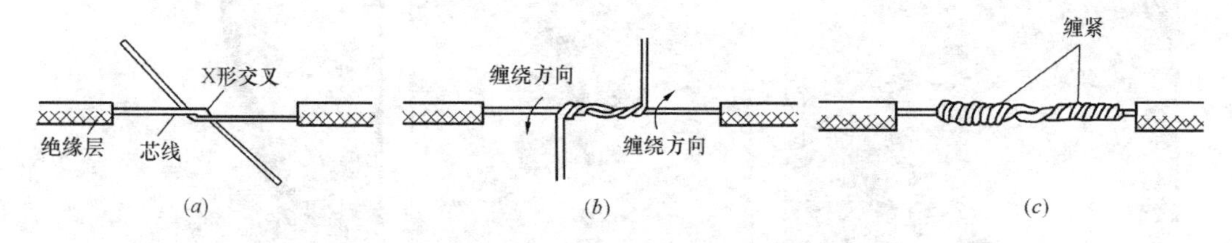


图 6-16　单股铜芯线的直接连接

2）单股导线的 T 形分支连接（图 6-17）

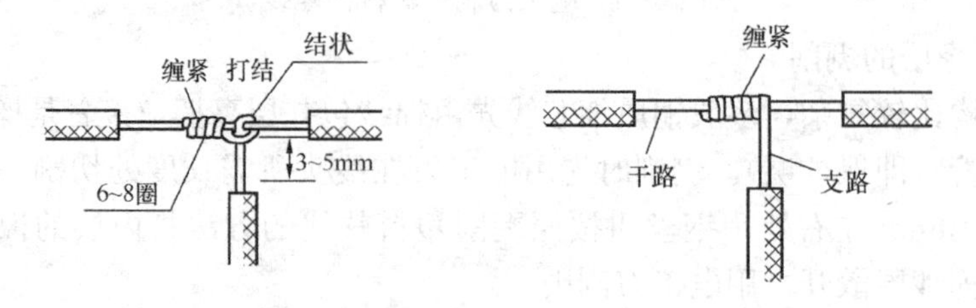


图 6-17　单股铜芯线的 T 形分支连接

支线端和干线十字相交，使支线芯线根部留出 3mm 后在干线缠绕一圈，再环绕成结状，收紧线端沿干线缠绕 6～8 圈，剪平切口。如果连接导线截面较大，两芯十字相交后，直接在干线上紧密缠绕 8 圈即可。

3）单股铜芯导线的十字分支连接（图 6-18）

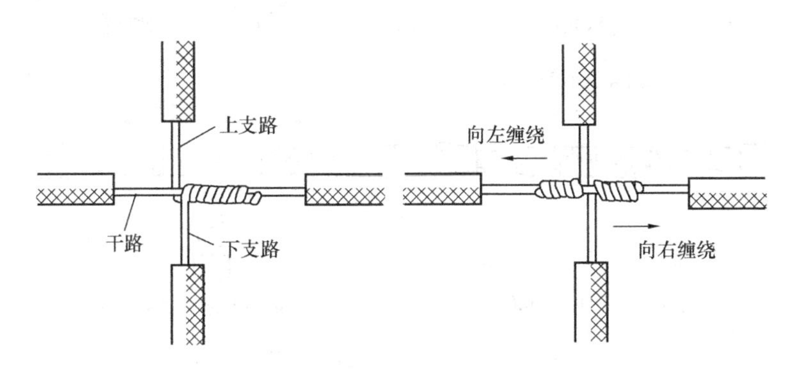


图 6-18　单股铜芯线的十字分支连接

将上下支路芯线的线头紧密缠绕在干路芯线上 5～8 圈后剪去多余线头即可，可以将上下支路芯线的线头向一个方向缠绕，也可以向左右两个方向缠绕。

4）多股铜芯导线的直接连接（图 6-19）

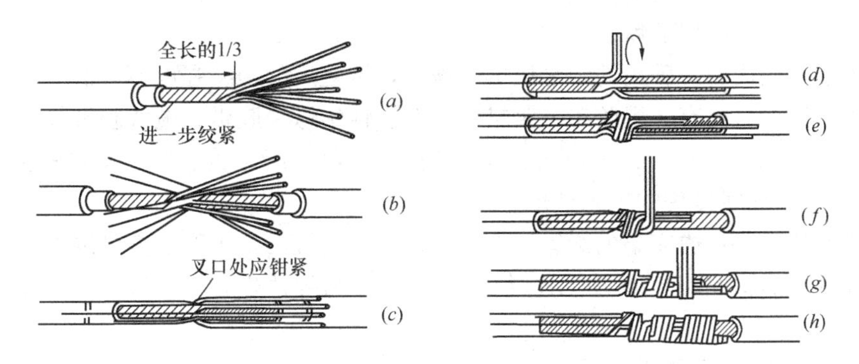


图 6-19　7 股铜芯导线的直接连接

① 绝缘剥削长度应为导线直径的 20 倍左右。

② 先把剥去绝缘层的线芯散开并拉直，把靠近根部的 1/3 线段的线芯绞紧，然后把余下的 2/3 线芯头按图 6-19 所示分散成伞形，并把每根芯线拉直。

③ 把两个伞形线芯头隔根对叉。

④ 捏平叉入后的所有芯线，并理直每股芯线，使每股芯线的间隔均匀，同时用钢丝钳钳紧叉口处，消除空隙。

⑤ 把一端 7 股芯线按两、两、三根分成三组，接着把第一组两根芯线扳起，垂直于芯线，并按顺时针方向缠绕 2～3 圈，然后将余下的芯线头向右折弯 90°，紧靠并平行于导线。

⑥ 把第二组的两根芯线向上扳直，也按顺时针方向紧紧压着两根扳直的芯线，缠绕两圈后，将余下的芯线向右扳直。

⑦ 再把下边第三组的三根芯线向上扳直，按顺时针紧紧压着前四根扳直的芯线向右

缠绕，缠 3 圈后，切去多余的芯线，钳平线端。

⑧ 用同样的方法再缠绕另一端芯线。

5）多股铜芯线的分支连接

多股铜芯线的分支连接方法如图 6-20 所示。剥去导线绝缘层，将分支线弯成 90°形状，把支线紧靠在干线上。扳起 1～3 根分支芯线与干线进行紧密缠绕。

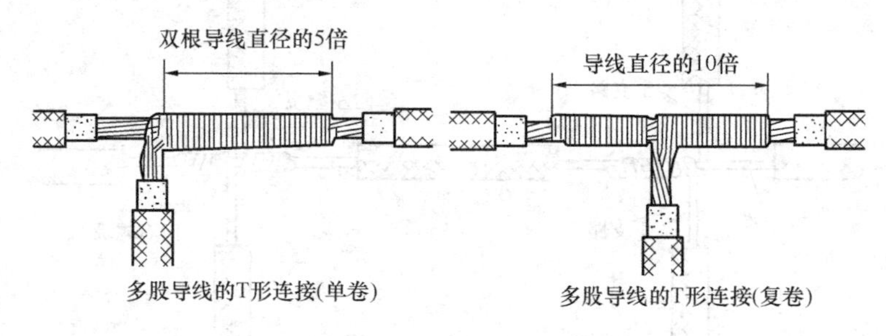


图 6-20　多股铜芯线的分支连接

第一种方法单卷：缠完第一个 1～3 根之后再扳起第二个 1～3 根继续缠绕，直到缠完为止，修剪毛刺。

第二种方法复卷：将分支线根部绞紧，把其余长度的线股均分并紧密排拢在一起，分别向两边紧密缠绕，缠完修剪毛刺即可。

（3）导线接头绝缘层的恢复

在线头连接完成后，破损的绝缘层必须恢复，恢复后的绝缘强度不应低于原有的绝缘强度。常用的绝缘材料有：黑胶布、黄蜡带、自黏性绝缘橡胶带、电气胶带等，一般绝缘带宽度以 10～20mm 为宜。其中，电气胶带因颜色有红、绿、黄、黑，又称相色带。

1）一字连接导线接头的绝缘处理

将黄蜡带从导线左边完整的绝缘层上开始包缠，包缠两根带宽后方可进入无绝缘层的金属芯线部分，如图 6-21（*a*）所示。包缠时黄蜡带与导线保持约 55°的倾斜角，每圈压

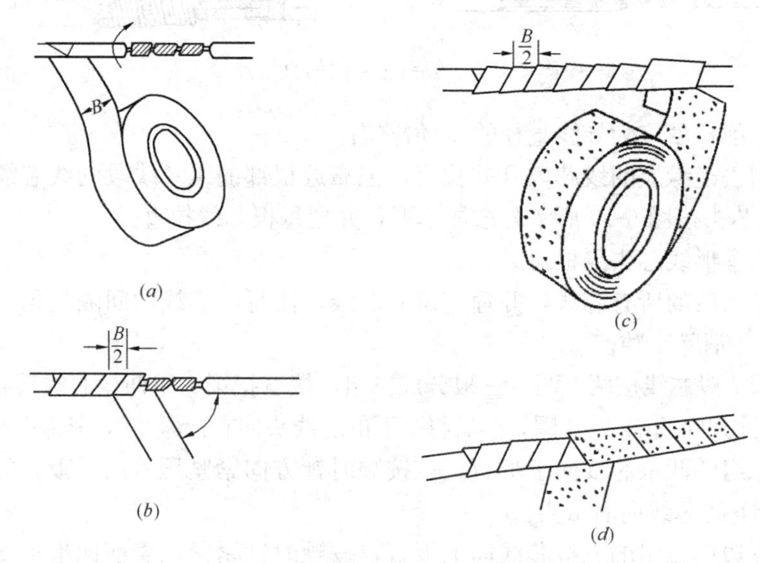


图 6-21　直连导线绝缘带的包缠方法

叠带宽的1/2，如图6-21（*b*）所示。包缠一层黄蜡带后，将黑胶带接在黄蜡带的尾端，按反向斜叠方向包缠一层黑胶带，也要每圈压叠带宽的1/2，如图6-21（*c*）和图6-21（*d*）所示。包缠过程中应用力拉紧胶带，注意不可稀疏，更不能露出芯线，以确保绝缘质量和用电安全。对于220V线路，也可不用黄蜡带，只用黑胶布带或塑料胶带包裹两层。在潮湿场所应使用聚氯乙烯绝缘胶带或涤纶绝缘胶带。

2）T形分支接头的绝缘处理（图6-22）

在380V线路上的导线恢复绝缘时，必须先包缠1～2层黄蜡带，然后再包缠一层黑胶带；在220V线路上的导线恢复绝缘时，先包缠一层黄蜡带，然后再包缠一层黑胶带。绝缘带包缠时，不能过疏，更不允许露出芯线，以免造成触电或短路事故。包缠时绝缘带要拉紧，要包缠紧密、坚实，并粘连在一起，以免有害气体侵入。绝缘胶带平时不可存放在温度高的地方，也不可浸染油类。

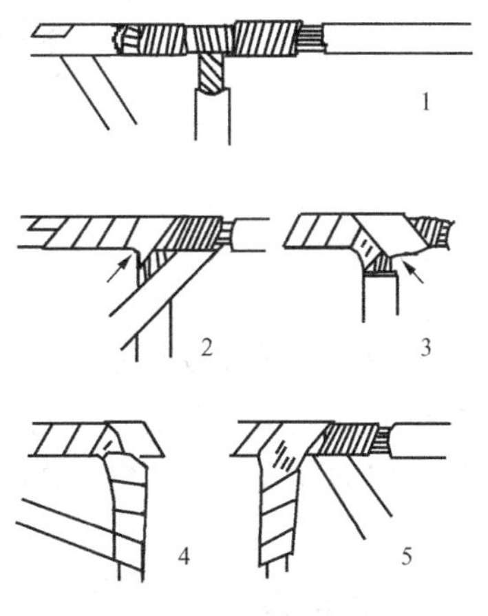

图6-22　T形连接导线的绝缘处理

3）十形分支接头的绝缘处理

包缠方向如图6-23所示，走一个十字形来回，使每根导线上都包缠两层绝缘胶带，每根导线也都应包缠到完好绝缘层的两倍胶带宽度处。

（4）导线与接线端子的连接

1）导线与针孔式

导线与针孔式接线端子的连接如图6-24所示。在针孔式接线端子上接线时，如果单股芯线直径与接线端子插线孔大小适宜，只要把线头插入孔中，旋紧螺钉即可。如果单股芯线较细则要把芯线端头折成双根，再插入孔中，如果是多股细丝铜软线，必须先把线头绞紧并搪锡或装接针式导线端头，然后再与接线端子连接。注意切不可有细丝露在接线孔外面，以免发生短路事故。

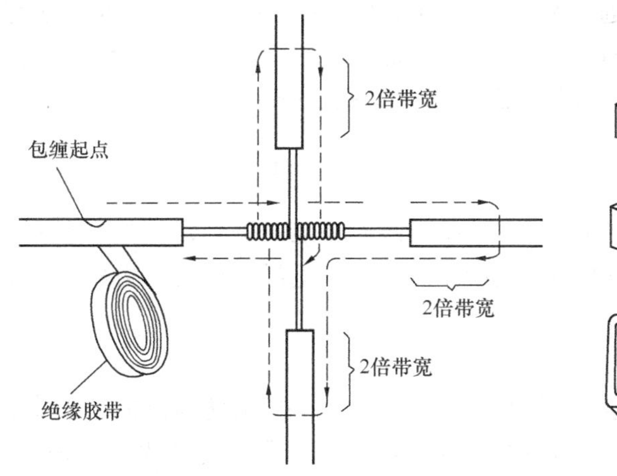

图6-23　十形连接导线的绝缘处理

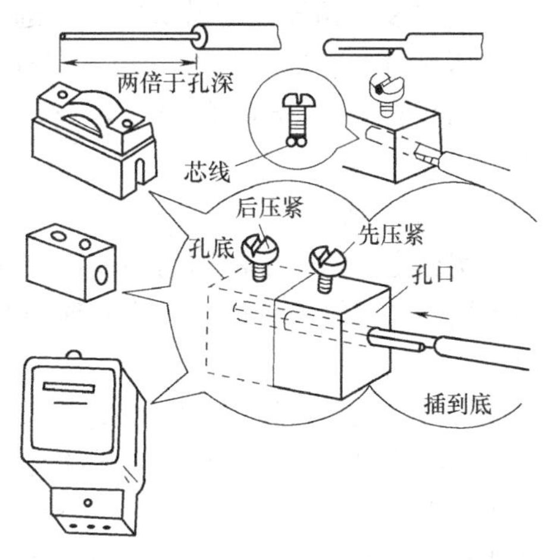

图6-24　导线与针孔式接线柱的连接

2）线头与螺钉平压式接线桩的连接

导线端头与螺钉平压式接线端子的连接：在螺钉平压式接线端子上接线时，对于截面

10mm$^2$以下的单股导线，应把线头弯成圆环，要求弯曲的方向与螺钉拧紧的方向一致（图6-25）。

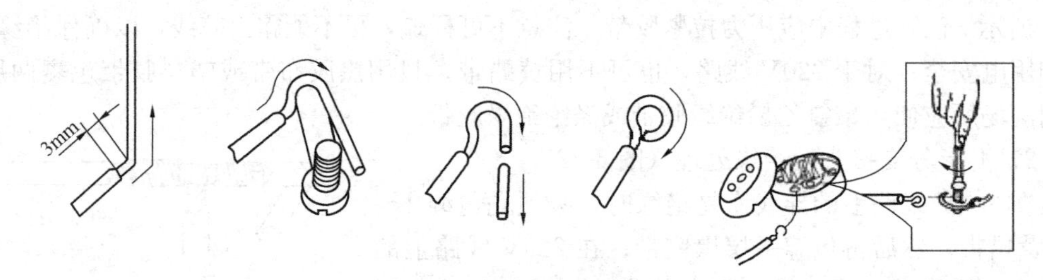


图 6-25　单股芯线羊眼圈弯法

3）导线与导线端头的连接

多股软导线或较大面积的单股导线与电器元件或电气设备接线柱连接时，需要装接相应规格的导线端头（俗称线鼻子），使用时应按接线端子类型选择不同形状的导线端头，各种形状的导线端头如图 6-26 所示。

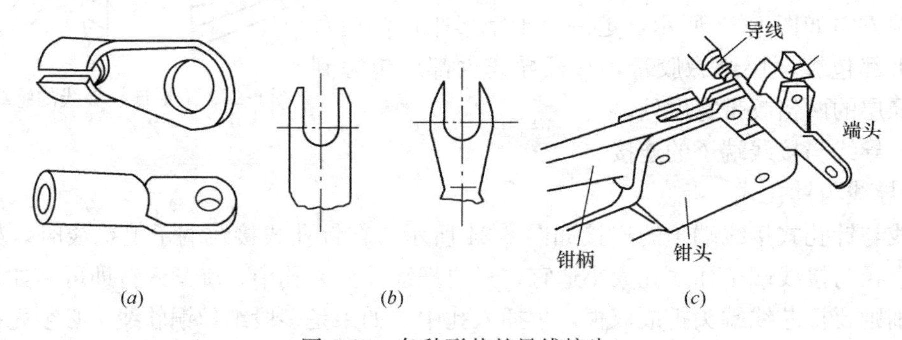


图 6-26　各种形状的导线接头

（a）D 形端头；（b）U 形端头；（c）压接钳压接端头

单股或多股铜导线与端头的连接通常采用压接和锡焊两种方法。压接操作方法与铝导线的压接方法相同。锡焊方法有三种：截面积 2.5mm$^2$以下的导线，可使用电烙铁焊接；截面积在 4～16mm$^2$的导线，应采用蘸锡焊接；截面积 16mm$^2$以上的导线，应采用浇锡焊接。

5. 实训注意事项

本实训主要学习了常用的导线连接的知识，包括导线绝缘层的剥削、导线的连接、导线的封端以及导线绝缘层的恢复处理等方面，其中重点是要掌握导线连接方法及有关注意事项。

（1）导线连接过程中的注意事项

铝导线连接时应该注意：铜导线与铝导线相接时，应采取必要的防腐措施。如采用铜铝过渡线夹、铜铝过渡接头等，以避免电解腐蚀。此外，也可采用铜线搪锡法，即在铜导线的线头上镀上一层锡，然后与铝导线相接，从而可以防止导线内部继续被氧化，避免因接触不良而发生事故。

（2）导线与接线端子连接时的注意事项

1）多股线芯的线头，应先进一步绞紧，然后再与接线端子连接。

2）需分清相位的接线端子，应先分清导线相序方可连接。

3）小截面铝芯导线和铝接线端子，在连接前需清理氧化层。

4）大截面铝芯导线和铜接线端子连接时，应使用铜铝过渡接头。

5）导线绝缘层与接线端子之间，应保持适当的距离。

6）软导线与接线端子连接时，不允许出现多股线芯松散、断股和外露等现象。

7）线头与接线端子的连接必须保证平整和牢固可靠，尽量减少接触电阻。

6. 实训思考题

（1）对导线的连接基本要求是什么？

（2）使用电工刀对导线的绝缘皮进行剥削时，电工刀的正确使用方法是什么？

（3）对导线的绝缘进行恢复时，绝缘带与导线的包缠角度应该是多少？

### 6.2.2 室内配线的基本操作

1. 实训目的

（1）了解室内配电线路布线的技术要求和布线类型；

（2）学会室内塑料护套线、槽板和线管配线的工艺步骤；

（3）掌握室内塑料护套线、槽板配线和线管配线的操作技能。

2. 实训设备

（1）电工工具1套；

（2）攻丝、套丝、弯管工具1套；

（3）常用槽板、塑料护套线、线管等若干；

（4）接线盒、不同规格的塑料螺旋接线钮、尼龙压接线帽、套管、木砖或木钉、铝线卡、塑料钢钉电线卡、塑料胀管、木螺丝、瓷夹板、圆钉、秋皮钉等若干。

3. 实训前的准备

室内布线就是敷设室内用电器具的供电电路和控制电路，室内布线有明装式和暗装式两种。明装式是导线沿墙壁、顶棚、横梁及柱子等表面敷设；暗装式是将导线穿管埋设在墙内、地下或顶棚里。

室内布线方式分有瓷夹板布线、绝缘子布线、槽板布线、护套线布线和线管布线等，暗装式布线中最常用的是线管布线，明装式布线中最常用的是塑料护套线布线和槽板布线。

（1）室内布线的技术要求

室内布线不仅要使电能安全、可靠地传送，还要使线路布置正规、合理、整齐和牢固，其技术要求如下：

1）所用导线的额定电压应大于线路的工作电压，导线的绝缘应符合线路的安装方式和敷设环境的条件。导线的截面积应满足供电安全电流和机械强度的要求。

2）布线时应尽量避免导线有接头，若必须有接头时，应采用压接或焊接，连接方法按导线的连接中的操作方法进行，然后用绝缘胶布包缠好。穿在管内的导线不允许有接头，必要时应把接头放在接线盒、开关盒或插座盒内。

3）布线时应水平或垂直敷设，水平敷设时导线距地面不小于2.5m，垂直敷设时导线距地面不小于2m，布线位置应便于检查和维修。

4）导线穿过楼板时，应敷设钢管加以保护，以防机械损伤。导线穿过墙壁时，应敷设塑料管保护，以防墙壁潮湿产生漏电现象。导线相互交叉时，应在每根导线上套绝缘管，并将套管牢靠固定，以避免碰线。

5）为确保用电的安全，室内电气线路及配电设备和其他管道、设备间的最小距离，应符合有关规定，否则应采取其他保护措施。

（2）室内布线的工艺步骤

室内布线无论采用何种方式，主要包含以下步骤：

1）按设计图样确定灯具、插座、开关、配电箱等装置的位置。

2）勘察建筑物情况，确定导线敷设的路径，穿越墙壁或楼板的位置。

3）在土建未涂灰之前，打好布线所需的孔眼，预埋好螺钉、螺栓或木榫。暗敷线路，还要预埋接线盒、开关盒及插座盒等。

4）装设绝缘支撑物、线夹或管卡。

5）进行导线敷设，导线连接、分支或封端。

6）将出线接头与电器装置或设备连接。

4. 实训步骤

（1）塑料护套线配线

塑料护套线是一种将双芯或多芯绝缘导线并在一起，外加塑料保护层的双绝缘导线，具有防潮、耐酸、耐腐蚀及安装方便等优点，广泛用于家庭、办公等室内配线中。塑料护套线一般用铝片或塑料线卡作为导线的支持物，直接敷设在建筑物的墙壁表面，有时也可直接敷设在空心楼板中。

1）画线定位

① 确定起点和终点位置，用弹线袋画线。

② 设定铝片卡的位置，要求铝片卡之间的距离为150～300mm。在距开关、插座、灯具的木台50mm处及导线转弯两边的80mm处，都需设置铝片卡的固定点。

2）铝片卡或塑料卡的固定

铝片卡或塑料卡的固定应根据具体情况而定。在木质结构、涂灰层的墙上，选择适当的小铁钉或小水泥钉即可将铝片卡或塑料卡钉牢；在混凝土结构上，可用小水泥钉钉牢，也可采用环氧树脂粘接。

3）敷设导线

为了使护套线敷设得平直，可在直线部分的两端各装一副瓷夹板。敷线时，先把护套线一端固定在瓷夹内，然后拉直并在另一端收紧护套线后固定在另一副瓷夹中，最后把护套线依次夹入铝片卡或塑料卡中。护套线转弯时应呈小弧形，不能用力硬扭为直角。

（2）线槽配线

在建筑电气工程中，常用的线槽有金属线槽和塑料线槽。本实训为塑料线槽。槽板布线工作，通常是在抹灰和粉刷层干燥后进行。

塑料线槽由槽底、槽盖及附件组成，是由难燃型硬质聚氯乙烯工程塑料挤压成形的，规格较多，外形美观，可起到装饰建筑物的作用。

塑料线槽一般适用于正常环境的室内场所明敷设，也用于科研实验室或预制板结构而无法暗敷设的工程；还适用于旧工程改造更换线路；同时也用于弱电线路吊顶内暗敷设场所。在高温和易受机械损伤的场所不宜采用塑料线槽布线。塑料线槽敷设应在建筑物墙面、顶棚抹灰或装饰工程结束后进行。敷设场所的温度不得低于－15℃。

1）线槽的选择

选用塑料线槽时，应根据设计要求和允许容纳导线的根数来选择线槽的型号和规格。选用的线槽应有产品合格证件，线槽内外应光滑无棱刺，且不应有扭曲、翘边等现象。塑料线槽及其附件的耐火性及防延燃性应符合相关规定，一般氧指数不应低于27％。

电气工程中，常用的塑料线槽的型号有VXC2型、VXC25型线槽和VXCF型分线式线槽。其中，VXC2型塑料线槽可应用于潮湿和有酸碱腐蚀的场所。弱电线路多为非载流导体，自身引起火灾的可能性极小，在建筑物顶棚内敷设时，可采用难燃型带盖塑料线槽。

2）弹线定位

塑料线槽敷设前，应先确定好盒（箱）等电气器具固定点的准确位置，从始端至终端按顺序找好水平线或垂直线。用粉线袋在线槽布线的中心处弹线，确定好各固定点的位置。在确定门旁开关线槽位置时，应能保证门旁开关盒处在距门框边0.15～0.2m的范围内。

3）线槽固定

塑料线槽敷设时，宜沿建筑物顶棚与墙壁交角处的墙上及墙角和踢脚板上口线敷设。线槽槽底的固定应符合下列规定：

① 塑料线槽布线应先固定槽底，线槽槽底应根据每段所需长度切断。

② 塑料线槽布线在分支时应做成“T”字分支，线槽在转角处槽底应锯成45°角对接，对接连接面应严密平整，无缝隙。

③ 塑料线槽槽底可用伞形螺栓固定或用塑料胀管固定，也可用木螺丝将其固定在预先埋入墙体内的木砖上，如图6-27所示。

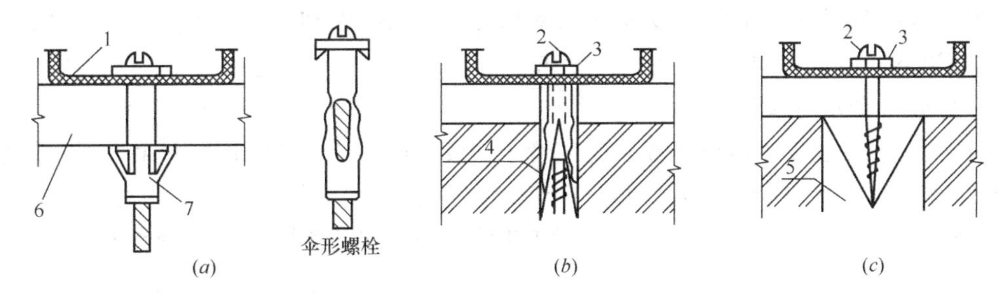


图6-27　线槽槽底固定

(a) 用伞形螺栓固定；(b) 用塑料胀管固定；(c) 用木砖固定

1—槽底；2—木螺丝；3—垫圈；4—塑料胀管；5—木砖；6—石膏壁板；7—伞形螺栓

④ 塑料线槽槽底的固定点间距应根据线槽规格而定。固定线槽时，应先固定两端再固定中间，端部固定点距槽底终点不应小于50mm。

固定好后的槽底应紧贴建筑物表面，布置合理，横平竖直，线槽的水平度与垂直度允许偏差均不应大于5mm。

⑤ 线槽槽盖一般为卡装式。安装前，应将槽盖按照每段线槽槽底的长度切断。槽盖安装时，应将槽盖平行放置，对准槽底，用手一按槽盖，即可卡入槽底的凹槽中。

⑥ 在建筑物的墙角处线槽进行转角及分支布置时，应使用左三通或右三通。分支线

槽布置在墙角左侧时使用左三通，分支线槽布置在墙角的右侧时应使用右三通。

⑦ 塑料线槽布线在线槽的末端应使用附件堵头封堵。

4）线槽内导线敷设

对于塑料线槽，导线应在线槽槽底固定后开始敷设。导线敷设完成后，再固定槽盖。

（3）线管配线

把绝缘导线穿在管内敷设，称为线管配线。线管配线有耐潮、耐腐、导线不易遭受机械损伤等优点，适用于室内外照明和动力线路的配线。

线管配线有明装式和暗装式两种。明装式表示线管沿墙壁或其他支撑物表面敷设，要求线管横平竖直、整齐美观；暗装式表示线管埋入地下、墙体内或吊顶上，不为人所见，要求线管短、弯头少。

1）选择线管规格

常用的线管种类有电线管、水煤气管和硬塑料管三种。电线管的管壁较薄，适用于环境较好的场所；水煤气管的管壁较厚，机械强度较高，适用于有腐蚀性气体的场所；硬塑料管耐腐蚀性较好，但机械强度较低，适用于腐蚀性较大的场所。

线管种类选择好后，还应考虑线管的内径与导线的直径、根数是否合适，一般要求管内导线的总面积（包括绝缘层）不应超过线管内径截面积的40％。

为了便于穿线，当线管较长时，须装设拉线盒。在无弯头时，管长不超过45m；有一个弯头时，管长不超过30m；当有两个弯头时，管长不超过20m；当有三个弯头时，管长不超过12m，否则应选大一级的线管直径。

2）线管防锈与涂漆

为防止线管年久生锈，应对线管进行防锈处理。管内除锈可用圆形钢丝刷，两头各绑一根钢丝，穿入管内来回拉动，把管内铁锈清除干净。管子外壁可用钢丝刷或电动除锈机进行除锈。除锈后在管子的内外表面涂以防锈漆或沥青。对埋设在混凝土中的线管，其外表面不要涂漆，以免影响混凝土的结构强度。

3）锯管、套丝与弯管

按所需线管的长度将线管锯断，为使管子与管子或接线盒之间连接起来，需在管子端部进行套丝。水煤气管套丝，可用管子绞扳。电线管和硬塑料管套丝，可用圆丝扳（图6-28）。套丝完后，应去除管口毛刺，使管口保持光滑，以免划破导线的绝缘层。

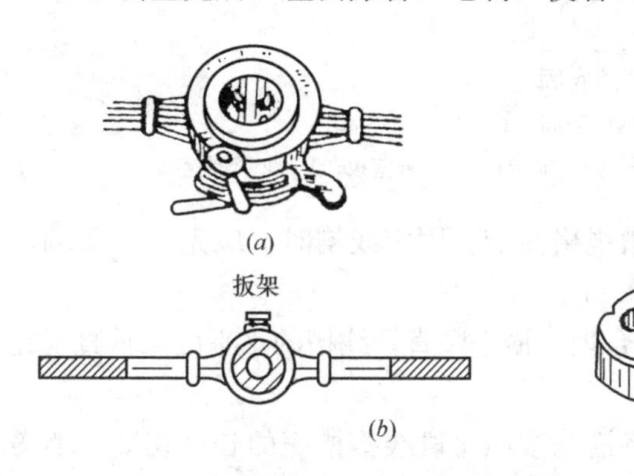


图6-28 管子套丝工具

(a) 钢管绞扳；(b) 扳架与扳牙

根据线路敷设的需要，在线管改变方向时，需将管子弯曲。为便穿线，应尽量减少弯头。需弯管处，其弯曲角度一般要在90°以上，其弯曲半径，明装管应大于管子直径的6倍，暗装管应大于管子直径的10倍。

对于直径在50mm以下的电线管和水气管，可用手工弯管器弯管，做法如图6-29所示。对于直径在50mm以上的管子，可使用电动或液压弯管机弯管。塑料管的弯曲，可采用热弯法，直径在 50mm 以上时，应在管内添沙子进行热弯，以避免弯曲后管径粗细不匀或弯扁。

图 6-29　弯管器弯管方法

4）布管与连接

管子加工好后，就可以按预定的线路布管。布管工作一般从配电箱开始，逐段布至各用电装置处，有时也可相反。无论从哪端开始，都应使整个线路连通。

① 固定管子

对于暗装管，如布在现场浇筑的混凝土构件内，可用铁丝将管子绑扎在钢筋上，也可用垫块垫起、铁丝绑牢，用钉子将垫块固定在模板上；如布在砖墙内，一般是在土建砌砖时预埋，否则应先在砖墙上留槽或开槽；如布在地平面下，需在土建浇筑混凝土前进行，用木桩或圆钢打入地中，并用铁丝将管子与其绑牢，如图 6-30 所示。

对于明装管，为使布管整齐美观，管路应沿建筑物水平或垂直敷设。当管子沿墙壁、柱子和屋架等处敷设时，可用管卡或管夹固定；当管子沿建筑物的金属构件敷设时，薄壁管应用支架、管卡等固定，厚壁管可用电焊直接点焊在钢构件上；当管子进入开关、灯头、插座等接线盒内和有弯头的地方时，也应用管卡固定，如图 6-31 所示。

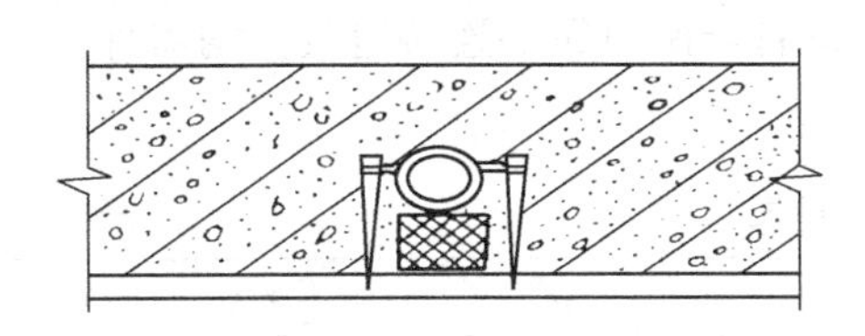

图 6-30　线管在混凝土模板上固定

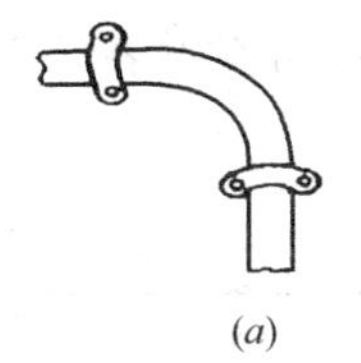

(a)

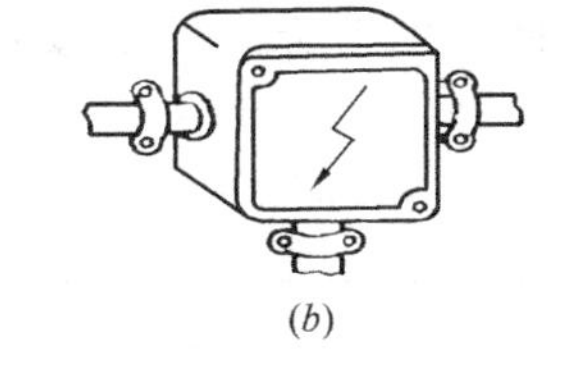

(b)

图 6-31　管卡固定方法

对于硬塑料管，由于其膨胀系数较大，因此沿建筑物表面敷设时，在直线部分每隔 30m 要装一个温度补偿盒。对于安装在支架上的硬塑料管，可以用改变其挠度来适应其长度的变化，故可不装设温度补偿盒。硬塑料管的固定，也要用管卡，但对其间距有一定的要求。

② 管子连接

钢管与钢管的连接，无论是明装管或暗装管，最好采用管接头连接。尤其是埋地和防爆线管，为了保证管接口的密封性，应涂上黄油，缠上麻丝，用管子钳拧紧，并使两管端口吻合。在干燥少尘的厂房内，直径 50mm 及以上的管子，可采用外加套筒焊接，连接时将管子从套筒两端插入，对准中心线后进行焊接。硬塑料管之间的连接可采用插入法和套接法。插入法即在电炉上加热到柔软状态后扩口插入，并用胶粘剂（如过氯乙烯胶）密封；套接法即将同直径的硬塑料管加热扩大成套筒，并用胶粘剂或电焊密封，如图 6-32 所示。线管与灯头盒或配电箱（接线盒）的连接方法如图 6-33 所示。

③ 管子接地

为了安全用电，钢管与钢管、钢管与配电箱及接线盒等连接处都应做系统接地。管路中有接头将影响整个管路的导电性能及接地的可靠性，因此在接头处应焊上跨接线，其方

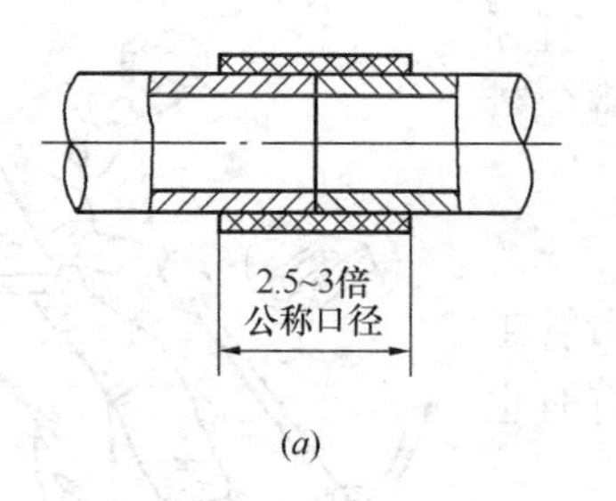

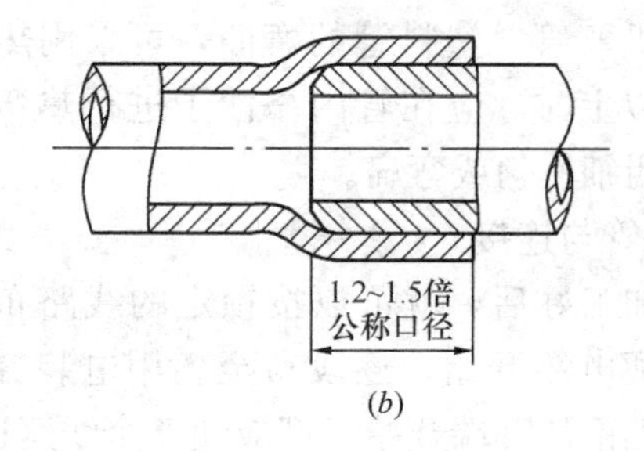


图 6-32　硬塑料管的连接图

(a) 套接法；(b) 插入法

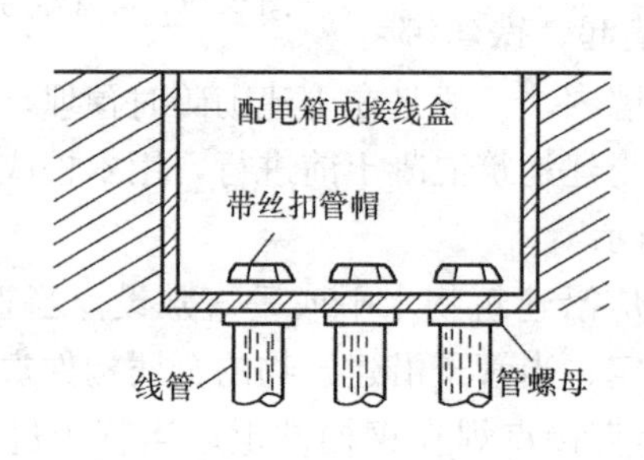

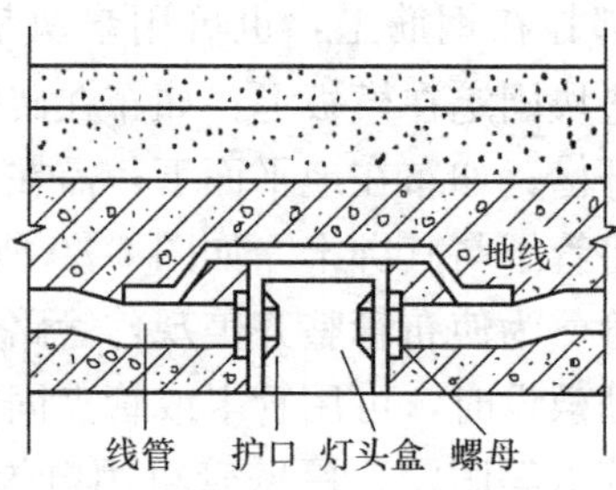


图 6-33　线管与灯头盒或配电箱（接线盒）的连接图

法如图 6-34 所示，跨接线的长度可参见表 6-2。钢管与配电箱的连接地线，均需焊有专用的接地螺栓。

**跨接线长度选择表**　　　　**表 6-2**

| 线管直径（mm） | | 跨接线（mm） | | 线管直径（mm） | | 跨接线（mm） | |
|---|---|---|---|---|---|---|---|
| 电线管 | 钢管 | 圆钢 | 扁钢 | 电线管 | 钢管 | 圆钢 | 扁钢 |
| ≤32 | ≤25 | Φ6 | — | ≤50 | 40～50 | Φ10 | — |
| ≤40 | ≤32 | Φ8 | — | 70～80 | 70～80 | — | 25×4 |

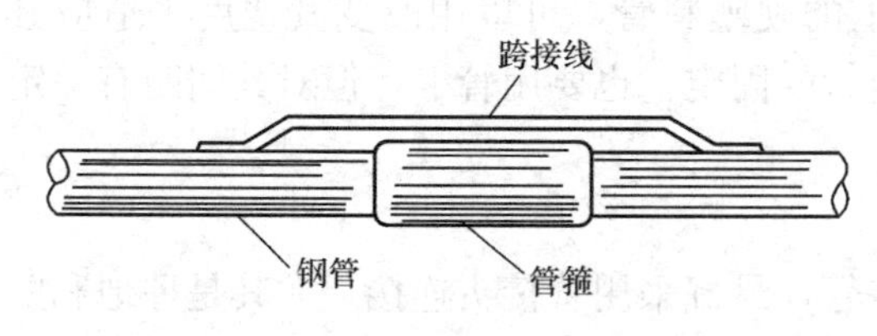


图 6-34　管箍连接钢管及跨接线图

④ 装设补偿盒

当管子经过建筑物伸缩缝时，为防止基础下沉不均，损坏管子和导线，需在伸缩缝的旁边装设补偿盒。暗装管补偿盒的安装方法是：在伸缩缝的一边，按管子的大小和数量的多少，适当地安装一只或两只接线盒，在接线盒的侧面开一个长孔，将管端穿入长孔中，无须固定，另一端用管子螺母与接线盒拧紧固定。明装管用软管补偿，安装时将软管套在线管端部，使软管略有弧度，以便基础下沉时，借助软管的伸缩达到补偿的目的。

⑤ 清管穿线

穿线就是将绝缘导线由配电箱穿到用电设备或由一个接线盒穿到另一个接线盒，一般在土建地坪和粉刷工程结束后进行。为了不伤及导线，穿线前应先清扫管路，可将压缩空气吹入已布好的线管中，或用钢丝绑上碎布来回拉上几次，将管内杂物和水分清除。清扫管路后，随即向管内吹入滑石粉，以便于穿线。最后还要在管子端部安装上护线套，然后再进行穿线。

穿线时一般用钢丝引入导线，并使用放线架，以便导线不乱又不产生急弯。穿入管中的导线应平行成束进入，不能相互缠绕。为了便于检修换线，穿在管内的导线不允许有接头和绞缠现象。为使穿在管内的线路安全可靠地工作，不同电压和不同回路的导线，不应穿在同一根管内。

5. 实训注意事项

本实训主要学习了有关室内配线方面的知识，详细了解了有关室内配线的技术要求和具体的配线过程等，其中重点是能够根据具体的情况进行正确配线。

(1) 塑料护套线配线时的注意事项

1) 在塑料护套线明、暗敷设时，应保持顶棚、墙面整洁。

2) 塑料护套线明敷设弹线时，应采用浅颜色，弹线时不得脏损墙面，安装木砖时不得损坏墙体。

3) 配线完成后，不得喷浆和刷油，以防污染护套线及电气器具。搬运物件或修补墙面，不要碰松明敷设的护套线。

4) 护套线的绝缘强度必须符合线路的额定电压要求。

(2) 导线在塑料线槽内敷设时的注意事项

1) 线槽内电线或电缆的载流导线不宜超过30根（控制、信号等线路可视为非载流导线）。

2) 强、弱电线路不应同时敷设在同一根线槽内。同一路径无抗干扰要求的线路，可以敷设在同一根线槽内。

3) 放线时先将导线放开抻直，从始端到终端边放边整理，导线应顺直，不得有挤压、背扣、扭结和受损等现象。

4) 电线、电缆在塑料线槽内不得有接头，导线的分支接头应设在接线盒内。从室外引进室内的导线在进入墙内一段应使用橡胶绝缘导线，严禁使用塑料绝缘导线。

6. 实训思考题

(1) 室内布线的技术要求是什么？

(2) 线管配线的工艺步骤是什么？

(3) 线槽配线时的注意事项有什么？

## 6.3 常用照明线路的安装

### 6.3.1 白炽灯的安装

电气照明广泛应用于生产和生活领域中，不同场合对照明装置和线路安装的要求不同。电气照明线路的安装与维修是电工技术中的一项基本技能。

1. 实训目的

(1) 了解常用照明灯具的性能特点；

(2) 熟悉白炽灯的安装工艺；

(3) 掌握白炽灯的安装技能与检修方法；

(4) 掌握开关、插座的安装方法。

2. 实训设备

（1）白炽灯、灯座、插座、开关 1 套；

（2）木枕、圆木、挂线盒、膨胀螺栓、木螺钉、吊线盒等若干；

（3）电工工具 1 套；

（4）导线若干。

3. 实训前准备

照明灯具安装的一般要求：各种灯具、开关、插座及所有附件，都必须安装牢固可靠，应符合相关要求。壁灯及吸顶灯要牢固地敷设在建筑物的平面上；吊灯必须装有吊线盒，每只吊线盒一般只允许装一盏电灯（双管日光灯和特殊吊灯除外），日光灯和较大的吊灯必须采用金属链条或其他方法支持。灯具与附件的连接必须正确可靠。

白炽灯也称钨丝灯泡，灯泡内充有惰性气体，当电流通过钨丝时，将灯丝加热到白炽状态而发光，白炽灯的功率一般在 15～300W。因其结构简单、使用可靠、价格低廉、便于安装和维修，故应用很广。

4. 实训步骤

（1）安装圆木

先在准备安装挂线盒的地方打孔，预埋木枕或膨胀螺栓，然后在圆木底面用电工刀刻两条槽，在圆木中间钻 3 个小孔，最后将两根电源线端头分别嵌入圆木的两条槽内，并从两边小孔穿出，通过中间小孔用木螺钉将圆木固定在木枕或膨胀螺栓上，如图 6-35 所示。

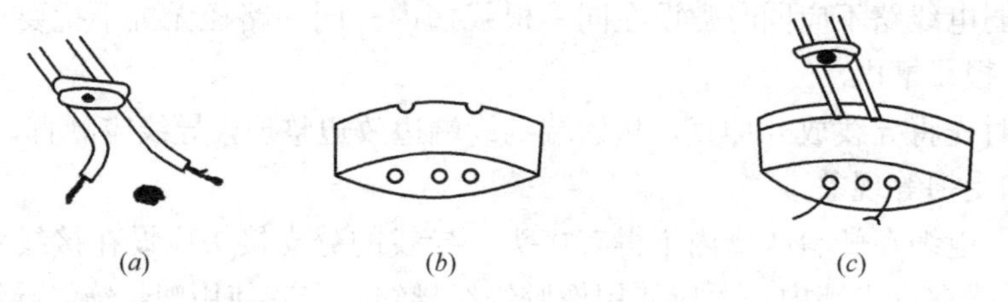

(a)　　(b)　　(c)

图 6-35　圆木的安装

（2）吊线盒的安装

先将圆木上的电线从吊线盒底座孔中穿出，用木螺丝将吊线盒紧固在圆木上。将穿出的电线剥头，分别接在吊线盒的接线柱上。按灯的安装高度取一段软电线，作为吊线盒和灯头的连接线，将上端接在吊线盒的接线柱上，下端准备接灯头。在离电线上端约 5cm 处打一个结，使结正好卡在接线孔里，以便承受灯具重量，打结的方法如图 6-36（*a*）所示。

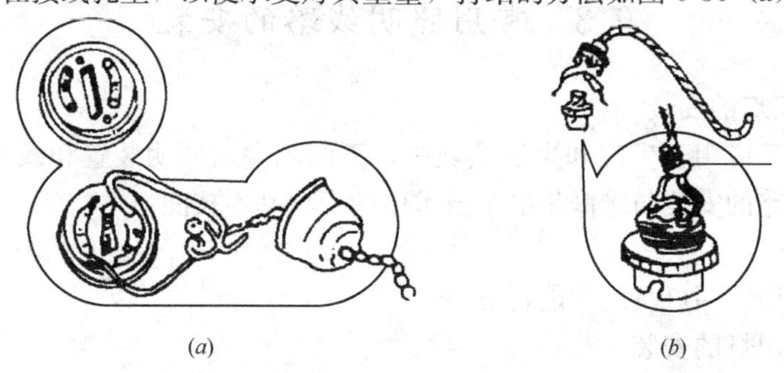

(a)　　(b)

图 6-36　挂线盒的安装

（*a*）吊线盒接法；（*b*）灯座的打结方法

（3）灯座的安装

旋下灯头盖子，将软线下端穿入灯头盖中心孔，在离线头 30mm 处按照上述方法打一个结，然后把两个线头分别接在灯头的接线柱上并旋上灯头盖子，如图 6-36（*b*）所示，如果是螺口灯头，相线应接在与中心铜片相连的接线柱上，否则易发生触电事故。

（4）开关的安装

开关不能安装在零线上，必须安装在灯具电源侧的相线上，确保开关断开时灯具不带电。开关的安装分明、暗两种方式。明开关安装时，应先敷设线路，然后在装开关处打好木枕，固定圆木，并在圆木上装好开关底座，然后接线。暗开关安装时，先将开关盒按施工图要求位置预埋在墙内，开关盒外口应与墙的粉刷层在同一平面上。然后在预埋的暗管内穿线，再根据开关板的结构接线，最后将开关板用木螺钉固定在开关盒上，如图 6-37 所示。

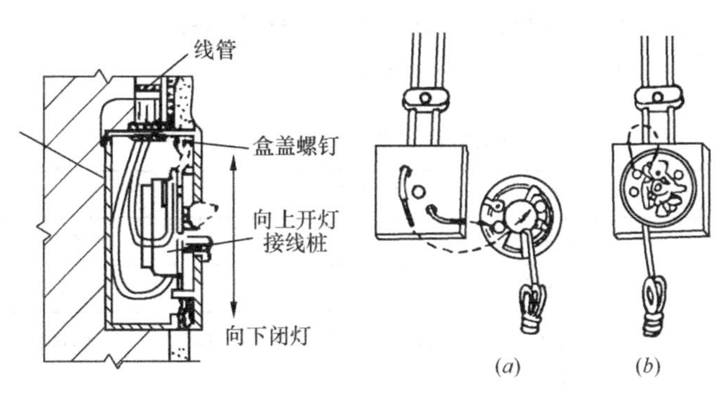


图 6-37　开关的安装

安装拉线开关时，应使拉线自然下垂，方向与拉向保持一致，否则容易磨断拉线。扳动开关（包括明装或暗装）离地高度为 1.4m。安装扳动开关时方向要一致，一般向上为“合”，向下为“断”。安装扳动式开关时，无论是明装或暗装，都应装成扳柄向上扳时电路接通，扳柄向下扳时电路断开。

（5）插座的安装

电源插座是各种用电器具的供电点，一般不用开关控制，只串接瓷保险盒或直接接入电源。单相插座分双孔和三孔，三相插座为四孔。照明线路上常用单相插座，使用时最好选用扁孔的三孔插座，它带有保护接地，可避免发生用电事故。

明装插座的安装步骤和工艺与安装吊线盒大致相同。先安装圆木或木台，然后把插座安装在圆木或木台上，对于暗敷线路，需要使用暗装插座，暗装插座应安装在预埋墙内的插座盒中。

插座的安装工艺要点及注意事项如下：

1）两孔插座在水平排列安装时，应零线接左孔，相线接右孔，即左零右火；垂直排列安装时，应零线接上孔，相线接下孔，即上零下火，如图 6-38（*a*）所示。三孔插座安装时，下方两孔接电源线，零线接左孔，相线接右孔，上面大孔接保护接地线，如图6-38（*b*）所示。

2）插座的安装高度，一般应与地面保持 1.4m 的垂直距离，特殊需要时可以低装，离地高度不得低于 0.15m，且应采用安全插座。但托儿所、幼儿园和小学等儿童集中的地

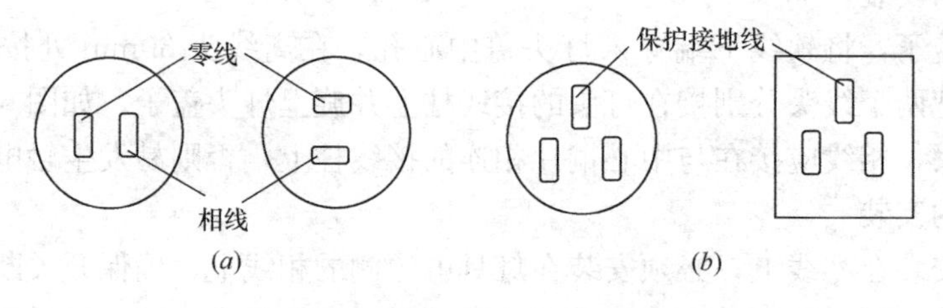

图 6-38　电源插座及接线

方禁止低装。

3）在同一块木台上安装多个插座时，每个插座相应位置和插孔相位必须相同，接地孔的接地必须正规，相同电压和相同相数的插座，应选用统一的结构形式，不同电压或不同相数的插座，应选用有明显区别的结构形式，并标明电压。

（6）白炽灯电路的常见故障与处理（表 6-3）

**白炽灯常见故障及处理方法**　　**表 6-3**

| 序号 | 故障现象 | 故障原因 | 处理方法 |
|---|---|---|---|
| 1 | 灯泡不亮 | 灯丝烧断 | 更换灯泡 |
| | | 灯丝引线焊点开焊 | 重新焊好焊点或更换灯泡 |
| | | 灯头或开关接线松动、触片变形、接触不良 | 紧固接线，调整灯头或开关的触点 |
| | | 线路断线 | 找出断线处进行修复 |
| | | 电源无电或灯泡与电源电压不相符，电源电压过低，不足以使灯丝发光 | 检查电源电压，选用与电源电压相符的灯泡 |
| | | 行灯变压器一、二次侧绕组断路或熔丝熔断，使二次侧无电压 | 找出断路点进行修复或重新绕制线圈或更换熔丝 |
| | | 熔丝熔断、自动开关跳闸<br>（1）灯头绝缘损坏<br>（2）多股导线未拧紧，未刷锡引起短路<br>（3）螺纹灯头，灯芯与螺丝口相碰短路<br>（4）导线绝缘损坏引起短路<br>（5）负荷过大，熔丝熔断 | 判断熔丝熔断及断路器跳闸原因，找出故障点并做相应处理 |
| 2 | 灯泡忽亮忽暗或熄灭 | 灯头、开关接线松动，或触点接触不良 | 紧固压线螺钉，调整触点 |
| | | 熔断器触点与熔丝接触不良 | 检查熔断器触点和熔丝，紧固熔丝压接螺钉 |
| | | 电源电压不稳定，或有大容量设备启动或超负荷运行 | 检查电源电压，调整负荷 |
| | | 灯泡灯丝已断，但断口处距离很近，灯丝晃动后忽接忽断 | 更换灯泡 |

续表

| 序号 | 故障现象 | 故障原因 | 处理方法 |
| --- | --- | --- | --- |
| 3 | 灯光暗淡 | 灯泡寿命快到，泡内发黑 | 更换灯泡 |
| | | 电源电压过低 | 调整电源电压 |
| | | 有地方漏电 | 查看电路，找出漏电原因并排除 |
| | | 灯泡外部积垢 | 去垢 |
| | | 灯泡额定电压高于电源电压 | 选用与电源电压相符的灯泡 |
| 4 | 通电后发出强白光，灯丝瞬时烧断 | 灯泡有搭丝现象，电流过大 | 更换灯泡 |
| | | 灯泡额定电压低于电源电压 | 选用与电源电压相符的灯泡 |
| | | 电源电压过高 | 调整电源电压 |
| 5 | 通电后冒白烟，灯丝烧断 | 灯泡漏气 | 更换灯泡 |

5. 实训注意事项

1）相线和零线应严格区分，将零线直接接到灯座上，相线经过开关再接到灯头上。对螺口灯座，相线必须接在螺口灯座中心的接线端上，零线接在螺口的接线端上，千万不能接错，否则就容易发生触电事故。

2）用双股棉织绝缘软线时，有花色的一根导线接相线，没有花色的导线接零线。

3）导线与接线螺钉连接时，先将导线的绝缘层剥去合适的长度，再将导线拧紧以免松动，最后环成圆扣。圆扣的方向应与螺钉拧紧的方向一致，否则旋紧螺钉时，圆扣就会松开。

4）当灯具需接地时，应采用单独的接地导线（如黄绿双色）接到电网的接地干线上，以确保安全。

6. 实训思考题

（1）思考白炽灯在使用过程中忽亮忽暗的原因及排除措施。

（2）描述白炽灯的安装方法。

（3）两孔插座在水平安装时，哪个孔接相线？三孔插座安装时，哪个孔接地线？

### 6.3.2 日光灯的安装

1. 实训目的

（1）了解日光灯的性能特点；

（2）熟悉日光灯的安装工艺及注意事项；

（3）掌握日光灯的安装技能与检修方法。

2. 实训设备

（1）日光灯灯具一套；

（2）木枕、圆木、挂线盒、膨胀螺栓、木螺钉、吊线盒等若干；

（3）电工工具1套；

（4）导线若干。

3. 实训前准备

日光灯又称荧光灯，它是由灯管、启辉器、镇流器、灯座和灯架等部件组成的。在灯管中充有水银蒸气和氩气，灯管内壁涂有荧光粉，灯管两端装有灯丝，通电后灯丝能发射电子轰击水银蒸气，使其电离，产生紫外线，激发荧光粉而发光。

日光灯发光效率高、使用寿命长、光色较好、经济省电，故也被广泛使用。日光灯按功率分，常用的有6W、8W、15W、20W、30W、40W等；按外形分，常用的有直管形、U形、环形、盘形等多种；按发光颜色分，又有日光色、冷光色、暖光色和白光色等。

4. 实训步骤

（1）安装前的检查

安装前先检查灯管、镇流器、启辉器等有无损坏，镇流器和启辉器是否与灯管的功率相配合。特别注意，镇流器与日光灯管的功率必须一致，否则不能使用。日光灯的安装线路如图6-39所示。

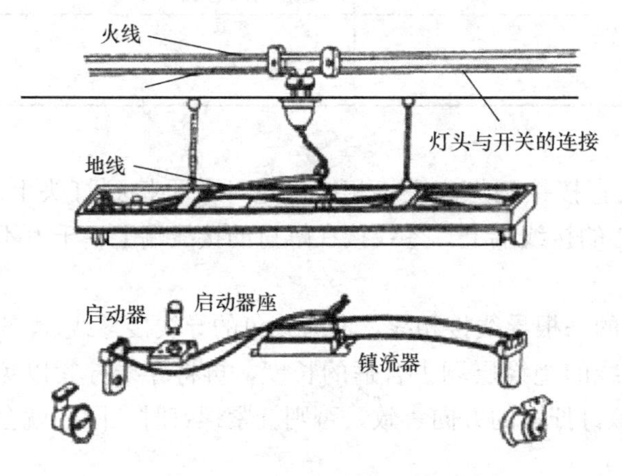


图6-39 日光灯线路的安装

（2）各部件安装

悬吊式安装时，应将镇流器用螺钉固定在灯架的中间位置；吸顶式安装时，不能将镇流器放在灯架上，以免散热困难，可将镇流器放在灯架外的其他位置。

将启辉器座固定在灯架的一端或一侧边上，两个灯座分别固定在灯架的两端，中间的距离按所用灯管长度量好，使灯脚刚好插进灯座的插孔中。

吊线盒和开关的安装与白炽灯的安装方法相同。

（3）电路接线

各部件位置固定好后，进行接线，如图6-40所示。

接线时，启辉器座上的两个接线桩分别与两个灯座中的一个接线桩连接。一个灯座中余下的一个接线桩与电源的中性线连接，另一个灯座中余下的接线桩与镇流器的一个线头相连，而镇流器的另一个线头与开关的一个接线桩连接，而开关的另一个接线桩与电源的相线连接。接线完毕要对照电路图仔细检查，以防接错或漏接。然后把启辉器和灯管分别装入插座内。镇流器与灯管串联，用于控制灯管电流。为提高荧光灯的功率因数，可在荧光灯的电源两端并联一只电容器。通电试验正常后，即可投入使用。

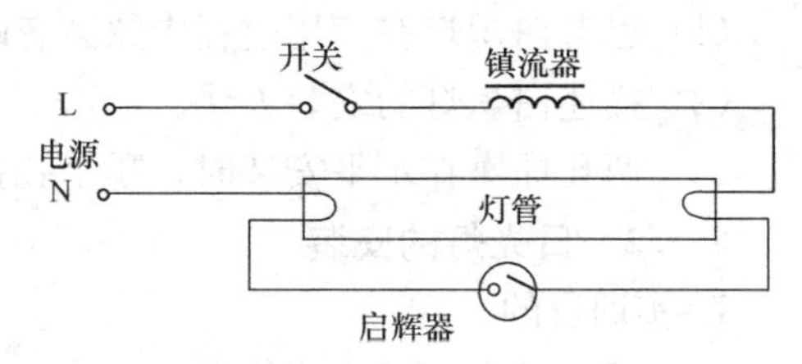


图6-40 日光灯接线

（4）简单故障分析

电路接好后，合上开关，应看到启辉器有辉光闪烁，灯管在3s内正常发光。如果发现灯管不发光，说明电路或灯管有故障，应进行简单的故障分析，其步骤如下：

1）用测电笔或万用表检查电源电压是否正常。确认电源有电后，闭合开关，转动启辉器，检查启辉器与启辉器座是否接触良好。如果仍无反应，可将启辉器取下，查看启辉器座内弹簧片弹性是否良好，位置是否正确，如图 6-41 所示，若不正确可用旋具拨动，使其复位。

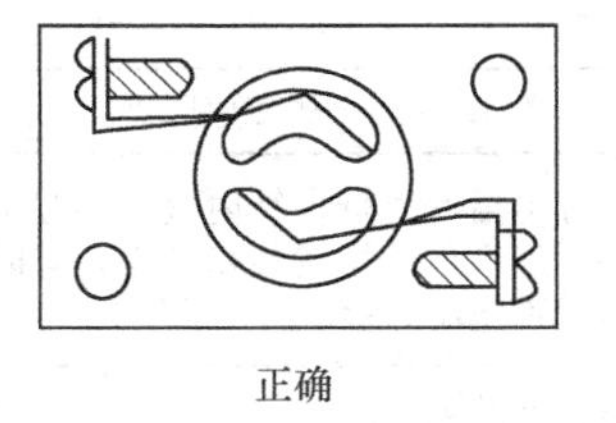
正确

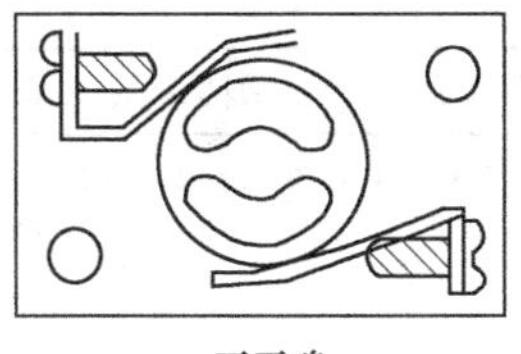
不正确

图 6-41　启辉器座故障

2）用测电笔或万用表检查启辉器座上有无电压，如有电压，则启辉器损坏的可能性很大，可以换一只启辉器重试。

3）若测量启辉器座上无电压，应检查灯脚与灯座是否接触良好，可用两手分别按住两个灯脚挤压，或用手握住灯管转动一下。若灯管开始闪光，说明灯脚与灯座接触不良，可将灯管取下来，将灯座内弹簧片拨紧，再把灯管装上。若灯管仍不发光，应打开吊盒，用测电笔或万用表检查吊盒上有无电压。若吊盒上无电压，说明线路上有断路，可用试电笔检查吊盒两接线端，如试电笔均发亮，说明吊盒之前的零线断路。

（5）常见故障及处理方法

日光灯电路的故障率比白炽灯要高一些，常见故障及处理方法见表 6-4。

**日光灯电路的常见故障及处理方法**　　　　**表 6-4**

| 序号 | 故障现象 | 故障原因 | 处理方法 |
|---|---|---|---|
| 1 | 灯管不发光 | 电源无电 | 检查电源电压 |
| | | 熔丝烧断 | 找出原因，更换熔丝 |
| | | 灯丝已断 | 用万用表测量，若已断应更换灯管 |
| | | 灯脚与灯座接触不良 | 转动灯管，压紧灯管电极使之与灯座接触 |
| | | 启辉器与启辉器座接触不良 | 转动启辉器，使电极与底座接触 |
| | | 镇流器线圈短路或断线 | 检查或更换镇流器 |
| | | 启辉器损坏 | 将启辉器取下，用电线把启辉器座内两个接触簧片短接，若灯管两端发亮，说明启辉器已坏，应更换 |
| | | 线路断线 | 查找断线处并接通 |
| 2 | 灯管两端发光，中间不发光 | 环境温度过低 | 提高环境温度或加保温罩 |
| | | 电源电压过低 | 检查并调整电源电压 |
| | | 灯管陈旧，寿命将终 | 更换灯管 |
| | | 启辉器损坏 | 可在灯管两端亮了以后，将启辉器取下，如灯管能正常发光，说明启辉器损坏，应更换，或双金属片动触点与静触点焊死，或启辉器内并联电容器击穿，应及时检修 |
| | | 灯管慢性漏气 | 灯管两端发红光，中间不亮，在灯丝部位没有闪烁现象，任凭启辉器怎样跳动，灯管也不启动，应更换灯管 |

续表

| 序号 | 故障现象 | 故障原因 | 处理方法 |
|---|---|---|---|
| 3 | 灯管“跳”但不亮 | 环境温度过低，管内气体不易分离，往往开灯很久，才能跳亮点燃，有时启辉器跳动不止而灯管不能正常发光 | 提高环境温度或加保温措施 |
| | | 空气潮湿 | 降低湿度 |
| | | 电源电压低于荧光灯最低启动电压（额定电压220V的灯管最低启动电压为180V） | 提高电源电压 |
| | | 灯管老化 | 更换灯管 |
| | | 镇流器与灯管不配套 | 调换镇流器 |
| | | 启辉器有问题 | 及时修复或更换启辉器 |
| 4 | 灯管发光后立即熄灭（新灯管灯丝烧断） | 接线错误，开关接通灯管闪亮后立即熄灭 | 检查线路，改正接线 |
| | | 镇流器短路 | 用万用表R×1Ω或R×10Ω电阻挡测量镇流器阻值比参考值小得越多，说明有短路，应更换镇流器 |
| | | 灯管质量太差 | 更换灯管 |
| | | 合开关后灯管立即冒白烟，灯管漏气 | 更换灯管 |
| 5 | 灯管发光后呈螺旋形光带 | 新灯管的暂时现象 | 用几次或灯管两端对调即可消失 |
| | | 镇流器工作电流过大 | 更换镇流器 |
| | | 灯管质量有问题 | 更换灯管 |
| 6 | 灯管两端发黑或产生黑斑 | 灯管老化，灯管点燃时间已接近或超过规定的使用寿命，发黑部位一般在距端部50～60mm处，说明灯丝上的电子发射物质即将耗尽 | 更换灯管 |
| | | 电源电压过高或电压波动过大 | 调整电源电压，提高电压质量 |
| | | 镇流器规格不合适 | 调换合适的镇流器 |
| | | 启辉器不好或接线不牢引起长时间闪烁 | 接好或更换启辉器 |
| | | 启辉器损坏 | 更换启辉器 |
| | | 灯管内水银凝结，是细灯管常有现象 | 启动后可能蒸发消除 |
| | | 开关次数频繁 | 减少开关频率 |
| 7 | 灯光闪烁忽亮忽暗 | 接触不良 | 检查线路接触连接情况 |
| | | 启辉器损坏 | 更换启辉器 |
| | | 灯管质量不好 | 更换灯管 |
| | | 镇流器质量不好 | 更换镇流器 |
| 8 | 镇流器过热 | 电源电压过高 | 检查并调整电源电压 |
| | | 内部线圈匝间短路造成电流过大，使镇流器过热，严重时出现冒烟现象 | 更换镇流器 |

续表

| 序号 | 故障现象 | 故障原因 | 处理方法 |
| --- | --- | --- | --- |
| 8 | 镇流器过热 | 通风散热不好，启辉器中的电容器短路 | 改善通风散热条件 |
|  |  | 动、静触头焊死跳不开，时间过长，也会过热 | 及时排除启辉器故障 |
| 9 | 镇流器声音较大 | 镇流器质量较差或铁芯松动，振动较大 | 更换镇流器 |
|  |  | 电源电压过高，使镇流器过载而加剧了电磁振动 | 降低电源电压 |
|  |  | 镇流器过载或内部短路 | 调换镇流器 |
|  |  | 启辉器质量不好，开启时有辉光杂音 | 更换启辉器 |
|  |  | 安装位置不当，引起周围物体的共振 | 改变安装位置 |
| 10 | 灯管使用寿命较短或早期端部发黑 | 电源开关操作频繁 | 减少开关次数 |
|  |  | 启辉器工作不正常，使灯管预热不足 | 更换启辉器 |
|  |  | 镇流器配置不当，或质量差，内部短路 | 更换镇流器 |
|  |  | 装置处振动较大 | 改变装置位置，减少振动 |

5. 实训注意事项

（1）镇流器、启辉器和荧光灯管的规格应相配套，不同功率不能互相混用，否则会缩短灯管寿命造成启动困难。当选用附加线圈的镇流器时，接线应正确，不能搞错，以免损坏灯管。

（2）使用荧光灯管必须按规定接线，否则将烧坏灯管或使灯管不亮。

（3）接线时应使相线通过开关，经镇流器到灯管。

6. 实训思考题

（1）日光灯的安装方法是什么？

（2）使用过程中发现灯管不亮，应如何进行简单的故障分析？

（3）灯管发光后立即熄灭的原因是什么？如何解决这个问题？

### 6.3.3 白炽灯两地控制线路的安装

1. 实训目的

（1）会分析白炽灯两地控制线路的原理，为排除电气照明故障做准备；

（2）熟悉双联开关控制白炽灯的电路原理；

（3）掌握白炽灯两地控制线路的安装方法。

2. 实训设备

（1）双联开关控制白炽灯电路器材一套；

（2）电路模拟板一块；

（3）万用表及常用电工工具一套；

（4）导线若干。

3. 实训前准备

照明线路由电源、导线、开关和照明灯组成。在日常生活中，可以根据不同的工作需要，用不同的开关来控制照明灯具。通常用一个开关来控制一盏或多盏照明灯。有时也可以用多个开关来控制一盏照明灯，如楼道灯的控制等，以实现照明电路控制的灵活性。

用两只双联开关控制一盏灯。用两只双联开关在两个地方控制一盏灯，常用于楼梯和走廊上，在电路中，两个双联开关通过并行的两根导线相连接，不管开关处在什么位置，总有一条线连接于两只开关之间。如果灯现在处于熄灭状态，转动任一个双联开关即可使灯点亮；如果灯现在处于点亮状态，转动任一个双联开关，可使灯熄灭，从而实现了“一灯两控”。

4. 实训步骤

（1）分析双联开关的结构

如图 6-42 所示，双联开关有三个接线端子：其中端子 1 为连铜片（公共接线端），它就像一个活动的桥梁一样，无论怎样按动开关，端子 1 总与另两个端子 2 和 3 中的一个保持接触，从而达到控制电路通或断的目的。可用万用表验证双联开关三个端子之间的接触关系。

（2）电路分析（图 6-43）

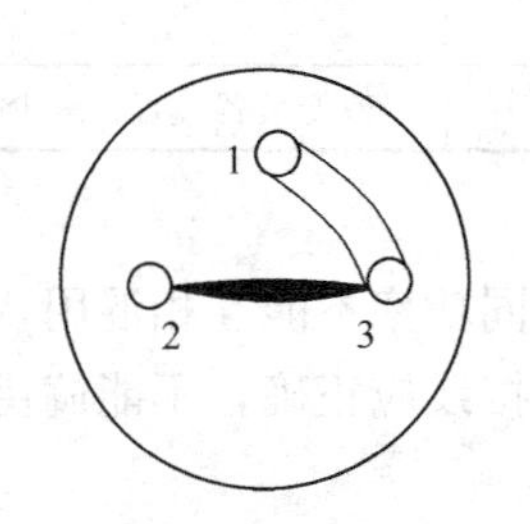


图 6-42　双联开关的结构图

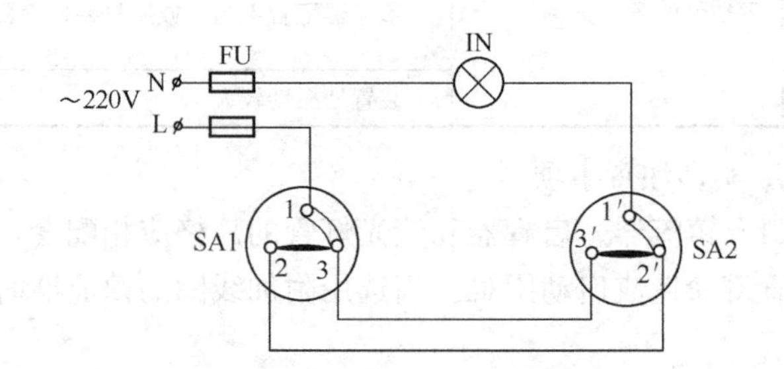


图 6-43　两只双联开关控制一盏灯

1）两个双联开关（分别记为 SA1 和 SA2）串联后再与灯座串联。

2）分析双联开关的 6 个接线端子如何正确接线。

① SA1 连片 1 接相线，SA2 的连片 1′接灯座；

② SA1、SA2 端子 2 和 2′连接，3 和 3′连接，分别构成 a 和 b 两条通路。

3）分析什么情况下灯亮，什么情况灯灭。

这样连接构成的两条通路，当接通 a、b 中任一条线路均可使灯亮，即 1 和 2、1′和 2′相接触，a 路通；或 1 和 3、1′和 3′相接触，b 路通，灯亮。

当 a、b 线路均断开时，灯不亮，即 1 和 2、1′和 3′相接触或 1 和 3、1′和 2′相接触，灯不亮。

（3）根据电路图进行接线，对照原理图进行检验，接线图如图 6-44 所示。

（4）用万用表检测接线的正确性，防止直通短路现象的发生。

（5）通电检测。

5. 实训注意事项

（1）接线要认真仔细，无接点松动、露铜、过长、反圈、压绝缘层等现象。

（2）双联开关内的接线不能接错，以免产生短路事故。

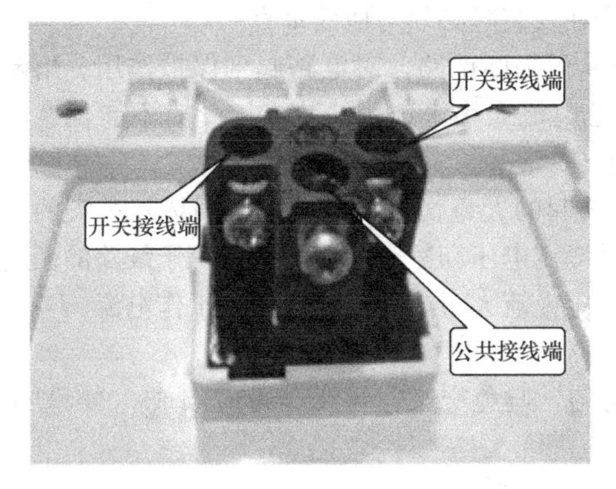

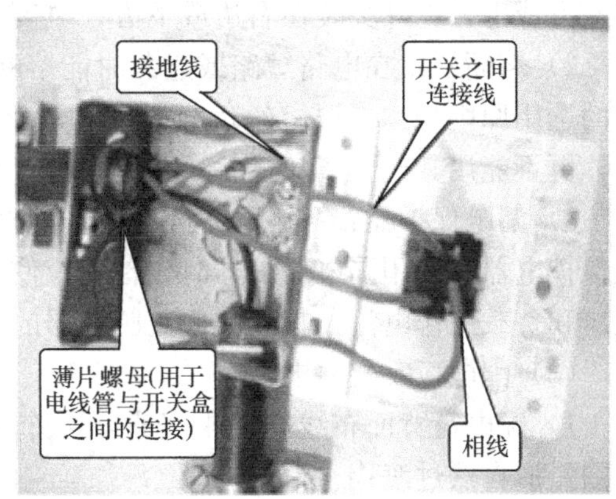


图 6-44　双联开关及双联开关的接线图

（3）电路发生故障时，应先切断电源，然后进行检修。

6. 实训思考题

（1）分析白炽灯两地控制线路的原理。

（2）白炽灯两地控制线路的安装方法是什么？

# 6.4　小型配电箱（板）的安装

## 6.4.1　小型配电板的安装

为了控制和测量用户的用电情况，通常在室内进户管的墙上，将控制开关、插座、短路或过载保护电器、电度表等安装在同一箱体内或木板上，这就是配电箱或配电板。家庭小型配电板的安装与检修是电气技术人员的一项基本技能。

1. 实训目的

（1）复习所学的有关配电板（箱）的理论知识；

（2）掌握理论知识，培养动手能力。

2. 实训设备

（1）万用表、螺丝刀、测电笔、尖嘴钳、台钻等常用电工工具；

（2）木质配电盘面板；

（3）单相电度表、家用单相漏电保护器、空气开关、熔断器；

（4）多色单股导线、两芯电源线。

3. 实训前准备

（1）配电板（箱）的作用和基本组成

配电板箱是一种连接在电源和多个用电设备之间的电气装置，主要起分配电能和控制、测量、保护用电电器作用。

配电板（箱）一般由进户总熔断丝、电度表、电流互感器、控制开关、过载或短路保护电器等组成，容量较大的还装有隔离开关。

（2）组成配电板（箱）的主要器件和作用

1）交流电度表。其作用是：累计记录用户一段时间内消耗的电能。一般装在配电盘的左方或上方，开关装在右边或下方；电度表在安装时必须与地面垂直。

2）熔断器：在电路短路或过载时能熔断从而切断电路，对电路起到保护作用。熔断器的选用原则是：根据熔丝负载电流和电路总电流大小来选用。装换熔丝时不能任意加粗，更不能用其他金属丝代替。

3）漏电保护器：用于防止因触电、漏电引起的人身伤亡事故、设备损坏及火灾的安全保护电器。选用漏电保护器时，首先应使其额定电压和额定电流大于或等于线路的额定电压和负载工作电流，其次应使其脱扣器的额定电流大于或等于线路负载工作电流。

（3）配电板安装要求

1）配电盘背面布线应横平竖直，分布均匀，避免交叉，导线转角应圆成90°，圆角呈圆弧形自然过渡；

2）元器件中仪表应放于上方，整体布局均匀美观；

3）采用暗敷方式，正面放置元器件，反面统一布线；

4）与有垫圈的接线桩连接时，线头应弯成羊眼圈，大小略小于垫圈；

5）导线下料长短适中，裸露部分要少，线头应紧固到位。

4. 实训步骤

（1）居民住宅用配电箱

1）组成

一个配电箱应包括底板、单相电度表、插入式熔断器、单相空气开关、线槽等部分。其主要结构有上、中、下3层，如图6-45所示。

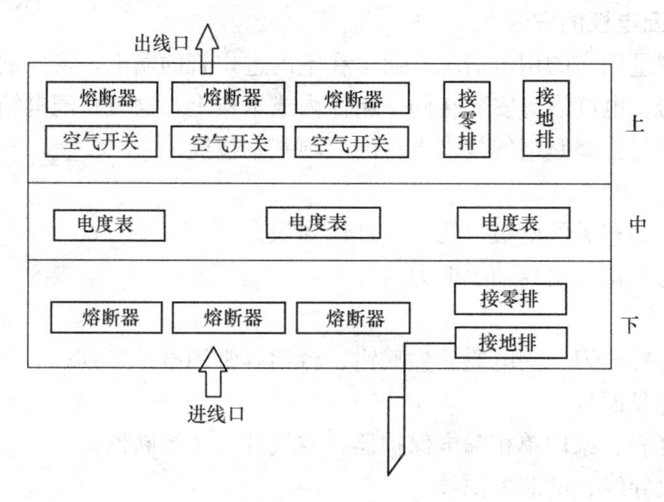


图6-45　配电箱示意图

① 下层的左半部分安装3个较大的熔断器，具体规格应根据实际需要选定。右半部分安装接零排和接地排。电源进线从下层接进。

② 中层安装单相电度表，每户一只。

③ 上层的下半部分安装单相空气开关，上半部分安装插入式熔断器，在上层的最右边还要安装一个接地排和一个接零排。出线从上层引出。

④ 线路

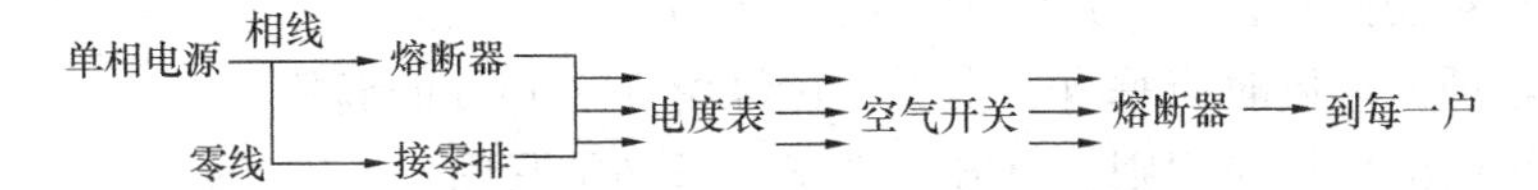


2）安装步骤及要求

① 按配电箱结构和元器件数目确定各元器件的位置。要求盘面上的电器排列整齐美观，便于监视、操作和维修。通常将仪表和信号灯居上，经常操作的开关设备居中，较重的电器居下，各种电器之间应保持足够的距离，以保证安全。在接线时要求空气开关必须接相线。

② 用螺钉固定各电器元件，要求安装牢固，无松动。

③ 按线路图正确接线，要求配线长短适度，不能出现压皮、露铜等现象；线头要尽量避免交叉，必须交叉时应在交叉点架空跨越，两线间距不小于2mm。

④ 配线箱内的配线要通过线槽完成，导线要使用不同的颜色。

⑤ 将配电板整体检查有无接错，并用万用表电阻档测量有无非正常短路或开路。

（2）室内组合配电箱

目前在家庭和办公室中使用的配电箱，一般都是专业厂家生产的成套低压照明配电箱或动力配电箱。这些配电箱在低压电器的选用、器件排布、工艺要求、外形美观等方面都有比较好的质量和性能。组合电箱有多种规格，家庭普遍采用 PZ30-10 系列产品。

1）组合配电箱的结构。家庭常用组合配电箱的结构示意如图 6-46 所示。中间是一根导轨，用户可根据需要在导轨上安装空气开关和插座。上、下两端分别有按零排和接地排。

2）组合配电箱的使用。在使用组合配电箱时，用户应根据实际需要合理安排器件，如：先设一总电源开关，再在每间房间设分开关。开关全部为空气开关，常用型号 DZ47-63 型。当某一房间有短路、漏电等现象，空气开关会自动断开，切断电源，保证安全。同时也可知道线路故障的大致位置，便于检修，如图 6-47 所示。

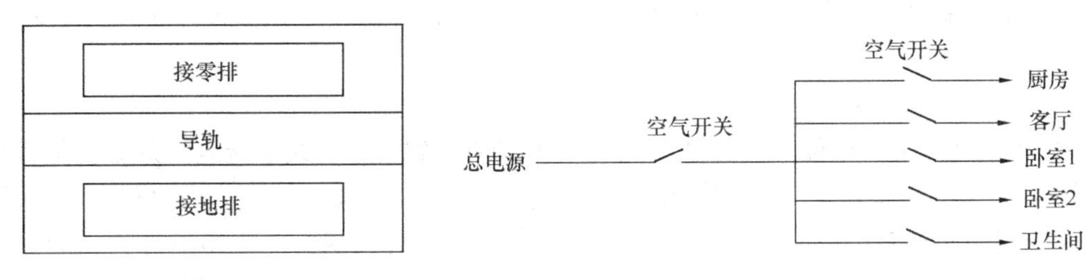


图 6-46　组合配电箱结构示意图

图 6-47　组合电箱接线示意图

5. 实训注意事项

本实训主要学习了在工业生产和家居配电时广泛使用的配电板（箱）的基本组成和各组成部分的作用、安装、使用等方面的知识，重点要掌握如何选用、安装配电箱。

配电箱安装时的注意事项如下：

1）配电箱应用不可燃材料制作，应安装在干燥、通风部位，且无妨碍物，方便使用。配电箱不宜安装过高，一般安装标高为 1.8m，以便操作。

2）进配电箱的电管必须用锁紧螺帽固定。

3）若配电箱需开孔，孔的边缘须平滑、光洁。

4）配电箱埋入墙体时应垂直、水平，边缘留5～6mm的缝隙。

5）配电箱内的接线应规则、整齐，端子螺丝必须紧固。

6）各回路进线必须有足够长度，不得有接头。

7）安装后应表明各回路使用名称。

8）安装完成后须清理配电箱内的残留物。

6. 实训思考题

（1）配电板（箱）一般由哪几部分组成？

（2）配电板（箱）安装要求是什么？

（3）配电箱安装时的注意事项有什么？

### 6.4.2 电度表的安装

1. 实训目的

（1）掌握单相电度表的安装和接线方法；

（2）熟悉安装时注意事项；

（3）了解三相电度表的安装和接线方法。

2. 实训设备

（1）单相电度表、三相电度表各1只；

（2）空气开关、普通刀开关、插座、熔断器等各2只；

（3）木制工作台2块；

（4）电工工具1套；

（5）导线若干。

3. 实训前准备

（1）电度表的功能及结构

电度表也叫电能表，是电能计量装置的核心，是计算负载消耗的或电源发出电能的装置。电度表主要结构是由电压线圈、电流线圈、转盘、转轴、制动磁铁、齿轮、计度器等组成。

（2）电度表的分类

1）按原理划分，电能表分为感应式和电子式两大类，感应式电能表的好处就是直观、动态连续、停电不丢数据，但感应式电能表对生产工艺要求高，因此价格比较高。电子式电能表通过模拟或数字电路实现电能计量功能。由于材料和零部件市场条件优越的原因，形成价格的竞争力。目前从总体来看，感应式电能表生产的数量较多，但电子式电能表的产量有明显上升的趋势。

2）按测量电能的准确度等级划分，一般有1级和2级表。1级表示电能表的误差不超过±1%，2级表示电能表的误差不超过±2%。

3）按附加功能划分，有多费率电能表、预付费电能表、多用户电能表、多功能电能表、载波电能表等。①多费率电能表或称分时电能表、复费率表，俗称峰谷表，是近年来为适应峰谷分时电价的需要而提供的一种计量手段。它可按预定的峰、谷、平时段的划分，分别计量高峰、低谷、平段的用电量，从而对不同时段的用电量采用不同的电价，发挥电价的调节作用，鼓励用电客户调整用电负荷，移峰填谷，合理使用电力资源，充分挖掘发电、供电、用电设备的潜力。②预付费电能表俗称卡表。用IC卡预购电，将IC卡插入表中可控制按费用电，防止拖欠电费。③多用户电能表一只表可供多个用户使用，对每个用户独立计费，因此可达到节省资源，并便于管理的目的，还利于远程自动集中抄表。④多功能电能表集多项功能于一身。⑤载波电能表利用电力载波技术，用于远程自动集中抄表。

4. 实训步骤

（1）电度表的选择

选择电度表时，应考虑照明灯具和其他用电器具的总耗电量，电度表的额定电流应大于室内所有用电器具的总电流，电度表所能提供的电功率为额定电流和额定电压的乘积。

（2）电度表的安装

单相电度表一般应安装在配电板的左边，而开关应安装在配电板的右边，与其他电器的距离约为60mm。安装时应注意，电度表与地面必须垂直，否则将会影响电度表计数的准确性。

（3）电度表的接线

1）单相交流电度表的接线方法

单相电度表有专门的接线盒。接线盒内设有4个端钮，如图6-48所示。电压和电流线圈在电表出厂时已在接线盒中连好。单相电度表共有4个接线桩，从左至右按1、2、3、4编号，配线时，只需按1、3端接电源，2、4端接负载即可（少数也有1、2端接电源，3、4端接负载的，接线时要参看电表的接线图）。

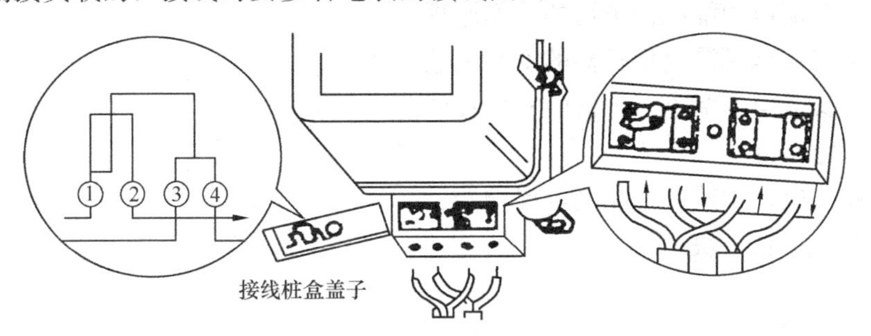


图6-48　单相交流电度表接线图

2）三相电度表的接线方法

三相电度表是按两表法测功率的原理，采用两只单相电度表组合而成的。三相电度表的接线方法依据三相电源线制的不同略有不同。对于直接式三相三线制电度表，从左至右共8个接线桩，1、4、6接进线，3、5、8接出线，2、7可空着；对直接式三相四线制电度表，从左至右共有11个接线桩，1、4、7为A、B、C三相进线，10为中性线进线，3、6、9为3根相线出线，11为中性线出线，2、5、8可空着，接线图如图6-49所示。对于大负荷电路，必须采用间接式三相电度表，接线时需配2～3个同规格的电流互感器。

5. 实训注意事项

（1）不允许将电度表安装在负载小于10%额定负载的电路中。

（2）不允许电度表经常在超过额定负载值25%的电路中使用。

（3）使用电压互感器、电流互感器时，其实际功耗应乘以相应的电流互感器及电压互

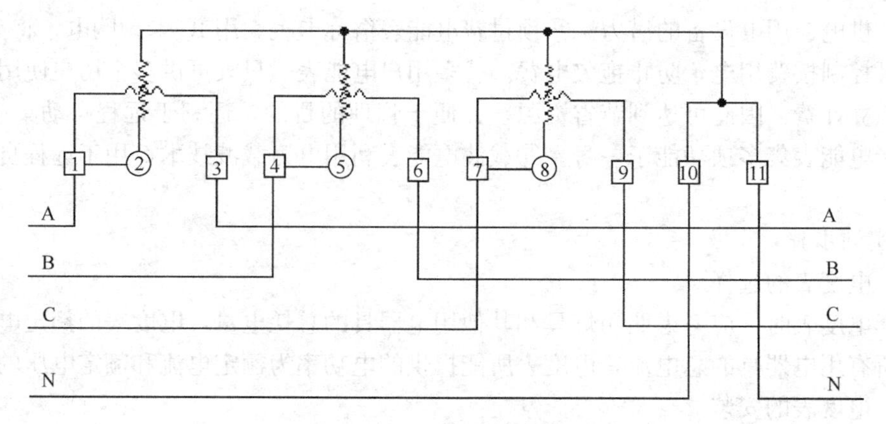

图 6-49　三相四线制电度表的接线

感器的变比。

6. 实训思考题

(1) 交流电度表的作用是什么？一般是如何分类的？

(2) 单相交流电度表的接线方法是什么？

(3) 电度表安装时的注意事项有什么？

### 6.4.3　漏电保护器的安装

1. 实训目的

(1) 了解交流电源漏电保护器的工作原理；

(2) 学会交流电源漏电保护器的安装工艺；

(3) 掌握交流电源漏电保护器的安装技能。

2. 实训设备

(1) 单相漏电保护器、三相漏电保护器；

(2) 木制工作台 2 块；

(3) 电工工具 1 套；

(4) 导线若干。

3. 实训前准备

当低压电网发生人身触电或设备漏电时，若能迅速切断电源，就可以使触电者脱离危险或使漏电设备停止运行，从而避免事故发生。在发生上述触电或漏电时，能迅速自动完成切断电源的装置称为漏电保护器，又称漏电保护开关或漏电保护断路器，它可以防止设备漏电引起的触电、火灾和爆炸事故。漏电保护器若与自动开关组装在一起，同时具有短路、过载、欠压、失压和漏电等多种保护功能。

漏电保护器按其动作类型可分为电压型和电流型，电压型性能较差已趋淘汰，电流型漏电保护器可分为单相双极式、三相三极式和三相四极式三类。对于居民住宅及其他单相电路，应用最广泛是单相双极电流型漏电保护器。三相三极式漏电保护器应用于三相动力电路，三相四极式漏电保护器应用于动力、照明混用的三相电路。

(1) 单相电流型漏电保护器

单相电流型漏电保护器电路原理图如图 6-50 所示，正常运行（不漏电）时，流过相线和零线的电流相等，两者合成电流为零，漏电电流检测元件（零序电流互感器）无漏电信号输出，脱扣线圈无电流而不跳闸。当发生人碰触相线触电或相线漏电，线路对地产生漏电电流，流过相线的电流大于零线电流，两者合成电流不为零，互感器感应出漏电信号，经放大器输出驱动电流，脱扣线圈因有电流而跳闸，起到保护作用。

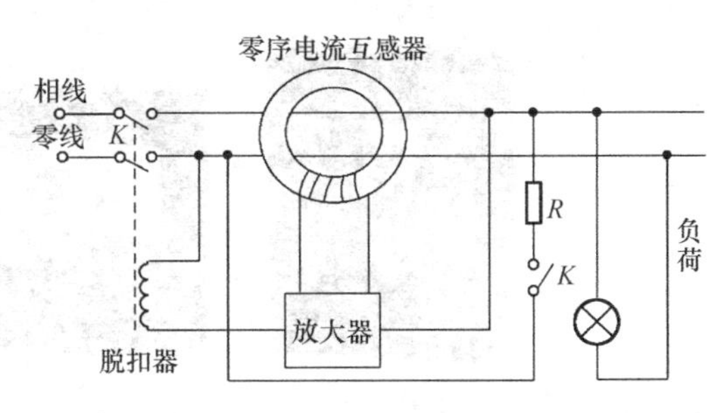

图 6-50　单相双极式漏电保护器的原理图

单相漏电保护器的外形如图 6-51 所示。单相电流型漏电保护器常用型号为 DZL18-20，放大器采用集成电路，具有体积小、动作灵敏、工作可靠的优点。适用于交流额定电压 220V、额定电流 20A 及以下的单相电路，额定漏电动作电流有 30mA、15mA 和 10mA 可选用，动作时间小于 0.1s。

图 6-51　单相漏电保护器的外形

（2）三相电流型漏电保护器

三相漏电保护器的工作原理与单相双极型基本相同，其电路原理图如图 6-52 所示。在三相五线制供电系统中要注意正确接线，零线有工作零线（N）和保护零线（PE），工作零线与三根相线一同穿过漏电电流检测的互感器铁芯。工作零线不可重复接地，保护零线作为漏电电流的主要回路，应与电气设备的保护零线相连接。保护零线不能经过漏电保护器，末端必须进行重复接地。错误安装漏电保护器会导致保护器误动作或失效。

三相漏电保护器的外形如图 6-53 所示。常用的漏电保护器型号为 DZ15L-40/390，适用于交流额定电压 380V、额定电流 40A 及以下的三相电路中，额定漏电动作电流有

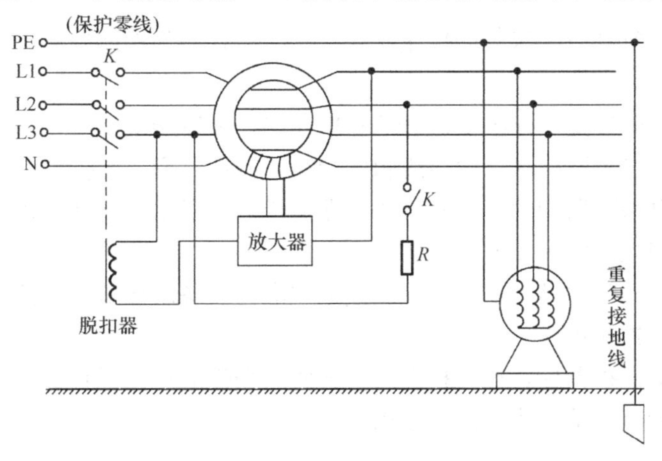

图 6-52　三相四极式漏电保护器的原理图

  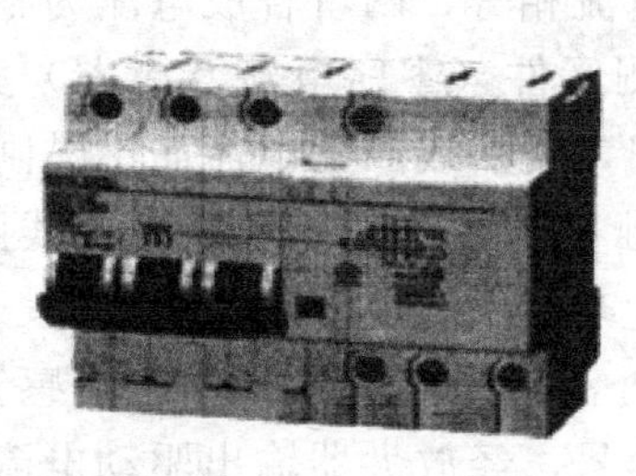

图 6-53　三相漏电保护器外形图

30mA、50mA 和 75mA（四极为 50mA、75mA 和 100mA）可选用，动作时间小于 0.2s。

4. 实训步骤

（1）照明线路的相线和零线均要经过漏电保护器，电源进线必须接在漏电保护器的正上方，即外壳上标注的“电源”或“进线”的一端；出线接正下方，即外壳上标注的“负载”或“出线”的一端，如图 6-54 所示。

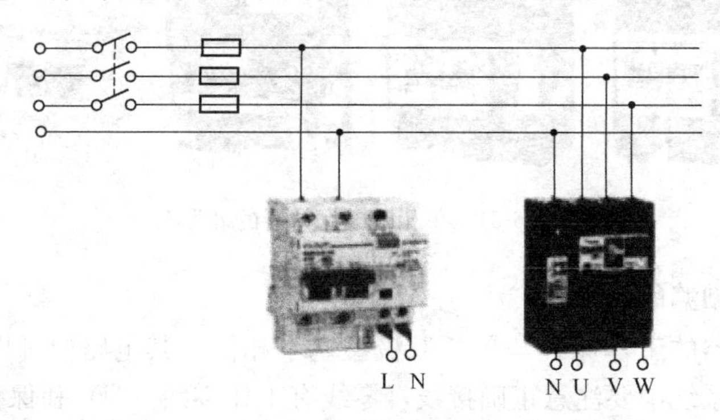


图 6-54　漏电保护器的接线图

（2）安装漏电保护器后，不准拆除原有的闸刀开关、熔断器，以便今后的设备维护。

（3）漏电保护器安装后，在带负荷状态分、合三次，不应出现误动作；再按压试验按钮三次，应能自动跳闸，注意按钮时间不要太长，以免烧坏漏电保护器。试验正常后即可投入使用。

（4）运行中，每月应按压试验按钮检验一次，检查动作性能确保运行正常。

5. 实训注意事项

（1）装接时，分清漏电保护器进线端和出线端，不得接反。

（2）安装时，必须严格区分中性线和保护线，四极式漏电保护器的中性线应接入漏电保护器。经过漏电保护器的中性线不得作为保护线，不得重复接地或接设备外露的导电部分，保护线不得接入漏电保护器。

（3）漏电保护器中的继电器接地点和接地体应与设备的接地点和接地体分开，否则漏电保护器不能起保护作用。

（4）安装漏电保护器后，被保护设备的金属外壳仍应采用保护接地和保护接零。

（5）不得将漏电保护器当作闸刀使用。

6. 实训思考题

（1）漏电保护器的作用是什么？

（2）三相漏电保护器接线时，工作零线是否穿过漏电电流检测的互感器铁芯？保护零线是否需要经过漏电保护器？为什么？

## 单 元 小 结

1. 在常用电工仪表的使用部分介绍在电路安装与维修中常用的电工仪表功能和使用方面的知识，重点掌握这些仪表的用途和正确选用、操作方法。

2. 在电工基本操作中介绍了常用导线的连接和室内配线方面的知识，详细介绍不同导线连接的步骤，室内配线的技术要求和具体的配线过程等方面的内容，其中重点掌握导线的连接方法并能够根据具体的情况进行正确配线。

3. 在常用照明线路的安装中介绍了常用照明灯具、开关和插座的安装要求、各种常用照明线路常见故障及排除方法、安装注意事项等内容。重点掌握常用照明线路的安装技能及故障排除方法。

4. 在小型配电箱（板）的安装中介绍了目前广泛使用的配电板（箱）的基本组成和各组成部分的作用、安装、使用等方面的知识，重点掌握如何选用、安装配电板（箱）。

# 附表　导线允许载流量表

**BV-450/750V 导线明敷及穿管载流量（A）$\theta_n=70℃$**

| 敷设方式 | | 每管两线 | | | | | | | | | | 每管三线 | | | | | | | | | |
|---|---|---|---|---|---|---|---|---|---|---|---|---|---|---|---|---|---|---|---|---|---|
| 线芯截面 | | 环境温度（℃） | | | | 管径 1 | | | 管径 2 | | | 管径 1 | | | 管径 2 | | | 环境温度（℃） | | | |
| （$mm^2$） | | 25 | 30 | 35 | 40 | SC | MT | PC | SC | MT | PC | SC | MT | PC | SC | MT | PC | 25 | 30 | 35 | 40 |
| | 1.0 | | | | | 15 | 16 | 16 | 15 | 16 | 16 | 15 | 16 | 16 | 15 | 16 | 16 | | | | |
| | 1.5 | 19 | 18 | 17 | 16 | 15 | 16 | 16 | 15 | 16 | 16 | 15 | 16 | 16 | 15 | 16 | 16 | 17 | 16 | 15 | 14 |
| | 2.5 | 25 | 24 | 23 | 21 | 15 | 16 | 16 | 15 | 16 | 16 | 15 | 16 | 16 | 15 | 16 | 16 | 22 | 21 | 20 | 18 |
| | 4 | 34 | 32 | 30 | 28 | 15 | 19 | 16 | 15 | 16 | 16 | 15 | 19 | 20 | 15 | 19 | 20 | 30 | 28 | 26 | 24 |
| | 6 | 43 | 41 | 38 | 36 | 20 | 25 | 20 | 15 | 16 | 20 | 20 | 25 | 20 | 15 | 19 | 20 | 38 | 36 | 34 | 31 |
| | 10 | 60 | 57 | 53 | 49 | 20 | 25 | 25 | 20 | 25 | 25 | 25 | 32 | 25 | 25 | 32 | 32 | 53 | 50 | 47 | 44 |
| | 16 | 81 | 76 | 71 | 66 | 25 | 32 | 32 | 20 | 32 | 32 | 25 | 32 | 32 | 25 | 32 | 32 | 72 | 68 | 64 | 59 |
| BV | 25 | 107 | 101 | 94 | 87 | 32 | 38 | 40 | 25 | 32 | 32 | 32 | 38 | 40 | 32 | 38 | 40 | 94 | 89 | 83 | 77 |
| | 35 | 133 | 125 | 117 | 108 | 32 | 38 | 40 | 32 | 38 | 40 | 32 | 51 | 40 | 40 | 51 | 50 | 117 | 110 | 103 | 95 |
| | 50 | 160 | 151 | 141 | 131 | 40 | 51 | 50 | 40 | 51 | 50 | 40 | 51 | 50 | 50 | 51 | 50 | 142 | 134 | 125 | 116 |
| | 70 | 204 | 192 | 180 | 166 | 50 | 51 | 63 | 50 | 51 | 63 | 50 | 51 | 63 | 70 | | 63 | 181 | 171 | 160 | 148 |
| | 95 | 246 | 232 | 217 | 201 | 50 | | 63 | 50 | 51 | 63 | 65 | | 63 | 70 | | | 220 | 207 | 194 | 179 |
| | 120 | 285 | 269 | 252 | 233 | 65 | | 63 | 70 | | 63 | 65 | | | 80 | | | 253 | 239 | 224 | 207 |
| | 150 | 318 | 300 | 281 | 260 | | | | | | | | | | | | | 278 | 262 | 245 | 227 |
| | 185 | 362 | 341 | 319 | 295 | 65 | | | 80 | | | 80 | | | 100 | | | 314 | 296 | 277 | 256 |

| 敷设方式 | | 每管四线 | | | | | | | | | | 每管五线 | | | | | | | | | |
|---|---|---|---|---|---|---|---|---|---|---|---|---|---|---|---|---|---|---|---|---|---|
| 线芯截面 | | 环境温度（℃） | | | | 管径 1 | | | 管径 2 | | | 管径 1 | | | 管径 2 | | | 环境温度（℃） | | | |
| （$mm^2$） | | 25 | 30 | 35 | 40 | SC | MT | PC | SC | MT | PC | SC | MT | PC | SC | MT | PC | 25 | 30 | 35 | 40 |
| | 1.0 | | | | | 15 | 16 | 16 | 15 | 16 | 16 | 15 | 16 | 16 | 15 | 16 | 16 | | | | |
| | 1.5 | 15 | 14 | 13 | 12 | 15 | 16 | 16 | 15 | 16 | 16 | 15 | 19 | 20 | 15 | 20 | 20 | 15 | 14 | 13 | 12 |
| | 2.5 | 20 | 19 | 18 | 16 | 15 | 19 | 20 | 15 | 20 | 20 | 15 | 19 | 20 | 15 | 20 | 20 | 20 | 19 | 18 | 16 |
| | 4 | 27 | 25 | 23 | 22 | 20 | 25 | 20 | 15 | 20 | 20 | 20 | 25 | 25 | 20 | 25 | 25 | 27 | 25 | 23 | 22 |
| | 6 | 34 | 32 | 30 | 28 | 20 | 25 | 25 | 20 | 25 | 25 | 20 | 25 | 25 | 20 | 25 | 25 | 34 | 32 | 30 | 28 |
| | 10 | 48 | 45 | 42 | 39 | 25 | 32 | 32 | 25 | 32 | 32 | 32 | 38 | 32 | 32 | 38 | 40 | 48 | 45 | 42 | 39 |
| | 16 | 65 | 61 | 57 | 53 | 32 | 38 | 32 | 32 | 38 | 40 | 32 | 38 | 32 | 32 | 38 | 40 | 65 | 61 | 57 | 53 |
| BV | 25 | 85 | 80 | 75 | 69 | 32 | 51 | 40 | 40 | 51 | 50 | 40 | 51 | 40 | 50 | 51 | 50 | 85 | 80 | 75 | 69 |
| | 35 | 105 | 99 | 93 | 86 | 50 | 51 | 50 | 50 | 51 | 50 | 50 | 51 | 50 | 50 | 51 | 63 | 105 | 99 | 93 | 86 |
| | 50 | 128 | 121 | 113 | 105 | 50 | 51 | 63 | 50 | 51 | 63 | 50 | | 63 | 70 | | 63 | 128 | 121 | 113 | 105 |
| | 70 | 163 | 154 | 144 | 133 | 65 | | 63 | 70 | | | 65 | | | 80 | | | 163 | 154 | 144 | 133 |
| | 95 | 197 | 186 | 174 | 161 | 65 | | 63 | 80 | | | 80 | | | 100 | | | 197 | 186 | 174 | 161 |
| | 120 | 228 | 245 | 201 | 186 | 65 | | | | | | 80 | | | 100 | | | 228 | 215 | 201 | 186 |
| | 150 | 261 | 246 | 230 | 213 | 80 | | | | | | 80 | | | 100 | | | 261 | 246 | 230 | 213 |
| | 185 | 296 | 279 | 261 | 242 | | | | | | | 100 | | | 125 | | | 296 | 279 | 261 | 242 |

注：1. 表中：SC 为低压流体输送焊接钢管或 KBG，表中管径为内径；MT 为黑铁电线管，表中管径为外径；PC 为硬塑料管，表中管径为外径；$\theta_n=70℃$为导电线芯最高允许工作温度；

2. 管径 1 根据《建筑电气工程施工质量验收规范》GB 50303—2015，按导体总截面≤保护管内孔面积的 40%计。管径 2 是根据华北地区推荐标准：小于等于 $6mm^2$ 导线，按导线总面积≤保护管内孔面积的 33%计；10～50 $mm^2$ 导线，按导体总截面≤保护管内孔面积的 27.5%计；大于等于 $70mm^2$ 导线，按导体总截面≤保护管内孔面积的 22%计。无论管径 1 或管径 2 都规定直管长度小于 30m，一个弯小于 15m，三个弯小于 8m，超长应设拉线盒或放大一级管径；

3. 每管五线中，四线为载流导体。故载流量数据同每管四线，若每管四线组成的三相四线制系统，则应按照每管三线的载流量计。

# 参 考 文 献

[1] 刘复欣. 建筑供配电与照明[M]. 北京：中国建筑工业出版社，2011.

[2] 李梅芳. 建筑供配电与照明工程[M]. 北京：电子工业出版社，2010.

[3] 丁文华. 建筑供配电与照明[M]. 武汉：武汉理工大学出版社，2012.

[4] 中华人民共和国国家标准. 建筑照明设计标准 GB 50034—2013[S]. 北京：中国建筑工业出版社，2013.

[5] 中华人民共和国国家标准. 建筑电气照明装置施工与验收规范 GB 50617—2010[S]. 北京：中国计划出版社，2010.

[6] 刘屏周. 工业与民用供配电设计手册(第四版)[M]. 北京：中国电力出版社，2016.

[7] 陈宏庆. 智能弱电工程设计与应用[M]. 北京：机械工业出版社，2013.

[8] 葛大麟. 工业与民用配电设计指南[M]. 北京：中国电力出版社，2016.

[9] 喻建华 . 建筑应用电工(第 3 版)[M]. 武汉：武汉理工大学出版社，2017.